Biologie für Gymnasien

NATURA

Oberstufe

Evolution

von
Roland Frank
Hans-Peter Krull
Jürgen Schweizer

Ernst Klett Verlag
Stuttgart Düsseldorf Leipzig

Gedruckt auf Papier aus chlorfrei gebleichtem Zellstoff, säurefrei.

1. Auflage
A 1⁶ 5 4 3 2 | 2002 2001 2000 99 98

Alle Drucke dieser Auflage können im Unterricht nebeneinander benutzt werden, sie sind untereinander unverändert. Die letzte Zahl bezeichnet das Jahr dieses Druckes.
© Ernst Klett Verlag GmbH, Stuttgart 1997
Alle Rechte vorbehalten.

Internetadresse: http://www.klet.de

Redaktion:
Ulrike Fehrmann

Repro: Reprographia Medienhaus, 77933 Lahr
Satz: SCHNITZER DRUCK GmbH 71404 Korb
Druck: Appl, Wemding

ISBN 3-12-042980-5

Autoren
Roland Frank; Gottlieb-Daimler-Gymnasium, Stuttgart Bad-Cannstatt; Staatl. Seminar für Schulpädagogik (Gymnasien) Stuttgart I
Hans-Peter Krull; Albert-Einstein-Gymnasium, Kaarst
Dr. Jürgen Schweizer; Hegel-Gymnasium, Stuttgart-Vaihingen

unter Mitarbeit von
Dr. Horst Bickel; Alexander-von-Humboldt-Gymnasium, Neuss
Roman Claus; Konrad-Duden-Gymnasium, Wesel; Fachberater Biologie beim Regierungspräsidium Düsseldorf
Harald Gropengießer; Carl von Ossietzky Universität, Oldenburg
Gert Haala; Konrad-Duden-Gymnasium, Wesel; Studienseminar Oberhausen
Bernhard Knauer; Hainberg-Gymnasium, Göttingen
Dr. Inge Kronberg; Fachautorin und Dozentin, Hohenwestedt
Hans-Dieter Lichtner; Rats-Gymnasium, Stadthagen
Uschi Loth; Gymnasium der Gemeinde Neunkirchen
Ulrich Sommermann; Gymnasium Münchberg
Gerhard Ströhla; Gymnasium Münchberg
Dr. Wolfgang Tischer; Gymnasium Sarstedt
Günther Wichert; Theodor-Heuss-Gymnasium, Dinslaken

Wissenschaftliche Fachberatung
Prof. Dr. Ulrich Kattmann; Carl von Ossietzky Universität, Oldenburg

Gestaltung des Bildteils
Prof. Jürgen Wirth; Fachhochschule Darmstadt (Fachbereich Gestaltung)
Mitarbeit: Matthias Balonier

Einbandgestaltung
Hitz und Mahn; unter Verwendung eines Fotos von Okapia (Dr. P. A. Zahl), Frankfurt

Bildnachweis
Siehe Seite 112

Regionale Fachberatung
Baden-Württemberg: Robert Tautz; Hermann-Hesse Gymnasium, Calw; Fachberater für Biologie am Oberschulamt Karlsruhe
Berlin: Hartmut Ulrich; Walter-Gropius-Gesamtschule, Berlin
Brandenburg: Torsten Leidel; Gymnasium, Kleinmachnow
Hamburg: Herbert Jelinek; Goethe-Gymnasium, Hamburg
Hessen: Wolf-Dieter Bojunga; Studienseminar III für das Lehramt am Gymnasium, Frankfurt
Mecklenburg-Vorpommern:
Dr. Dietrich Aldefeld; Landesinstitut für Schule und Ausbildung, Schwerin
Niedersachsen: Hans-Werner Dobias; Lutherschule, Hannover
Günter Meyer, Oberstudiendirektor i.R., Gehrden
Nordrhein-Westfalen:
Dr. Karl Peter Ohly; Oberstufenkolleg NRW an der Universität Bielefeld
Rheinland-Pfalz: Dr. Roland Klinger; Staatl. Gymnasium am kurfürstlichen Schloss, Mainz
Ekkehard Schmale; Konrad-Adenauer-Gymnasium, Westerburg
Saarland: Roman Paul; Landesinstitut für Pädagogik und Medien, Saarbrücken
Sachsen: Prof. Dr. Karl-Heinz Gehlhaar; Universität Leipzig
Sachsen-Anhalt: Josef Donat; Gymnasium Ballenstedt
Schleswig-Holstein: Eckard Fister; Ricarda-Huch-Schule, Kiel
Thüringen: Heidi Becker; Erstes Gymnasium am Anger, Jena

Inhaltsverzeichnis

1 **Einführung in die Evolutionstheorie 6**
Der Evolutionsgedanke 6
Die Evolutionstheorie 8
Lexikon: Die Entwicklung des Evolutionsgedankens 10
Materialien: Jean Baptiste de Lamarck 11
Lexikon: Ernst Haeckel 12
Lexikon: Trofim D. Lyssenko 13

2 **Belege für den Verlauf der Evolution 14**
Befunde der Systematik 14
Homologe Organe 16
Analoge Organe 18
Materialien: Befunde aus der Anatomie 19
Moderne Belege aus Biochemie und Molekularbiologie 20
Befunde aus der Genetik 22
Materialien: Befunde aus der Cytologie 23
Materialien: Belege aus der Tier- und Pflanzengeographie 24
Weitere Belege für die Evolutionstheorie 26
Vergleichende Embryologie 27
Fossilisation 28
Methoden der Altersbestimmung 29
Materialien: Fossilien aus der Grube Messel 30
Materialien: Archaeopteryx — Rätselsaurier oder Urvogel? 31
Brückentiere 32
Lebende Fossilien 33
Stammbäume — Ahnengalerien von Lebewesen 34
Stammbaum der Pferde 35

3 **Evolutionsfaktoren — Ursachen der Evolution 36**
Variation und Rekombination 36
Mutationen 37
Selektion 38
Selektionsfaktoren und ihre Wirkung 40
Sexuelle Selektion 42
Verwandtschaft und Selektion 44
Künstliche Selektion — Die Tier- und Pflanzenzucht 46
Populationsgenetik 48
Praktikum: Modellspiel zur Wirkung der Selektion 50
Gendrift 51
Materialien: Simulation von Evolutionsprozessen 52
Isolation und Artbildung 53
Allopatrische und sympatrische Artbildung 54
Lexikon: Weitere Isolationsmechanismen 55

4 **Zusammenwirken von Evolutionsfaktoren 56**
Adaptive Radiation 56
Beispiele für adaptive Radiation 58
Materialien: Adaptive Radiationen 59
Koevolution 60
Materialien: Koevolution 61
Tarnung, Warnung, Mimikry 62
Materialien: Wirksamkeit der Mimikry 63
Brutparasitismus 64
Materialien: Der Kuckuck 65
Synthetische Theorie der Evolution 66
Offene Fragen — erweiterte theoretische Ansätze 67

5 **Die Geschichte des Lebens 68**
Entstehung des Kosmos, der Elemente und der Erde 68
Chemische Evolution 69
Frühe biologische Evolution 70
Pflanzen besiedeln das Land 72
Die Entwicklung der Samenpflanzen 74
Die Entstehung der Landwirbeltiere 76
Das Problem des Aussterbens 77
Übersicht über die Entwicklung der Lebewesen 78
Materialien: Evolution oder Kreation? 80

6 **Humanevolution 82**
Primaten — von Menschen und Menschenaffen 82
Die molekulare Uhr 84
Lexikon: Frühe Hominoiden 85
Der aufrechte Gang — ein entscheidender Fortschritt 86
Klimatische und geologische Einflüsse 88
Die Australopithecinen 89
Homo — eine Gattung erobert die Erde 90
Materialien: Homo erectus — Verbreitung und Lebensweise 91
Homo sapiens 92
Materialien: Neandertaler — Bruder, Urahn oder Vetter? 93
Materialien: Fossilfunde in Deutschland 94
Werkzeugentwicklung 96
Praktikum: Experimentelle Archäologie 97
Lexikon: Verwandtschaft der Menschen 98
Materialien: Laktoseverdauung beim Menschen 99
Praktikum: Verhalten von Affen 100
Ursprünge menschlichen Verhaltens 102
Kulturelle Entwicklung 103

7 **Das natürliche System der Lebewesen 104**
Die fünf Reiche der Lebewesen 104
Das Reich der Pflanzen 106
Das Reich der Tiere 107

Register 110
Bildnachweis 112

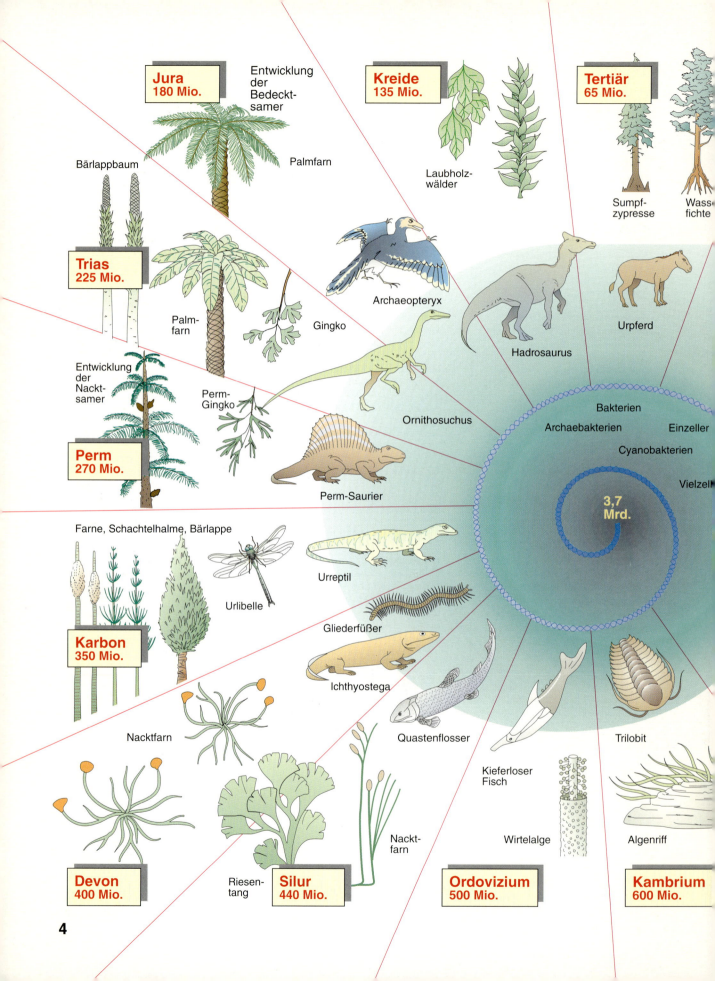

Quartär 2 Mio.

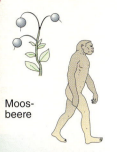
Moosbeere

Neandertaler

Mammut

Evolution

1. Einführung in die Evolutionstheorie 6
2. Belege für den Verlauf der Evolution 14
3. Evolutionsfaktoren — Ursachen der Evolution 36
4. Zusammenwirken von Evolutionsfaktoren 56
5. Die Geschichte des Lebens 68
6. Humanevolution 82
7. Das natürliche System der Lebewesen 104

CHARLES DARWIN

Spechtfink aus Galapagos

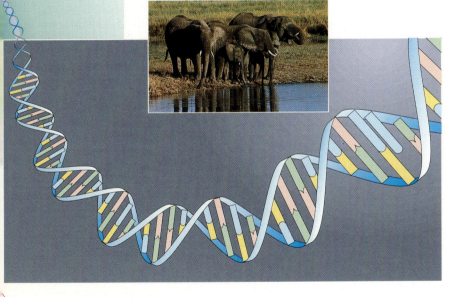

Auf der Erde gibt es eine ungeheure Vielfalt von Tieren und Pflanzen. Biologen kennen etwa 400 000 Pflanzen- und etwa 1,5 Millionen Tierarten. Man nimmt an, dass die tatsächliche Anzahl existierender Arten noch viel größer ist. Das Spektrum der Lebensformen ist beeindruckend: Bakterien zählen mit 1 µm Länge und einem Gewicht von einem milliardstel Milligramm zu den kleinsten Lebewesen, wogegen Elefanten mit 4 m Schulterhöhe und 6 000 kg Körpergewicht die größten heute lebenden Landtiere sind. Blauwale wiegen bis zu 120 Tonnen und erreichen 31 m Länge. Sie sind die größten Tiere, die je gelebt haben. Mammutbäume erreichen sogar Höhen bis zu 130 m und können 4 000 Jahre alt werden.

Die Fülle der Lebensformen ist unüberschaubar und dem Betrachter stellt sich die Frage, wie diese Artenfülle entstanden ist. In diesem Kapitel wird nach Befunden und Belegen gesucht, die darauf hinweisen, dass heute existierende Lebewesen aus anderen Lebensformen hervorgegangen sind, also Evolution stattgefunden hat. Es wird nach naturwissenschaftlich fassbaren Ursachen gefragt, die zur Entstehung des Lebens und des Menschen geführt haben. Ferner werden Methoden vorgestellt, mit denen sich Zeiträume bestimmen lassen, in denen die biologische Evolution abgelaufen ist.

1 Einführung in die Evolutionstheorie

1 Großer Grundfink

2 Kaktus-Grundfink

Lage des Galapagosarchipels

endemisch
nur in einem bestimmten, eng begrenzten Gebiet vorkommend

Eine **Art** ist eine Gruppe von Lebewesen, die in wesentlichen Merkmalen übereinstimmen und miteinander fruchtbare Nachkommen haben können.

Der Evolutionsgedanke

Der Galapagosarchipel ist eine Inselgruppe im Pazifik 1100 km westlich von Ecuador. Die Vogelwelt der Inselgruppe zeigt einige Besonderheiten. Die hier lebenden Finkenvögel gleichen sich weitgehend in den Körperproportionen und in der Befiederung. Unterschiede bestehen in der Körpergröße und bei den Schnabelformen, die stark variieren. Untersuchungen ergaben, dass diese Vögel insgesamt 13 verschiedenen Arten zuzuordnen sind. Erstaunlich ist, dass diese Arten nur auf Galapagos und sonst an keiner anderen Stelle der Welt vorkommen.

Wie ist es erklärbar, dass die Finken nur in diesem kleinen Verbreitungsgebiet vorkommen, also hier *endemisch* sind? Sucht man nach Erklärungen, so bieten sich beispielsweise folgende Hypothesen an:
1. Bei der Entstehung aller Lebewesen sind diese Arten auf Galapagos entstanden und haben sich nicht weiter ausgebreitet.
2. Auf der Erde gab es früher an mehreren Orten diese Finkenarten, die später ausgestorben sind. Nur auf Galapagos haben sie überlebt.
3. Die endemischen Finkenarten sind auf den Galapagosinseln aus einer gemeinsamen Stammform hervorgegangen.

In diesen Hypothesen spiegeln sich unterschiedliche Grundanschauungen wieder. Den ersten beiden Vorschlägen liegt die Vorstellung zugrunde, die Arten hätten schon immer in ihrer heutigen Form existiert. Über ihre Entstehung wird keine Aussage gemacht. Im dritten Erklärungsversuch wird von einer Veränderung der Arten ausgegangen. Die Beobachtung wird durch die Entstehung neuer Arten erklärt.

Bis ins 18. Jahrhundert hinein wäre die dritte Hypothese kaum in Betracht gezogen worden, vor allem weil in der Bibel berichtet wird, dass alle Lebewesen bei einem Schöpfungsakt erschaffen wurden. Lange Zeit bestand die mit großer Autorität vertretene kirchliche Lehrmeinung darin, die Aussagen der Bibel über die Schöpfung wörtlich zu interpretieren. Bei dieser Betrachtung wurden Artveränderungen ausgeschlossen und damit ein statisches Weltbild vermittelt und bewahrt.

Der Evolutionsgedanke ist allmählich entwickelt worden. Fördernd wirkte die kritische Auseinandersetzung mit alten Vorstellungen über die Welt. Beispielhaft hierfür ist die Überwindung des *geozentrischen* zugunsten des *heliozentrischen* Weltbilds. Die bei der Systematisierung bekannter Lebensformen gewonnene Erkenntnis, dass zwischen verschiedensten Organisationsformen Übergangsformen existieren, ließ sich als natürliche Verwandtschaft der Organismen deuten. Diese und weitere Entdeckungen, insbesondere die geologisch belegbare Aussage, dass die Erde wesentlich älter als einige Jahrtausende ist, ließen die Schöpfungsgeschichte in einem anderen Licht erscheinen. Heute ist die Vorstellung von der *Veränderlichkeit der Arten* und einem Evolutionsgeschehen wissenschaftlich anerkannt. Dennoch gab und gibt es Menschen, die unter Berufung auf die Bibel an der Vorstellung der *Artkonstanz* festhalten. Sie zweifeln an der Richtigkeit der Methoden zur Erforschung der biologischen Evolution.

Probleme und Methoden der Evolutionsforschung

Die Veränderlichkeit von Arten zu belegen ist außerordentlich schwierig. Die Lebenserfahrung zeigt, dass Artveränderungen oder gar Neubildungen in der Natur nicht unmittelbar beobachtbar sind. Die Nachkommen von Pflanzen, Tieren und Menschen gehören zur selben Art wie ihre Eltern.

Wenn man dennoch zunächst hypothetisch annimmt, dass Evolution stattgefunden hat, so ist davon auszugehen, dass dieser Prozess so langsam verläuft, dass die Verände-

6 Evolution

rungen von Arten während der Lebenszeit eines Menschen gering sind. Damit sind Experimente, die der Naturwissenschaftler zur Prüfung von Hypothesen ausführt, weitgehend ausgeschlossen. Sie müssten unvorstellbar große, niemals verfügbare Zeiträume umfassen. Lediglich mit Organismen, wie etwa Bakterien, die in kurzen Zeiträumen viele Generationen hervorbringen, lassen sich Modellexperimente zur Untersuchung evolutiver Ereignisse ausführen.

Da es auch zur Aufklärung der Vorgänge in der Vergangenheit keine unmittelbaren Zeugen gibt, befindet sich die Evolutionsforschung in einer besonderen Situation. Der Weg zu einer Antwort auf die Frage „Hat Evolution stattgefunden?" besteht darin, dass Beobachtungen und Vergleiche an lebenden und toten Organismen daraufhin geprüft werden, ob sie mit der *Evolutionshypothese* vereinbar sind.

Bei den Galapagosfinken fällt auf, dass die Arten sich hauptsächlich in den Schnabelformen unterscheiden. Bei einigen findet man kurze, dicke Schnäbel, bei anderen zierliche, pinzettenartige. Die Beobachtung der Ernährungsgewohnheiten zeigt, dass die dickschnäbeligen Finken sich überwiegend von harten Samen und Körnern ernähren, die anderen von Früchten, Nektar oder Insekten. Die speziellen Schnabelformen sind Merkmale, die es ihren Trägern ermöglichen, das Nahrungsangebot in ihrem jeweiligen Lebensraum gut zu nutzen. Diese Feststellung ist eine Stütze der Evolutionshypothese, denn es ist mit der Grundvorstellung der Artveränderung vereinbar, dass Schnabelformen als Anpassungen an die jeweilige Nahrung entstanden sind.

Nun reicht für eine beweiskräftige Aussage ein Indiz allein nicht aus. Der Vorgang könnte ja, trotz plausibler wissenschaftlicher Erklärung, auch anders abgelaufen sein. Je mehr Belege also gefunden werden, die unabhängig voneinander sind, desto besser wird die Hypothese begründet. Neben Indizien für Veränderungen in der Vergangenheit sind Evolutionsfaktoren wichtige Stützen für die Evolutionshypothese. Sie sind die naturwissenschaftlich fassbaren Ursachen, die Veränderung und Vergrößerung der Artenanzahl bewirken können.

Damit besitzt man aber keinen eindeutig schlüssigen Beweis für die evolutive Entstehung der Finkenarten in ihrem Lebensraum: Denn ob die Faktoren in der Vergangenheit zu den gegenwärtigen Zuständen geführt haben, kann ja nicht beobachtet, sondern nur erschlossen werden. Man hat lediglich Faktoren und Beobachtungen, die zusammenpassen. Es ist jedoch einleuchtend, wenn man annimmt, dass heute erkennbare Ursachen bereits in der Vergangenheit in derselben Weise wirksam waren.

Diese nicht weiter überprüfbare Voraussetzung *(Axiom)* wird als *Aktualitätsprinzip* bezeichnet. Auf ihm basiert die *Evolutionstheorie*, die Artumbildung und -neubildung erklärt. Sie beantwortet zwei Grundfragen:
— Wie ist die Evolution verlaufen?
— Was sind die Ursachen der Evolution?

Aktualitätsprinzip
Annahme, dass in der Vergangenheit dieselben Faktoren wirksam waren, die in der Gegenwart nachweisbar sind.

Theologie und Naturwissenschaft

Die Diskussion zwischen Theologie und Naturwissenschaft der vergangenen Jahrzehnte hat neben vielen Annäherungen vor allem ein klares Ergebnis erbracht: Naturwissenschaftliche und religiöse Betrachtung sind zwei unterschiedliche Zugänge zur Wirklichkeit, die sich nicht widersprechen müssen. Während sich die Naturwissenschaft aufgrund von Beobachtung und logischen Schlüssen eine Theorie über die Entstehung der Arten bildet, treffen die Weltreligionen Glaubensaussagen: Nach der jüdischen und christlichen Bibel hält Gott Schöpfung *und* Evolution — wie immer sie sich ereigneten — in seiner Hand.

Texte zur Abstammungslehre
„Dann sprach Gott: Das Land lasse junges Grün wachsen, alle Arten von Pflanzen, die Samen tragen und von Bäumen, die auf der Erde Früchte bringen mit ihren Samen darin . . . Dann sprach Gott: Das Land bringe alle Arten von lebendigen Wesen hervor . . ." *Bibel, Altes Testament, 1. Mose 1*

„Zunächst einmal müssen wir eine früher herrschende Auffassung korrigieren, nach der die Bibel nur eine, ein für allemal feststehende Vorstellung von dem Vorgang der Schöpfung kenne und die Bejahung dieser einen Vorstellung identisch mit dem Glauben an den Schöpfer sei . . ." — „Gott als Schöpfer anzuerkennen und nach den Anfängen wissenschaftlich zu fragen, das schließt sich . . . nicht aus. Das Nebeneinander der verschiedenen Schöpfungsberichte innerhalb der Bibel macht deutlich: Die Frage, wie Gott die Welt geschaffen hat, ist keine Glaubensfrage." *Evangelischer Erwachsenenkatechismus*

„Ein rechtschaffen in der Schöpfung verstandener Glaube und eine rechtschaffen aufgefasste Evolutionslehre behindern sich nicht. Die Evolution setzt ja die Schöpfung voraus; die Schöpfung zeigt sich im Lichte der Evolution wie ein Ereignis, das sich über die Zeit erstreckt — wie eine creatio continua, in der dem Gläubigen Gott als Schöpfer des Himmels und der Erde sichtbar wird." *Johannes Paul II*

Charles Darwin

CHARLES DARWIN (1809–1882) studierte als Sohn eines wohlhabenden englischen Arztes zunächst Medizin, wandte sich aber aus wirtschaftlichen Gründen bald der Theologie zu. Daneben galt sein besonderes Interesse biologischen Problemen.

Im Jahre 1831 bot sich ihm die einmalige Chance, an Bord des Vermessungsschiffes „Beagle" eine fast fünfjährige Forschungsreise (27.12.1831 bis 2.10.1836) rund um die Erde zu unternehmen. Dabei gelangte er zu Forschungsergebnissen, die mit der damals herrschenden Vorstellung von der Unveränderlichkeit der Arten nicht in Einklang zu bringen waren. Ab 1837 versuchte er, Belege für die Veränderlichkeit der Arten zu finden und die Ursachen des Artwandels zu klären. Dazu wertete er nicht nur das umfangreiche Material seiner Forschungsreise aus, sondern arbeitete insbesondere auch eng mit Tierzüchtern und Gärtnern zusammen.

Seine Ergebnisse veröffentlichte er 1859 in dem bahnbrechenden Werk „On the Origin of Species by Means of Natural Selection or the Preservation of Favoured Races in the Struggle for Life". Sein Buch fand eine so große Beachtung, dass die erste Auflage bereits nach einem Tag ausverkauft war.

DARWIN machte darin zunächst keine Ausführungen zur Evolution des Menschen. Vermutlich befürchtete er stark ablehnende Reaktionen der Öffentlichkeit. Es waren damals auch nur wenige Fossilfunde bekannt, die die Verwandtschaft zwischen Menschen und Affen belegen konnten. Erst im Jahre 1871 veröffentlichte er sein zweites Hauptwerk „The Descent of Man".

Wegen seiner angegriffenen Gesundheit lebte DARWIN in seinen letzten Jahren zurückgezogen in dem kleinen Dorf Down, Grafschaft Kent. Er starb am 19.4.1882.

Die Evolutionstheorie

Im 18. und in der ersten Hälfte des 19. Jahrhunderts kam es zu einem raschen Fortschritt der Naturwissenschaften. Insbesondere in der Biologie häufte sich ein umfangreiches Detailwissen an, für das damals eine überzeugende Erklärung fehlte. So unternahmen Biologen immer wieder den Versuch, die Entstehung der Lebewesen mit einer umfassenden Theorie zu erklären. Das Werk dieser Forscher bildet bis heute trotz zahlreicher neuer Erkenntnisse die Grundlage unserer Vorstellung über die Entwicklung des Lebens auf der Erde.

CHARLES DARWIN gelangte aufgrund jahrzehntelanger Forschungen zu einer Reihe von Erkenntnissen, die nicht nur die Biologie, sondern darüber hinaus das Weltbild vieler Menschen revolutionieren sollten. Die damals übliche Lehrmeinung von der Konstanz der Arten war im Lichte seiner Beobachtungen für ihn nicht mehr überzeugend.

DARWIN legte als erster Forscher eine umfassende Theorie über die Entstehung der Arten vor, die durch Erkenntnisse aus den verschiedenen Wissenschaftsgebieten untermauert war und damit viele seiner Zeitgenossen überzeugte.

Die grundlegenden Aussagen seiner *Selektionstheorie* sind folgende:
— Jede Art erzeugt mehr Nachkommen als aufgrund der zur Verfügung stehenden Nahrungsquellen überleben können (*Überproduktion*, s. Mittelspalte oben).
— Innerhalb einer Population gibt es sehr verschiedene *Varietäten*, d. h. Individuen einer bestimmten Art zeigen Unterschiede in Bau, Lebensweise und Verhalten.
— Die variierenden Merkmale sind erblich und treten auch bei Nachkommen auf.
— Die Individuenzahl einer bestimmten Art bleibt über längere Zeiträume konstant, d. h. die Populationen sind stabil (siehe Mittelspalte unten).
— Die Sterblichkeitsrate muss demzufolge relativ hoch sein.
— Innerhalb einer Population kommt es zwischen den verschiedenen Individuen zu einem Kampf ums Dasein *(struggle for life)*. Träger vorteilhafter Merkmale überleben mit höherer Wahrscheinlichkeit *(survival of the fittest)* und können damit ihre Anlagen an die nächste Generation weitergeben. Man nennt dies die Theorie der natürlichen Zuchtwahl *(natural selection)*.

Wachstum einer Population bei unbegrenztem Angebot an Raum und Nahrung.

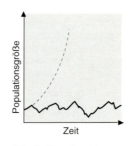

Die Größe einer Population mit begrenzten Ressourcen pendelt um einen Mittelwert.

rezent
in der Gegenwart lebende Formen

Felsentaube

Kropftaube

Pfauentaube

Jakobinertaube

Als Beleg für die Wandelbarkeit der Arten diente DARWIN u. a. die Auswertung von Fossilien. Dabei erkannte er folgende Gesetzmäßigkeiten:
— Fossilien passen zusammen mit heute lebenden Arten in ein natürliches System der Lebewesen.
— Fossilien unterscheiden sich von rezenten Formen um so stärker, je älter sie sind.
— Vergleichbare Fossilien eng beieinander liegender Gesteinsschichten weisen viele Gemeinsamkeiten auf.
— Fossile und rezente Arten eines bestimmten Kontinents ähneln sich stark.

DARWIN nahm an, dass verschiedene Arten von gemeinsamen Vorfahren abstammen. Er belegte diese revolutionäre These u. a. mit folgenden Beobachtungen: Embryonen von Arten, die sich im ausgewachsenen Zustand stark voneinander unterscheiden, gleichen sich außerordentlich und gemeinsame Merkmale im Bauplan der Lebewesen sind trotz unterschiedlicher Lebensweise häufig.

Die *Veränderung von Arten* ist die entscheidende Voraussetzung für die Entwicklung von Lebewesen. Da die Artumwandlung sehr lange Zeiträume erfordert, ist sie nicht direkt beobachtbar. Sie kann aber aus Fossilfunden oder aus dem Vergleich heute lebender Arten erschlossen werden.

Die Züchtung von Haustieren oder Nutzpflanzen liefert jedoch ein Modell für Evolutionsvorgänge, die in überschaubarer Zeit ablaufen. Sie sind daher der Beobachtung und sogar dem Experiment zugänglich. So war es DARWIN gelungen, durch Kreuzung verschiedener Taubenrassen wildfarbene Tauben zu erhalten, die der *Felsentaube*, der Stammform der heutigen Taubenrassen, stark ähnelten. Dies belegte die Annahme, dass in Haustierrassen noch heute Erbanlagen der Stammform vorhanden sind. DARWIN sah in der Veränderung der Lebewesen durch die Züchtung ein Modell für die Veränderlichkeit und den Wandel der Arten in der Natur. Die Wirkungen der Zuchtwahl oder *künstlichen Selektion* auf die Organismen konnte DARWIN direkt beobachten. Er erstellte nach diesem Modell Hypothesen, die die Selektionstheorie begründeten. Danach wirkt die natürliche Zuchtwahl ähnlich wie ein Züchter, aber natürlich unbewusst und ohne Plan.

So bedeutend die Leistungen DARWINS auch waren, sie wären ohne die wissenschaftlichen Arbeiten anderer Forscher weniger überzeugend geblieben. Beispielsweise erfordern die von DARWIN gefundenen Mechanismen der Artbildung eine Entwicklung der Lebewesen über damals unvorstellbar lange Zeiträume. Noch 1779 vertrat GEORGES DE BUFFON (1707—1788) die Meinung, die Erde könne bis zu 168 000 Jahre alt sein, was für Evolutionsprozesse nie ausgereicht hätte. Der Geologe CHARLES LYELL (1797—1875) veröffentlichte 1830 sein Werk „Principles of Geology". Darin zeigte er, dass die heute wirksamen physikalischen Kräfte auch den Ablauf der Erdgeschichte bestimmten. Diese Erkenntnis nennt man heute *Aktualitätsprinzip*. Weiterhin wies er nach, dass sich die Erde in sehr langen Zeiten allmählich gewandelt hatte und nicht bereits in der heutigen Form geschaffen wurde.

Sozialdarwinismus

Nicht nur in den Naturwissenschaften, sondern vor allem in der Gesellschaft und der Philosophie des 19. Jahrhunderts waren Vorstellungen über einen evolutionären Wandel verbreitet. THOMAS ROBERT MALTHUS (1766—1834) publizierte bereits Ende des 18. Jahrhunderts sein Werk „Essay on the Principle of Population". Darin stellte er die These auf, die Bevölkerung wachse schneller als die ihr zur Verfügung stehenden Produktionsmittel: „Man kann daher ruhig sagen, dass sich die Bevölkerung, wenn sie nicht gehindert wird, alle 25 Jahre verdoppelt oder in geometrischer Proportion zunimmt. Die Herstellung von Nahrungsmitteln wachse dagegen nur linear in arithmetischer Proportion." Er prognostizierte Versorgungsprobleme und Hungersnöte.

Der Philosoph HERBERT SPENCER (1820—1903) wandte evolutionäre Vorstellungen auf die Gesellschaft an. Er lehnte jede Form gesellschaftlicher Sozialfürsorge ab und hielt den Kampf ums Dasein und die natürliche Auslese für die grundlegenden gesellschaftlichen Kräfte. DARWIN übernahm die Begriffe „struggle for life" und „survival of the fittest" von SPENCER.

Die Vorstellungen DARWINS über die Entstehung der Arten wurden von den Sozialdarwinisten missbraucht. Sie übertrugen die Selektionsvorstellungen auf das gesellschaftliche und wirtschaftliche Leben. Der Sozialdarwinismus diente so zur Rechtfertigung von Kriegen, sozialen Ungerechtigkeiten und von rassistischen Ideologien.

Evolution

Lexikon

Die Entwicklung des Evolutionsgedankens

Dem schwedischen Naturforscher CARL VON LINNÉ (CAROLUS LINNAEUS, 1707–1778) gelang als Erstem eine Gliederung der damals bekannten Lebewesen in ein umfassendes, hierarchisch aufgebautes System mit klar erkennbaren Klassifikationsmerkmalen

(*Systema naturae*, 1735). Pflanzen gliederte er nach den Blütenorganen und Tiere ordnete er nach anatomischen und physiologischen Kriterien. Arten charakterisierte er durch einen Gattungs- und einen Artnamen *(binäre Nomenklatur)*. Den Menschen stellte LINNÉ zusammen mit Affen, Lemuren und Fledermäusen zur 1. Ordnung innerhalb der Klasse *Mammalia* (Säugetiere), den *Primaten* (Herrentiere). Er charakterisierte die Gattung *Homo* nicht nur, wie er es sonst tat, durch die Beschreibung körperlicher Merkmale, sondern durch den Zusatz *„nosce te ipsum"* („Erkenne dich selbst"). LINNÉ ging im Geiste seiner Zeit von der Unveränderbarkeit der Arten aus *(Artkonstanz)*.

JEAN BAPTISTE MONET, CHEVALIER DE LAMARCK (1744–1829), wurde 1793 Professor für niedere Tiere. Er schuf ein neues Tiersystem mit den Gruppen „Wirbeltiere" und „Wirbellose Tiere", für deren Systematik er neue Grundlagen legte. Bei der Auswertung der umfangreichen Pariser Sammlungen erkannte er fließende Übergänge zwischen verschiedenen Arten. Er fand Übergangsformen zwischen fossilen und rezenten Weichtieren und schloss daraus, dass Arten nur eine zeitweilige Beständigkeit aufweisen. In seinem Werk „Philosophie Zoologique" (1809) wurde der Abstammungsgedanke erstmals konsequent dargestellt.

GEORGES CUVIER (1769–1832) gilt als einflussreichster Wissenschaftler im Frankreich des beginnenden 19. Jahrhunderts. Er versuchte, durch intensive anatomische Studien das System LINNÉS weiterzuentwickeln. CUVIER erforschte die geologischen Schichten im Pariser Becken. Bei diesen Untersuchungen fand er zahlreiche Fossilien, die er dann ausführlich wissenschaftlich beschrieb. Er erkannte, dass es sich bei Fossilien um die Reste von Lebewesen handelt und stellte fest, dass verschiedene geologische Schichten unterschiedliche Fossilien aufwiesen. Als Erklärung diente ihm seine *Katastrophentheorie*: Naturkatastrophen vernichteten in größeren Zeitabständen immer wieder die Tiere und Pflanzen in einem bestimmten Gebiet. Aus benachbarten Gebieten, die

von der Katastrophe nicht betroffen waren, wanderten die Lebewesen in das zerstörte Gebiet wieder ein. Auch CUVIER war, wie LINNÉ, ein Anhänger der Artkonstanz.

ALFRED RUSSEL WALLACE (1823–1913) erforschte die geographische Verbreitung von Lebewesen. Im Juni 1858 erhielt DARWIN ein Manuskript von WALLACE: „On the tendency of varieties to depart indefinetely from the original type." Darin beschrieb er bereits das Prinzip der natürlichen Selektion. DARWIN erkannte die Bedeutung dieser Arbeiten und am 1. Juli 1858 veröffentlichte er den Artikel von WALLACE und einen eigenen Aufsatz von 1844. WALLACE kann also als Mitbegründer der *Selektionstheorie* gelten.

ERNST HAECKEL (1834–1919) gilt als der entschiedenste Vertreter der *Evolutionstheorie* in Deutschland. Er formulierte im Jahre 1866 die *„Biogenetische Grundregel"*. Bereits vor DARWIN unternahm er den für die damalige Zeit wagemutigen Versuch, die Evolutionstheorie auch auf den Menschen zu übertragen. DARWIN selbst veröffentlichte sein zweites Hauptwerk „Die Abstammung des Menschen und die geschlechtliche Zuchtwahl" dann erst im Jahre 1871.

Materialien

Jean Baptiste de Lamarck

LAMARCK stellte als erster Forscher eine umfassende Theorie zur Entstehung der Arten vor. Er fasste seine Thesen in „Gesetzen" zusammen:

Erstes Gesetz: „Bei jedem Tiere, welches den Höhepunkt seiner Entwicklung noch nicht überschritten hat, stärkt der häufigere und dauernde Gebrauch eines Organs dasselbe allmählich, entwickelt, vergrößert und kräftigt es proportional der Dauer dieses Gebrauchs; der konstante Nichtgebrauch eines Organs macht dasselbe unmerklich schwächer, verschlechtert es, vermindert fortschreitend seine Fähigkeiten und lässt es endlich verschwinden."

Zweites Gesetz: „Alles, was Individuen durch den Einfluss der Verhältnisse, denen ihre Rasse lange Zeit hindurch ausgesetzt ist und folglich durch den Einfluss des vorherrschenden Gebrauchs oder konstanten Nichtgebrauchs erwerben oder verlieren, wird durch die Fortpflanzung auf die Nachkommen vererbt, vorausgesetzt, dass die erworbenen Veränderungen beiden Geschlechtern oder den Erzeugern dieser Individuen gemein sind."

„Die wahre Ordnung der Dinge, die wir hier betrachten wollen, besteht darin:
1. dass jede ein wenig beträchtliche und anhaltende Veränderung in den Verhältnissen, in denen sich eine Tierrasse befindet, eine wirkliche Veränderung der Bedürfnisse derselben bewirkt;
2. dass jede Veränderung in den Bedürfnissen der Tiere andere Tätigkeiten nötig macht, um diese neuen Bedürfnisse zu befriedigen und sich folglich andere Gewohnheiten entwickeln;
3. dass jedes Bedürfnis ... entweder den größeren Gebrauch eines Organs erfordert ... oder den Gebrauch neuer Organe, welche die Bedürfnisse in ihm unmerklich durch Anstrengungen seines inneren Gefühls entstehen lassen."

„Gibt es ein treffenderes Beispiel als das *Känguru*? Dieses Tier, das seine Jungen in dem unter dem Hinterleibe befindlichen Beutel trägt, hat die Gewohnheit angenommen, beinahe aufrecht und bloß auf seinen Hinterbeinen und auf seinem Schwanze zu stehen und sich nur durch ununterbrochene Sprünge fortzubewegen, bei denen es, um seinen Jungen nicht unbequem zu werden, die aufrechte Haltung beibehält."

Aufgaben

1. Erläutern Sie, wie LAMARCK zur Theorie der Inkonstanz der Arten kommt. Vergleichen Sie seine Vorstellungen über die Entstehung der Lebewesen mit denen LINNÉS und CUVIERS.
2. Ein wesentliches Argument CUVIERS gegen die Theorie LAMARCKS war das Fehlen von Übergangsformen zwischen verschiedenen Arten. Warum sind gerade Übergangsformen das entscheidende Indiz für einen Artwandel?
3. Welche Faktoren sieht LAMARCK als Antrieb zur Veränderung von Arten? Welche Vorstellung hat er über die Mechanismen, die die Artveränderung bewirken?
4. Analysieren Sie die Aussage in LAMARCKS zweitem Gesetz. Formulieren Sie dieses Gesetz unter Verwendung heute üblicher genetischer Fachbegriffe. Untersuchen Sie den Wahrheitsgehalt des neu formulierten Gesetzes auf der Grundlage der modernen Genetik und der Molekularbiologie.
5. LAMARCK und DARWIN erkannten beide die Inkonstanz der Arten. Vergleichen Sie die Arbeitsmethoden und zeigen Sie die Unterschiede bei der Erkenntnisgewinnung.
6. Geben Sie an, in welchen Punkten sich die Aussagen zu den Ursachen der Evolution von LAMARCK und DARWIN gleichen.
7. Spechte besitzen eine sehr lange Zunge, mit der sie ihre Nahrung — z. B. Insekten und Larven — aus der zerklüfteten Borke von Bäumen herausholen. Beim Grünspecht kann die Zunge mehr als 10 cm aus dem Schnabel herausragen. Geben Sie für die evolutive Entstehung der Spechtzunge eine lamarckistische und eine darwinistische Erklärung.

Der *Kea*, eine krähengroße neuseeländische Papageienart, ernährt sich üblicherweise von Insekten und verschiedener pflanzlicher Nahrung. Sein langer, scharfer Schnabel ähnelt dem eines Greifvogels. Mit der Einführung der Schafzucht in Neuseeland stand den Keas eine neue Nahrungsquelle zur Verfügung: Sie ernähren sich vom Fleisch und Fett kranker, verletzter oder toter Schafe, deren Haut sie mit ihrem scharfen Schnabel aufreißen

können. Die Keas konnten also aufgrund bereits vorhandener Strukturen und Fähigkeiten neue Lebensbedingungen für sich nutzen. Allgemein spricht man von *Prädispositionen*, wenn in einer Population bestimmte Eigenschaften auftreten, die unter den vorherrschenden Lebensbedingungen bedeutungslos oder sogar nachteilig waren und die sich erst nach einer Änderung der Umweltbedingungen als vorteilhaft erwiesen.

Aufgabe

1. Versuchen Sie, mit den Theorien LAMARCKS und DARWINS Prädispositionen zu erklären.

Evolution 11

Lexikon

Ernst Haeckel

ERNST HAECKEL (1834 – 1919) studierte nach dem Abitur Medizin. Er konnte sich jedoch nicht für den Arztberuf begeistern; seine Neigungen gehörten der Botanik und der Zoologie. 1862 wurde er Professor an der Universität Jena und 1865 übernahm er den neu gegründeten Lehrstuhl für Zoologie, den er bis zu seiner Emeritierung 1909 innehatte.

Im Jahr 1859 unternahm er eine 15-monatige Reise nach Messina, wo er Plankton untersuchte. In dieser Zeit erhielt er die deutsche Übersetzung von DARWINS Werk „On the Origin of Species". Die Beschäftigung damit machte ihn zu einem überzeugten Verfechter des Darwinismus. Für die im Golf von Messina gefundenen Strahlentierchen *(Radiolarien)*, darunter 144 neue Arten, stellte er sofort Verwandtschaftsbeziehungen auf, indem er typische Gruppen durch Zwischenformen miteinander verband und sie auf eine einfachste Urform zurückführte.

HAECKEL vertrat in Deutschland DARWINS Abstammungslehre energisch, kämpferisch und teilweise auch polemisch. Er setzte sich vehement für die Einführung der Abstammungslehre im Schulunterricht ein, scheiterte aber am Widerstand von kirchlicher und staatlicher Seite. Durch Vorlesungen mit Artikeln und Büchern machte er das Thema bekannt. Seine Fähigkeit, Sachverhalte vereinfacht und allgemeinverständlich darzustellen, führte zu einer raschen Verbreitung der Abstammungstheorie in der Wissenschaft und der Bevölkerung.

Die Unerschütterlichkeit, mit der er für den Darwinismus eintrat, und seine eingängigen Darstellungen begründeten seine wachsende Popularität und führten zugleich zu erheblichen Konflikten mit verschiedensten Personen und gesellschaftlichen Gruppierungen.

Durch seine plakative Art sich zu äußern, unterschied sich HAECKEL wesentlich von DARWIN. Dieser ist in seinem ersten Werk 1859 nicht auf die Abstammung des Menschen eingegangen, sondern begnügte sich mit der Aussage: *„Light will be thrown on man and his history."*
Selbst dieser Satz war nicht in der deutschen Ausgabe vorhanden; der Übersetzer hatte ihn nicht übernommen. Ganz anders verfuhr HAECKEL. Er zögerte nicht, die Evolutionstheorie auf den Menschen anzuwenden. In seinem 1866 veröffentlichten Werk „Generelle Morphologie der Organismen", schrieb er: *„Interessant und lehrreich ist der Umstand, dass besonders diejenigen Menschen über die Entdeckung der natürlichen Entwickelung des Menschengeschlechts aus echten Affen am meisten empört sind und in den heftigsten Zorn gerathen, welche offenbar hinsichtlich ihrer intellectuellen Ausbildung und cerebralen Differenzierung sich bisher noch am wenigsten von unseren gemeinsamen tertiären Stammeltern entfernt haben."*

DARWINS engagierter Mitstreiter THOMAS HUXLEY schrieb an HAECKEL, als dieser sich um die Herausgabe einer englischen Ausgabe der „Generellen Morphologie" bemühte: *„Außerdem ist der englische Sinn für Anstand darüber erschrocken, dass einige Passagen aggressive Angriffe auf die Kirchenlehre enthalten (wir haben nichts gegen solche Einstellungen, wenn sie nicht offen als solche proklamiert werden)."*

Trotz mitunter polemischer Äußerungen bleibt es HAECKELS Verdienst, dass er sehr früh die Evolutionstheorie auf den Menschen anwandte und dies auch mit einer Fülle wissenschaftlicher Argumente belegte.

HAECKEL war der Meinung, dass das natürliche System der Lebewesen auf der Grundlage ihrer Stammesgeschichte zu entwickeln sei. Zur Veranschaulichung fügte er seinem Werk „Systematische Phylogenie" (1894 – 1896) 8 Tafeln mit Stammbäumen bei. Die Abbildung zeigt einen Ausschnitt aus dem Stammbaum der Wirbeltiere, der jedoch nicht der heutigen Sichtweise entspricht. Innerhalb des Stammbaums findet man heute existierende Formen, die nur als Endglieder der Zweige erscheinen dürfen. In den unteren Bereichen müssten ausgestorbene Vorfahren erscheinen.

HAECKEL erkannte wohl selbst den hypothetischen Charakter seiner Stammbaumentwürfe und schrieb dazu: *„Sie sollen nur den Weg andeuten, auf welchem nach dem jetzigen Zustande unserer empirischen Kenntnisse die weitere phylogenetische Forschung am besten vorzudringen hat. Ich brauche daher die Versicherung nicht zu wiederholen, dass ich meinen Entwürfen von Stammbäumen und systematischen Tabellen keinen dogmatischen Wert beimesse."*

Untrennbar mit HAECKELS Namen verbunden ist die *Biogenetische Grundregel* (s. Seite 27), die er 1872 als „Biogenetisches Grundgesetz" veröffentlichte und damit viel Aufmerksamkeit erregte.

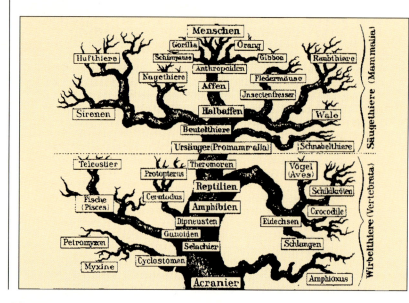

Lexikon

Trofim D. Lyssenko

Da die Erkenntnisse der Genetik und der Evolutionstheorie den Vertretern einiger religiöser oder politischer Richtungen nicht in ihr Vorstellungsbild passten, kam es wiederholt zu Versuchen, naturwissenschaftliche Erkenntnisse zu unterdrücken oder politischen Ideologien unterzuordnen. Der wohl tragischste Fall ist die Entwicklung der Biologie in der UdSSR zwischen den späten zwanziger Jahren und 1965. Russland war zu Beginn dieser Periode eine Agrarnation mit einer außerordentlich rückständigen Wirtschaft. Die kommunistische Partei hatte der sowjetischen Wissenschaft den Auftrag erteilt, „die wissenschaftlichen Leistungen außerhalb der Grenzen des Vaterlandes einzuholen und zu übertreffen". Um die sozialen Verhältnisse zu verbessern, waren anwendbare Erkenntnisse in der Medizin und der Pflanzen- bzw. Tierzucht wichtig. STALIN lehnte die Ergebnisse der in der westlichen Welt schnell fortschreitenden Genetik völlig ab und ENGELS behauptete, dass Eigenschaften, die ein Lebewesen durch Nahrungsaufnahme oder Übung erworben hat, vererbbar sind.

In dieser Zeit berichtete LYSSENKO (1898 – 1976) über seine Versuche zur *Jarowisation*, einem Verfahren, bei dem Wintergetreide nach Kältebehandlung erst im Frühjahr ausgesät wird, um Verluste durch die langen und extrem kalten Winter im Norden zu vermeiden. Der Begriff „Jarowisation" stammt aus dem Altslawischen (*Jarow* = Frühling) und lässt sich mit „Versommerung" übersetzen. Durch Kältebehandlung gelang es ihm, Winterweizen in die Sommerform „umzuwandeln".

Bei Winterweizen bewirkt die Kälteeinwirkung des Winters, dass sich die Pflanzen im Frühjahr schneller entwickeln und so 2 bis 3 Wochen früher blühen. Imitiert man den Winter durch Kältebehandlung und sät die Körner erst im Frühjahr aus, hat man die gleiche Wirkung. Eine genetische Umwandlung zu Sommerweizen, der diese Kälteeinwirkung nicht braucht, hat man damit jedoch nicht erreicht. Die Jarowisation wurde schon 1857 erfolgreich in Ohio angewendet. LYSSENKO meinte jedoch, dass es keine entscheidenden Gene für Sommer- oder Winterformen geben kann, wenn alle Eigenschaften von der Umgebung abhängen.

Nach LYSSENKOS Vorstellungen waren Erbinformationen über die gesamte Zelle verteilt. Die Grundlage der Vererbung war nach seiner Meinung nach die Zelle selbst. Da LYSSENKO und seine Schule die Existenz von Genen und

die Chromosomentheorie der Vererbung leugneten und gezielte Erbänderungen durch die Umwelt annahmen, mussten sie zwangsläufig auch die Existenz von ungerichteten Mutationen ablehnen. Die von amerikanischen Forschern nachgewiesenen Mutationsraten waren viel zu gering, um diese schnellen Veränderungen zu erklären. Zwischen 1949 und 1951 erregten Veröffentlichungen internationales Aufsehen, in denen behauptet wurde, dass Viren in Bakterien umgewandelt wurden. Man versuchte auch, Weizen in Roggen umzuformen oder Fichten in Kiefern usw. Auch dieses wäre bei der Annahme seltener und ungerichteter Mutationen unmöglich gewesen.

Mit der Entwicklung des sog. *Nestaussaatverfahrens* verwarf LYSSENKO als Letztes die Existenz der innerartlichen Konkurrenz. Nach seiner Vorschrift sollten bei Wiederaufforstungen 30 bis 40 Eicheln in einem Nest ausgepflanzt werden. LYSSENKO war klar, dass 29 von 30 Eicheln sterben würden, sie würden sich „zum Wohle der Art opfern". „Es gibt keinen innerartlichen Kampf in der Natur. Es gibt nur Auseinandersetzungen zwischen den Arten: Der Wolf frisst den Hasen, der Hase frisst keinen anderen Hasen, er frisst Gras".

Wie war diese unvorstellbare Unterdrückung naturwissenschaftlicher Erkenntnisse möglich? Da LYSSENKOS anfängliche Theorien gut in die marxistische Theorie passten, stieg er schnell zu mächtigen Positionen auf, aus denen er widerspruchslos verkünden konnte: „Der Marxismus ist die einzige Wissenschaft. Der Darwinismus ist nur ein Teil davon." Da die Wissenschaft dem Wohle des Sozialismus dienen sollte, wurden Wissenschaftler mit Ideen, die nicht zur sozialistischen Theorie passten, zu Volksfeinden. Es gab keine wissenschaftlichen, sondern nur politische Diskussionen. So konnte LYSSENKO auf der Höhe seiner Macht fordern, dass man in der Wissenschaft „den Weg administrativen Gehorsams" suchen müsse. Vertreter westlicher Ideen ließ man in Gefängnissen und Irrenanstalten verschwinden.

Nachdem die Lyssenkoisten auf einer Tagung 1948 an die Macht gekommen waren, ließen sie alle in Universitäten vorhandenen Drosophila-Stämme vernichten sowie die gesamte genetische Literatur entfernen. Wissenschaftler durften nicht mehr an Kongressen im Ausland teilnehmen. Die Trennung von „kapitalistischer" und „sozialistischer" Biologie war vollzogen.

Während sich die russischen Biologen von den Vertreter westlicher Forschung isoliert sahen, wurden von diesen die DNA-Struktur sowie der genetische Code und die Proteinbiosynthese entdeckt und entschlüsselt. Der Rückstand der „sozialistischen" Biologie wurde immer erdrückender und ließ sich nicht mehr verheimlichen. Einige kritische Artikel erschienen in mathematischen und physikalischen Fachzeitschriften, da die biologischen Zeitschriften unter der strengen Zensur der offiziellen Vordenker standen.

Im Februar 1965 wurde LYSSENKO entlassen. In der sowjetischen Presse war nichts davon zu erfahren, nur ausländische Blätter meldeten das Ereignis. 1966 begann eine umfassende Reform des russischen Schul- und Universitätswesens. Der Versuch, die sozialistische Theorie durch Schaffung der passenden biologischen Grundlagen zu untermauern, war gescheitert. Der Erkenntnisvorsprung der westlichen Welt konnte lange Jahre nicht aufgeholt werden.

2 Belege für den Verlauf der Evolution

1 „Jungfer im Grünen" (Nigella damascena)

2 Schnabeltier (Ornithorhynchus anatinus)

Befunde der Systematik

REICH

Stamm/Abteilung

Klasse

Ordnung

Familie

Gattung

Art

Vorstellungen und Theorien über eine Evolution der Lebewesen sind durch Beobachtungen und Untersuchungen an lebenden und fossilen Organismen entstanden. In diesem Kapitel ist eine Auswahl an Befunden aus verschiedensten biologischen Teilgebieten zusammengestellt. Sie können als Belege für den Ablauf der Evolution ausgewertet werden.

Um eine Übersicht über die Vielfalt der Lebensformen zu gewinnen, haben Wissenschaftler schon vor langer Zeit versucht, die Lebewesen zu klassifizieren und in bestimmte Gruppen einzuteilen. Dieses Teilgebiet der Biologie, die *Systematik*, hat das Ziel, ein System zu erstellen, in das sich alle Lebewesen nach abgestufter Ähnlichkeit einordnen lassen. Je besser ein System die Mannigfaltigkeit der Lebensformen erfasst, desto geeigneter ist es.

In der Vergangenheit gab es mehrere Versuche, Systeme zu erstellen. Das zentrale Problem war die Wahl derjenigen Merkmale, die als charakteristisch für die jeweilige Gruppierung herausgestellt werden sollten. Man ging dabei vor allem nach praktischen Gesichtspunkten vor und wählte auffällige, leicht erkennbare und abzählbare Merkmale. So entstanden verschiedene künstliche Systeme. Eines der bedeutendsten stammt von dem schwedischen Arzt und Naturforscher CARL VON LINNÉ (1707—1778) aus dem Jahr 1735. Sein System gliedert sich in streng abgegrenzte Klassifikationsebenen. Jede Klassifikationsebene heißt *Kategorie*.

Die Einordnung der Lebensformen in die systematischen Kategorien vollzog LINNÉ nach festen, willkürlich ausgewählten Merkmalen. So teilte er die Gliedertiere in die geflügelten und die ungeflügelten auf. In die Gruppe der Flügellosen stellte er unter anderem Läuse, Flöhe, Springschwänze, Spinnen, Krabben und Tausendfüßer. Pflanzen systematisierte er nach der Anzahl der Staubblätter in der Blüte. Beispielsweise bilden hier alle Pflanzen mit mehr als 20 Staubgefäßen in der Zwitterblüte eine Einheit, in der u. a. Linde, Seerose und Mohn zusammengefasst werden. LINNÉ führte die bis heute verwendete *binäre Nomenklatur* ein, die jede Lebensform durch Gattungs- und Artname kennzeichnet.

Die strengen, willkürlichen Grenzen zwischen den Kategorien verursachen bei allen künstlichen Systemen immer Widersprüche bei der Einreihung bekannter und neu entdeckter Arten. Dies zeigen folgende Beispiele: Pflanzen mit wechselständigen, oft geteilten Laubblättern und Blüten mit mehreren getrennten Stempeln, vielen Staubblättern und nektarreichen Honigblättern sind in der Familie der Hahnenfußgewächse zusammengefasst. Die *„Jungfer im Grünen"*, eine im Mittelmeerraum verbreitete Pflanze, zeigt alle Merkmale der Hahnenfußgewächse, allerdings sind die Fruchtblätter miteinander zu einem Stempel verwachsen. In einem künstlichen System, das auf Blütenmerkmalen aufbaut und keine Ausnahmen zulässt, könnte die Pflanze nicht zu den Hahnenfußgewächsen gestellt werden.

Das *Schnabeltier* besiedelt australische und tasmanische Gewässer. Ersten Meldungen vor etwa 100 Jahren über die Entdeckung eines eierlegenden Wirbeltieres mit Fell und Hornschnabel, das seine Jungen säugt, wurde wenig Glauben geschenkt, denn das Schnabeltier besitzt eine irritierende Kombination von Reptilien- und Säugetiermerkmalen. Reptilienmerkmale sind die Kloake, in der Harn-, Darm- und Geschlechtsöffnung gemeinsam münden, Eiablage und eine stark schwankende Körpertemperatur. Fell und Milchdrüsen sind dagegen Säugetiermerkmale. In einem künstlichen System lässt sich das Schnabeltier nicht einordnen.

Linnés Hypothese von der Konstanz der Arten führt oft zu Widersprüchen. Er selbst vermutete, dass es ein Ordnungsprinzip geben muss, das auf natürlichen Übereinstimmungen beruht. Erst die Evolutionstheorie lieferte die Grundlage für eine neue Systematik. Sie sortiert die Artenvielfalt nicht in Schubladen, sondern geht von der Vorstellung aus, dass übereinstimmende Merkmale auf gemeinsamer Abstammung beruhen.

Dieser Ansatz erklärt die Existenz von Zwischenformen. Getrennte Stempel werden als ein ursprüngliches Merkmal gedeutet, das bereits bei den Vorfahren der heutigen Hahnenfußgewächse existierte. Im Verlauf der Entwicklung und Vermehrung der Arten sind die Fruchtblätter in einer Entwicklungslinie, die bis zur heutigen „Jungfer im Grünen" führt, miteinander verwachsen, bei anderen nicht. Bei der „Jungfer im Grünen" ist dieses Merkmal also verändert. Die anderen ursprünglichen Familienmerkmale sind aber immer noch vorhanden und sie wird deshalb den Hahnenfußgewächsen zugeordnet.

Mit der Vorstellung von der Veränderung der Art wird auch die Einordnung des Schnabeltiers möglich. Auch hier geht man davon aus, dass gemeinsame Merkmale, die bei den unterschiedlichen Lebensformen auftreten, die ursprünglichen Merkmale sind. So findet man die Kloake bei Vögeln, Reptilien und dem Schnabeltier. Fell und Milchdrüsen treten aber nur bei Säugetieren auf. Diese Merkmale sind das Indiz für Veränderungen; sie sind neu entstanden bei der Entwicklung der Säugetiere. Neu entstandene, sogenannte *abgeleitete Merkmale* eignen sich zur Abgrenzung einer Gruppe von Arten gegenüber anderen Arten. Da nun das Schnabeltier mit Fell und Milchdrüsen abgeleitete Merkmale besitzt, wird es zu den Säugetieren gestellt.

Klassifikationsmerkmale für ein natürliches System anzugeben, bedeutet nach abgeleiteten Merkmalen zu suchen. Dies ist schwierig. Zum einen kennt man die Ahnenarten nicht; zum anderen muss man davon ausgehen, dass bei verschiedenen, heute lebenden Arten im Verlauf der Entwicklung Merkmale auch unabhängig voneinander entstanden sind. Beispielsweise stammen die Hornschnäbel von Schnabeltier und Vögeln nicht von gemeinsamen Vorfahren ab. Dieses Merkmal ist zur Klassifikation ungeeignet.

Ein System der Lebewesen, das abgestufte Ähnlichkeiten zwischen Arten als Folge von abgestuften Verwandtschaftsgraden deutet, heißt *natürliches System*. Es erlaubt die Eingliederung von Zwischenformen. Weil damit Widersprüchlichkeiten künstlicher Systeme entfallen, liefert die Systematik ein Indiz für die Evolution der Lebewesen.

Der Artbegriff

Von allen systematischen Kategorien scheint die *Art* die am sichersten zu handhabende zu sein. Für die Beschreibung heute existierender Lebensformen ist der *biologische Artbegriff* maßgebend: Lebewesen, die sich in der Natur miteinander kreuzen, fruchtbare Nachkommen haben und gegenüber anderen fortpflanzungsbiologisch getrennt sind, bilden eine Art.

An die Anwendungsgrenze dieser Definition stößt man bereits bei der Untersuchung heute lebender Organismen, denn die fruchtbare Kreuzung kann in der Natur meist nicht unmittelbar beobachtet werden. Bei der Evolutionsforschung versagt die Definition z. B. bei der Frage, ob Fossilien heute existierenden Arten angehören oder ob verschiedene Fossilfunde einer Art zuzuordnen sind.

Jedoch zeigt der Vergleich vieler Organismen, dass die Individuen, die einer Art angehören, stets in vielen Körpermerkmalen übereinstimmen. Dies ermöglicht die Definition eines *morphologischen Artbegriffs*: Die Gesamtheit aller Lebewesen, die in allen wesentlichen Merkmalen untereinander und mit ihren Nachkommen übereinstimmen, bilden eine Art.

Dieser morphologische Artbegriff spielt in der Praxis bei der Artbestimmung von Tieren und Pflanzen die zentrale Rolle. Hier bedient man sich Linnés typologischer Artbeschreibung. Damit lassen sich beispielsweise mit Bestimmungsbüchern anhand von Bestimmungsmerkmalen einzelne Organismen bereits beschriebenen Arten zuordnen.

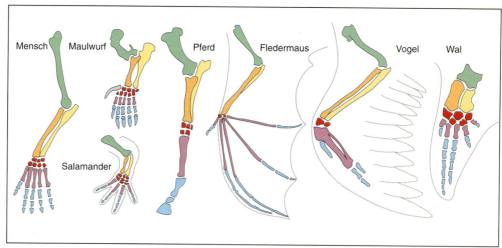

1 Vergleich der Vorderextremitäten von verschiedenen Wirbeltieren

Homologe Organe

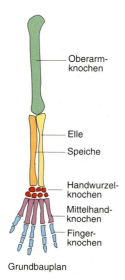

Grundbauplan

Homologie
Gleichwertigkeit von Strukturen im Bauplan verschiedener Lebewesen infolge gemeinsamer Abstammung

Vergleicht man äußerlich den Flügel einer Fledermaus und das Grabbein eines Maulwurfs, so zeigen sich kaum Ähnlichkeiten der beiden Organe, die bei diesen Tieren darüber hinaus unterschiedliche Funktionen erfüllen. Untersucht man jedoch die Skelette, so zeigen sich beträchtliche Übereinstimmungen: Ein Oberarmknochen, zwei Unterarmknochen, Handwurzelknochen, Mittelhandknochen und fünf Finger sind die gemeinsamen Grundstrukturen. Sie sind jedoch unterschiedlich geformt, angepasst an die Bedingungen der jeweiligen Lebensweise. So fällt auf, dass der Oberarm des Maulwurfs sehr kurz ist und die beiden Unterarmknochen stark verdickt sind. Das kräftige Armskelett besitzt für kraftvolles Graben günstige Hebelverhältnisse. Dagegen besteht das leichtgewichtige Flügelskelett der Fledermaus aus dünnen, langen Knochen, zwischen denen die Flughaut großflächig ausgebreitet wird.

Abbildung 1 zeigt, dass auch der Aufbau der Vorderextremitäten weiterer Wirbeltiere ähnlich ist, obwohl diese sehr unterschiedlich genutzt werden. Alle verbindet dasselbe Grundmuster, das mehrfach abgewandelt auftritt. Während Mensch, Fledermaus und Maulwurf fünf Finger bzw. Zehen besitzen, sind es bei Salamandern vier. Beim Pferd ist nur eine Zehe vorhanden. Organe, die dasselbe Grundbaumuster besitzen, nennt man *homologe Organe*.

Dass sich das Grundmuster bei vielen Tausenden von Wirbeltieren zufällig in derselben Weise gebildet hat, ist äußerst unwahrscheinlich. Wesentlich wahrscheinlicher ist, dass die Ursache für gemeinsame Grundstrukturen auf gemeinsame Erbinformationen zurückzuführen ist. Kreuzungen zwischen diesen Organismen sind aber unmöglich. Deshalb kann man wohl davon ausgehen, dass die Wandelbarkeit der Arten und ihre Vermehrung durch Aufspaltung aus Stammarten die Ursache für Homologien ist.

Die Abstammungslehre geht davon aus, dass die hier betrachteten Tiergruppen von gemeinsamen Vorfahren abstammen, die entsprechende Extremitäten besessen haben. Aus diesen Ahnen haben sich verschiedene Tierarten entwickelt, die heute noch das Merkmal, teilweise in gestaltlich stark abgewandelter Form, besitzen. Während dieses Prozesses haben sich die Lebensweisen verändert und die Organe einen Funktionswechsel erfahren.

Nimmt man diese Deutung an, so lässt sich ableiten: *Homologie* ist die Folge von Abstammung. Findet man bei verschiedenen Lebewesen homologe Organe, so haben sie gemeinsame Vorfahren, die mit der Ausgangsform der homologen Organe ausgestattet waren. Mit dieser Vorstellung lässt sich auch erklären, dass Wale keine Hinterextremitäten besitzen. Wenn man annimmt, dass die gemeinsamen Vorfahren der Säugetiere zwei Extremitätenpaare besaßen, dann bildeten sich nach der Aufspaltung der Entwicklung bei Walen die Hinterextremitäten zurück. Ebenso ist die evolutive Ent-

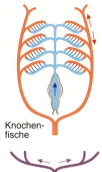
Knochenfische

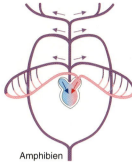
Amphibien

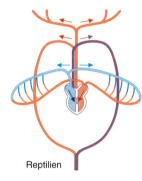
Reptilien

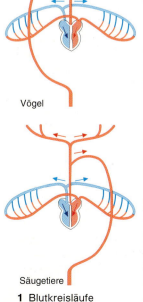
Vögel

Säugetiere

1 Blutkreisläufe

wicklung eines neuen Organs in nur einer Entwicklungslinie möglich. Findet man bei verschiedenen Arten homologe Organe, so gilt dies also nicht automatisch auch für alle anderen Organe.

Die Homologiekriterien

Bei der Entwicklung der Lebewesen verändern sich auch ihre Organe. Deshalb ist Homologie nicht immer einfach feststellbar. Zu ihrer Aufklärung hat man Kriterien. Die abgebildeten Vorderextremitäten sind nach dem „Kriterium der Lage" zueinander homolog. Es besagt, dass Strukturen dann homolog sind, wenn sie in einem vergleichbaren Gefügesystem die gleiche Lage einnehmen. Damit sind auch lagegleiche Knochen der Extremitäten homolog.

Die Hautschuppen der Haie zeigen denselben Grundbauplan wie die Zähne der Säuger. Trotz unterschiedlicher Lage im Organismus sind Struktur und Schichtung der Einzelelemente des Organs identisch. Beide Organe sind homolog, weil sie in ihren Strukturdetails übereinstimmen und dies überzeugend nur mit Abstammung erklärbar ist (Abb. 2).

Hier kommt das „Kriterium der spezifischen Qualität" zur Anwendung. Es besagt, dass komplex aufgebaute Organe, unabhängig von ihrer Lage im Organismus, dann homolog sind, wenn sie in mehreren besonderen Merkmalen übereinstimmen. Für das Beispiel lässt dies den Schluss zu, dass es gemeinsame Vorfahren gab, die bereits Zähne oder zahnähnliche Strukturen in der Körperbedeckung besessen haben.

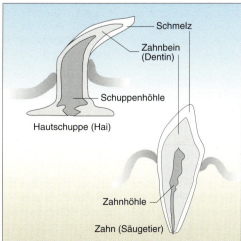

2 Hautschuppe und Zahn im Vergleich

Mit dem „Kriterium der spezifischen Qualität" wird auch erkennbar, dass die Schwimmblase der Knochenfische, die der Auftriebsregulation dient, zur Lunge der Landwirbeltiere homolog ist. Sie ist wie die Lunge mit einem Netz aus Blutgefäßen ausgekleidet. Manche Fische (Lungenfische) nutzen dieses Organ zum Gasaustausch (s. Seite 76).

Der Vergleich von Herz und herznahen Blutgefäßen bei Knochenfischen und Säugern zeigt erhebliche Unterschiede. Das Fischherz besitzt einen Vorhof und eine Herzkammer. Das Blut wird in einen Arterienstamm gepumpt und über bogenförmige Arterien in die Kiemen geleitet. Die weiterführenden Gefäße münden in die Körperschlagader (Aorta). Der Kopf wird durch Arterien, die dem vordersten Kiemenbogen entspringen, mit Blut versorgt. Beim Säugetier besteht das Herz aus zwei Vorhöfen und zwei Herzkammern. Es pumpt Blut durch den Lungen- und den Körperkreislauf. Es sind jeweils paarige Lungen- und Kopfarterien vorhanden. Die Körperschlagader ist unpaarig.

Vergleicht man damit die Kreislauforgane von Amphibien und Reptilien, so lässt sich eine stete Reihe bilden. Die Anzahl an Kiemenbögen wird verringert; sie werden zu Schlagadern. Das Herz ausgewachsener, lungenatmender Amphibien ist dreiteilig. Es zeigt zwei Vorhöfe und eine Herzkammer, in der sich sauerstoffreiches und sauerstoffarmes Blut vermischt. Beim vierteiligen Reptilienherz sind die zwei Herzkammern meist unvollständig getrennt. Bei Säugetieren ist eine vollständige Trennung von Körper- und Lungenkreislauf vorhanden (Abb. 1).

Da es sehr wahrscheinlich ist, dass diese Reihe auch den Ablauf der evolutiven Entwicklung bei der Umstellung von Kiemen- auf Lungenatmung wiedergibt, geht man von Homologie aus. Das „Kriterium der Stetigkeit" besagt, dass verschieden gestaltete Organe dann homolog sind, wenn sie sich durch Zwischenformen miteinander verbinden lassen, die entweder bei verschiedenen Arten bestehen oder im Verlauf der Embryonalentwicklung eines Lebewesens oder als Fossilien auftreten.

Die homologen Organe einer Organismengruppe und deren Lage ergeben zusammen den Grundbauplan. So hat jeder Tierstamm einen eigenen Bauplan. Er enthält die Grundstrukturen, die bei jedem Vertreter dieses Stammes zu finden sind. Dasselbe gilt auch für die Pflanzenabteilungen.

Evolution

1 Kaktus

2 Wolfsmilch

3 Maulwurf

4 Maulwurfsgrille

Analoge Organe

Die einheimische *Maulwurfsgrille*, ein etwa 4,5 cm großes Insekt, lebt unterirdisch und kommt nur zur Paarungszeit an die Erdoberfläche. Ihr Körperbau weist viele Merkmale auf, die für das unterirdische Leben vorteilhaft sind. Dazu gehören beispielsweise der kegelförmige Kopf, Gehörorgane mit Schutz gegen eindringende Erde und kräftige, schaufelähnliche Vorderbeine. Diese Grabbeine sind in ihrer Gestalt den Vorderbeinen eines Maulwurfs sehr ähnlich.

Der Maulwurf besitzt als Wirbeltier ein knöchernes Innenskelett, während die Maulwurfsgrille, wie alle Insekten, ein Außenskelett aus Chitin trägt. Übergangsformen zwischen beiden Arten existieren nicht. Überdies sind die Grundbaupläne von Insekten und Säugern so verschieden, dass Homologie nicht vorliegen kann. Von gemeinsamen Vorfahren mit derartigen Grabbeinen kann also nicht ausgegangen werden.

Wie ist in diesem Beispiel die auffallende Ähnlichkeit erklärbar? Beide Tierarten besiedeln Lebensräume, in denen die selben Anforderungen an die Lebewesen gestellt werden. Nimmt man eine Evolution der Arten an, so wird verständlich, dass bei gleichen Einflüssen durch die Umwelt und ähnlicher Lebensweise gleiche Merkmale entstanden sind, mit denen sie an ihren Lebensraum angepasst sind. Man bezeichnet dies als *konvergente Entwicklung*. Das Ergebnis sind die in Gestalt und Funktion übereinstimmenden Organe. Sie heißen *analoge Organe*.

Analogien sind kein Beweis für eine Verwandtschaft, aber ein weiteres Indiz für Entwicklung und Veränderung der Arten, verursacht durch Umweltbedingungen. Weitere Beispiele für analoge Organe sind die Flossen von Meeressäugern und Fischen.

Auch im Pflanzenreich sind Analogien als Ergebnis konvergenter Entwicklung beobachtbar. Die in den Trockengebieten Amerikas heimischen *Kakteen* sind an ihre Standortbedingungen besonders angepasst: Sie besitzen Wasserspeichergewebe im stark verdickten Spross *(Stammsukkulenz)* und zu Stacheln reduzierte Blätter zur Einschränkung der Transpiration. In den Trockengebieten Afrikas findet man *Wolfsmilchgewächse*, für die kennzeichnend ist, dass bei Verletzung weißlicher Saft ausläuft. Sie sind vergleichbar gut an das knappe Wasserangebot ihrer Standorte angepasst. Dass die ähnliche Form des Pflanzenkörpers und das Wasserspeichergewebe analoge Strukturen sind, erkennt man an folgenden Merkmalen: Während bei Kakteen das Rindengewebe des Sprosses die Wasserspeicherung übernimmt, ist es bei den Wolfsmilchgewächsen das Mark. Außerdem haben die Pflanzen einen unterschiedlichen Blütenbau. Die Homologiekriterien sind nicht erfüllt, d. h. es liegt *Analogie* vor. Das bedeutet, dass die *Sukkulenz* im Verlauf der Entwicklungsgeschichte dieser Pflanzen unabhängig voneinander entstanden ist. Man spricht dann von *Stellenäquivalenz*, weil nicht verwandte Arten vergleichbare ökologische Nischen innehaben.

austretender Milchsaft

Analogie
Ähnlichkeit funktionsgleicher Strukturen verschiedener Lebewesen, die bei gemeinsamen Vorfahren nicht aufgetreten sind

Sukkulenz
Ausbildung von Wasserspeichergeweben und Reduzierung der Oberfläche zur Einschränkung der Transpiration

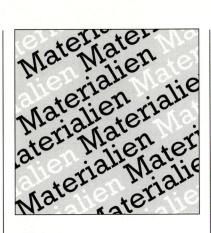

Befunde aus der Anatomie

① Die unten stehenden Abbildungen zeigen schematisch die Entstehung der Linsenaugen im Verlauf der Embryonalentwicklung bei Wirbeltieren und Kopffüßern.
  a) Vergleichen Sie die jeweiligen funktionsgleichen Strukturen.
  b) Begründen Sie, ob die Augen der beiden Tiergruppen homolog sind oder nicht. Welche der Homologiekriterien verwenden Sie für Ihre Argumentation?
  c) Welche Aussage lässt das Ergebnis von Teilaufgabe b) über die evolutive Entwicklung von Augen bei Kopffüßern und Wirbeltieren zu?

② Die Beine der Insekten ermöglichen die unterschiedlichsten Formen der Fortbewegung. Man findet bei den verschiedenen Insektenordnungen Laufbeine, Sprungbeine, Grabbeine und Schwimmbeine.

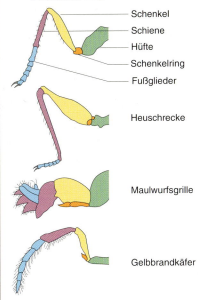

  a) Vergleichen Sie den Aufbau der abgebildeten Insektenbeine miteinander.
  b) Welche Aussagen zur evolutiven Entstehung sind möglich? Begründen Sie.

③ Die *Calanoiden* bilden eine Ordnung innerhalb der Unterklasse der Ruderfußkrebse. Sie kommen im Meer in großer Menge vor und leben als Erstkonsumenten von Plankton. Zugleich bilden sie die wesentliche Nahrungsgrundlage für Herings- und Makrelenschwärme.

Die *Seepocken* gehören zur Unterklasse der Rankenfüßer. Diese marinen Krebse bilden einen Kalkpanzer, der mit seinen Platten den Körper völlig umgibt. Es gibt nur eine mit beweglichen Kalkplatten verschließbare Öffnung, aus der die Rankenfüße hervortreten können. Mit ihnen strudeln die Tiere Nahrungsteilchen herbei. Der vordere Kopfabschnitt besitzt eine Haftscheibe, Komplexaugen fehlen.
  a) Zu welchem Tierstamm gehören die Krebse? Welche wesentlichen Merkmale charakterisieren diesen Stamm? Identifizieren Sie diese Merkmale soweit als möglich an den abgebildeten Tieren.
  b) Vergleichen Sie die Lebensweise von Ruderfußkrebsen und Rankenfüßern. Berücksichtigen Sie dabei den Körperbau.
  c) Ruderfußkrebse und Rankenfüßer zeigen erhebliche Unterschiede im Körperbau. Geben Sie eine evolutive Erklärung für diese Divergenz der beiden verwandten Tiergruppen.

④ Untersuchen und begründen Sie, ob die Schwingkölbchen der Fliegen zu den Hinterflügeln der Schmetterlinge homolog sind.

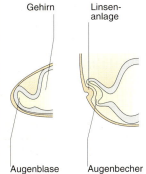
▲ Kopffüßer
▼ Wirbeltiere

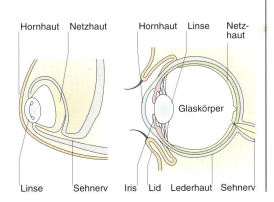

Moderne Belege aus Biochemie und Molekularbiologie

Insulin

N-terminale Enden

```
    Gly         Phe
    Ile         Val
    Val         Asn
    Glu         Gln
  5 Gln       5 His
    Cys         Leu
    Cys — S—S — Cys
    Ala         Gly
S   Ser         Ser
|
S 10 Val      10 His
    Cys         Leu
    Ser         Val
    Leu         Glu
    Tyr         Ala
 15 Gln       15 Leu
    Leu         Tyr
    Glu         Leu
    Asn         Val
    Tyr         Cys
 20 Cys — S—S — Gly
    Asn         Glu
                Arg
  A-Kette       Gly
                Phe
             25 Phe
                Tyr
                Thr
                Pro
                Lys
             30 Ala
```

C-terminale Enden

B-Kette

Die Belege der vorhergehenden Seiten stammten aus Teilgebieten der klassischen Biologie. Sie beschäftigten sich überwiegend mit relativ leicht erkennbaren äußeren Merkmalen der untersuchten Lebewesen *(phänotypische Belege)*. Die Belege aus der Biochemie und der Molekularbiologie enthalten Forschungsergebnisse, die bis auf die Ebene der Gene hinunterreichen *(genotypische Belege)*.

Dringen körperfremde Stoffe oder Krankheitserreger in den Körper von Wirbeltieren ein, bildet dieser spezifische Abwehrstoffe. Die körperfremden Stoffe und bestimmte Strukturen an der Oberfläche der Krankheitserreger nennt man *Antigene*, die körpereigenen Abwehrstoffe bezeichnet man als *Antikörper*. Antikörper reagieren mit den eingedrungenen Antigenen und machen sie unschädlich, indem sie mit diesen verklumpen *(Antigen-Antikörper-Reaktion)*.

Antikörper sind spezifisch, d.h. sie reagieren optimal nur mit den Antigenen, die ihre Bildung ausgelöst haben. Injiziert man beispielsweise Kaninchen Serum des Menschen, so wirken die menschlichen Serumeiweiße als Antigene. Das Immunsystem des Kaninchens bildet entsprechende Antikörper. Man entnimmt den Kaninchen Blut und gewinnt daraus Serum mit den Antikörpern gegen die menschlichen Bluteiweiße, das *Anti-Human-Serum*. Gibt man nun zu diesem Kaninchenserum menschliches Serum, so ist eine starke Ausfällung festzustellen, da das Anti-Human-Serum menschliche Serumeiweiße spezifisch erkennt und ausfällt. Den Grad dieser Ausfällung setzt man gleich 100%. Versetzt man das Serum der Kaninchen mit Serumproteinen anderer Lebewesen, sind Ausfällungsreaktionen unterschiedlicher Stärke zu beobachten (Abb. 1). Mit dem Anti-Human-Serum können also Unterschiede zwischen menschlichem Serum und dem anderer Lebewesen erkannt werden. Die Ergebnisse zeigen, dass es eine abgestufte Ähnlichkeit zwischen Serumproteinen des Menschen und denen anderer Wirbeltiere gibt. Daraus kann man auf Verwandtschaftsbeziehungen schließen. Dieses Verfahren nennt man *Präzipitintest*.

Proteine kommen nicht nur als Antikörper vor, sondern sie bilden eine Stoffgruppe mit einer ungewöhnlichen Vielfalt in Struktur und Funktion. Die chemische Struktur und damit auch die Funktion eines Proteins ist von der Reihenfolge der Aminosäurebausteine im Protein abhängig (s. Randspalte).

Insulin ist ein Hormon, das bei Säugetieren eine Senkung des Blutzuckerspiegels bewirkt. Insulin besteht aus 51 chemisch miteinander verbundenen Aminosäuren. Untersucht man deren Sequenz, so stellt man zwischen Rind und Schaf nur einen Unterschied in Position 9 fest. Rind und Schwein unterscheiden sich dagegen in den Positionen 8 und 10. Dies ist ein Hinweis darauf, dass Rind und Schaf näher verwandt sind als Rind und Schwein.

Als man zur Überprüfung dieser Befunde die oben beschriebenen serologischen Tests durchführte, ergaben sich folgende Beobachtungen: Wurden Kaninchen mit Rindereiweiß zur Bildung von Antikörpern stimuliert, so betrug der Ausfällungsgrad bei Schafprotein 48%, bei Schweinprotein 24%. Damit ist die relativ enge Verwandtschaft zwischen Schaf und Rind bestätigt, während das Schwein mit den beiden anderen Tierarten nur eine entferntere Verwandtschaft zeigt. Vergleicht man diese Ergebnisse mit denen der Morphologie, so zeigt sich folgendes Ergebnis: Rind und Schaf gehören zur Ordnung der Paarhufer und innerhalb dieser Ordnung zur Gruppe der Wiederkäuer. Das Schwein ist zwar auch ein Paarhufer, gehört aber zu einer anderen Gruppe, den Nichtwiederkäuern. Alle drei Methoden führen also hinsichtlich der Verwandtschaftbeziehungen von Schwein, Rind und Schaf zu einem übereinstimmenden Ergebnis.

Anti-Human-Serum ergibt mit Blut vom

Menschen	100%
Schimpansen	85%
Orang-Utan	42%
Rind	10%
Pferd	2%

Ausfällung

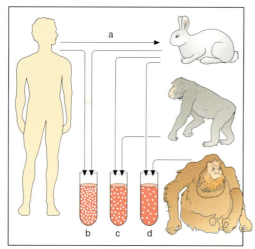

1 Präzipitintest

	M = Mensch S = Schaf			1				5		
M	AACCCACGCCUUUGGCACA	AUG	AAG	UGG	GUA	ACC	UUU	AUU
S	CCCACAAACCUUUGGCACA	AUG	AAG	UGG	GUG	ACU	UUU	AUU
		Met	Lys	Trp	Val	Thr	Phe	Ile
				Met	Lys	Trp	Val	Thr	Phe	Ile

			10				15			
M	Ser	Leu	Leu	Phe	Leu	Phe	Ser	Ser	Ala	Tyr	Ser
	UCC	CUU	CUU	UUU	CUC	UUC	AGC	UGC	GCU	UAU	UCC
S	UCC	CUU	CUC	CUU	CUC	UUC	AGC	UCU	GCU	UAU	UCC
	Ser	Leu	Leu	Leu	Leu	Phe	Ser	Ser	Ala	Tyr	Ser

	20					25				
M	Arg	Gly	Val	Phe	Arg	Arg	Asp	Ala	His	Lys	Ser
	AGG	GGU	GUG	UUU	CGU	CGA	GAU	GCA	CAC	AAG	AGU
S	AGG	GGA	GUG	UUU	CGU	CGA	GAU	ACA	CAC	AAG	AGU
	Arg	Gly	Val	Phe	Arg	Arg	Asp	Thr	His	Lys	Ser

	30				35					40
M	Glu	Val	Ala	His	Arg	Lys	Asp	Leu	Gly	Glu
	GAG	GUU	GCU	CAU	CGG	AAA	GAU	UUG	GGA	GAA
S	GAG	AUU	GCU	CAU	CGG	AAU	GAU	UUG	GGA	GAA
	Glu	Ile	Ala	His	Arg	Asn	Asp	Leu	Gly	Glu

				45				50		
M	Glu	Asn	Phe	Lys	Ala	Leu	Val	Leu	Ile	Ala	Phe
	GAA	AAU	UUC	AAA	GCC	UUG	GUG	UUG	AUU	GCC	UUU
S	GAA	AAU	UUU	CAA	GGC	CUG	GUG	CUG	AUU	GCC	UUU
	Glu	Asn	Phe	Gln	Gly	Leu	Val	Leu	Ile	Ala	Phe

1 Serumalbumin von Mensch und Schaf im Vergleich

Die beschriebenen Forschungsergebnisse beruhen auf der Ähnlichkeit von bestimmten Proteinen. Sie setzten voraus, dass diese Ähnlichkeit auf gemeinsamer Abstammung beruht. Aus den beobachteten Ähnlichkeiten wurde auf Verwandtschaftsbeziehungen geschlossen. Ähnlichkeiten zwischen den Proteinen verschiedener Lebewesen könnten jedoch auch durch gleichartige Funktion bedingt sein. Dies würde bedeuten, dass es auch auf molekularer Ebene nicht nur homologe, sondern auch analoge Strukturen gibt. Zur Klärung dieses Problems dient die folgende Methode: *Serumalbumin* besteht aus ca. 600 Aminosäuren. Von den ersten 100 Aminosäuren des Serumalbumins von Mensch und Schaf sind 84 identisch. Bekanntlich kann eine bestimmte Aminosäure durch mehrere verschiedene Basentripletts codiert werden. Für die Serumalbumine von Mensch und Schaf ist auf der Ebene der Gene nur eine relativ geringe Übereinstimmung (33 %) hinsichtlich des Basentripletts zu erwarten, wenn die Erbinformation nicht gleichen Ursprungs ist. Vergleicht man nun die Basentripletts der gleichen Aminosäuren, so zeigt sich, dass 64 der 84 Aminosäuren durch dasselbe Triplett codiert werden. Dies entspricht einer Übereinstimmung von 76 %. Die tatsächliche Übereinstimmung ist also über doppelt so hoch wie zu erwarten gewesen wäre. Man schließt daraus, dass die Erbinformation und damit auch die Serumalbumine von einem gemeinsamen Ursprung abstammen. Dieses Beispiel zeigt, dass es auch auf der Ebene der Gene und Proteine homologe Strukturen gibt. Die Aussagen über Verwandtschaftsbeziehungen, die durch die Untersuchung der DNA gewonnen werden, sind von der Wahrscheinlichkeit her gesehen sicherer als diejenigen, die auf der Erforschung von Proteinen basieren.

Proteine unterliegen, wie alle phänotypischen Merkmale, der Selektion. Die Bildung analoger Strukturen kann also nie absolut sicher ausgeschlossen werden. Welches von verschiedenen möglichen Basentripletts dagegen eine bestimmte Aminosäure codiert, unterliegt nicht der Selektion, da dies sich phänotypisch nicht auswirken kann.

Vaso-tocin	Vali-tocin	Iso-tocin	Meso-tocin	Oxy-tocin	Arginin Vaso-pressin	Lysin Vaso-pressin
Cys	Cys	Cys	Cys	Cys	Cys	Cys
Tyr	Tyr	Tyr	Tyr	Tyr	Tyr	Tyr
Ile	Ile	Ile	Ile	Ile	Phe	Phe
Gln	Gln	Ser	Gln	Gln	Gln	Gln
Asn	Asn	Asn	Asn	Asn	Asn	Asn
Cys	Cys	Cys	Cys	Cys	Cys	Cys
Pro	Pro	Pro	Pro	Pro	Pro	Pro
Arg	Val	Ile	Ile	Leu	Arg	Lys
Gly	Gly	Gly	Gly	Gly	Gly	Gly

	Vaso-tocin	Vali-tocin	Iso-tocin	Meso-tocin	Oxy-tocin	Arginin Vaso-pressin	Lysin Vaso-pressin
Rundmäuler	+						
Haie	+	+					
Lungenfische	+				+		
Knochenfische	+		+				
Lurche	+				+		
Kriechtiere	+			+ oder +			
Vögel	+				+		
Säugetiere					+	+	+

Hypophysenhinterlappen-Hormone

Hormone des Hypophysenhinterlappens kommen bei allen Klassen der Wirbeltiere vor. Diese Hormone ähneln sich in ihrer chemischen Struktur stark. Es sind stets Verbindungen aus 9 Aminosäuren. Die verschiedenen Hormone unterscheiden sich nur in den Aminosäuren der Positionen 3, 4 und 8 (Abb.1). Über das Vorkommen dieser Hormone bei den verschiedenen Wirbeltiergruppen informiert die Abb. 2.

Aufgaben

① Vergleichen Sie die Aminosäuresequenzen in Abb. 1 und gliedern Sie die Hormone in Gruppen. Versuchen Sie, eine mögliche Entwicklungsreihe dieser Hormone aufzustellen und begründen Sie Ihre Meinung.

② Erstellen Sie aufgrund dieser Entwicklungsreihe und mithilfe von Abb. 2 eine hypothetische Entwicklungsreihe der Wirbeltiere.

Befunde aus der Genetik

Beispiele für Entwicklungsmutanten

Fliegen der Gattung Drosophila zeigen gelegentlich ungewöhnliche Merkmale. Beispielsweise bildet die Mutante *Antennapedia* statt eines Antennenpaares ein Beinpaar am Kopf aus (siehe Randspalte). Man könnte vermuten, dass für die Ausbildung einer derart komplexen Struktur, wie sie ein Beinpaar darstellt, zahlreiche Gene in bestimmter Weise mutiert sein müssten. Überraschenderweise genügt zur Ausbildung nur eine Mutation eines bestimmten Gens. Durch vergleichbare Mutationen kann statt des Kopfes ein zweiter Hinterleib entstehen oder es kann zur Bildung eines zusätzlichen Flügelpaares kommen.

Bei Drosophila sind von den rund 50 000 Genen 5 000 Gene entwicklungssteuernde Gene, durch deren Mutation es zu gravierenden Änderungen kommen kann. Erhebliche Variationen innerhalb einer Art können also auf nur sehr wenigen oder sogar nur einer einzigen Mutation beruhen.

Vergleicht man die Genome einfacher und komplexer Organismen, so wird eine deutliche Zunahme in der Menge der genetischen Informationen sichtbar (s. Randspalte). Man geht heute davon aus, dass die Verdoppelung von Genen eine Ursache dabei war (Abb. 37.1). Allerdings entsteht dadurch keine neue genetische Information. Erst wenn sich durch anschließende unterschiedliche Mutationen aus den Duplikaten verschiedene Gene entwickeln, erhält man unterschiedliche Genprodukte (Abb. 1), die sich in ihrer Funktion stark unterscheiden können.

Auf einem Chromosom des Menschen befinden sich zwei Gene für das Wachstumshormon und zwei Gene für das *Chorion-Somatotropin*. Dieses wird während der Schwangerschaft in der Plazenta gebildet. Es fördert die Ausbildung der Milchdrüsen. Das Wachstumshormon entsteht in der Hypophyse. Es fördert das Größenwachstum. Sein Mangel führt zu Zwergwuchs. Beide Hormone sind Peptidhormone. Vergleicht man die Aminosäurezusammensetzung dieser beiden Peptidketten, so zeigt sich, dass von jeweils 218 Aminosäuren 182 übereinstimmen. Von diesen 182 Aminosäuren werden 170 durch identische Basentripletts codiert. Dieses Beispiel zeigt, dass Genprodukte mit sehr ähnlicher Struktur in verschiedenen Organen gebildet werden und sich auch in ihrer Funktion deutlich unterscheiden können. Eine Gruppe sehr ähnlicher Gene, die wahrscheinlich aus einem gemeinsamen Urgen entstanden sind, nennt man *Genfamilie*.

Aufgaben

① „Das Beispiel Drosophila zeigt, dass biologische Vielfalt nicht eine Vielfalt an genetischen Informationen voraussetzt, sondern durch Kombination relativ weniger Informationen entstehen kann." Nehmen Sie zu dieser Aussage Stellung.

② Genfamilien wurden nicht nur bei den oben beschriebenen Hormonen gefunden, sondern auch bei zahlreichen anderen Merkmalen. Inwiefern sind Genfamilien ein Beleg für gemeinsame Abstammung?

③ Bestimmte entwicklungssteuernde Gene von Drosophila weisen eine bestimmte DNA-Sequenz auf, die man als *Homöobox* bezeichnet. Sie codiert einen Proteinabschnitt von 60 Aminosäuren (Homöodomäne), den es in größeren Proteinen gibt. Diese Proteine sind Transkriptionsfaktoren, die an bestimmte DNA-Sequenzen binden können. Neuere Forschungen haben gezeigt, dass die Homöobox außer bei Insekten auch beim Menschen, bei Hefepilzen, Zebrafischen, Mais und bei Fadenwürmern vorkommt. Diese DNA-Abschnitte sind bei den verschiedenen Lebewesen sehr ähnlich, beispielsweise unterscheiden sich die Gene bei Mensch und Drosophila nur in einem Basentriplett. Welche Schlussfolgerungen kann man aus den beschriebenen Fakten ziehen?

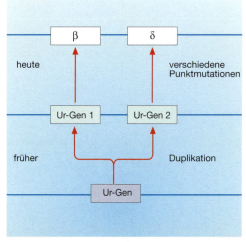

1 Genfamilie

Befunde aus der Cytologie

Alle Lebewesen bestehen aus Zellen. MATTHIAS SCHLEIDEN (1804—1881) erkannte dies für die Pflanzen, THEODOR SCHWANN (1810—1882) für die Tiere. Diese Tatsache gilt heute als ein Hinweis dafür, dass Pflanzen und Tiere aus gemeinsamen Vorfahren entstanden sein könnten. Eine genauere Betrachtung der biologischen und chemischen Strukturen von Zellen soll diese Hypothese überprüfen:

Allen Eukaryoten ist der Besitz eines Zellkerns gemeinsam. Das Erbgut liegt in Form der DNA vor. Gemeinsam mit bestimmten Proteinen kommt die DNA in den Chromosomen vor. Eukaryoten weisen außer dem Zellkern weitere Organellen mit zwei Membranen auf. Bei den Pflanzen sind dies Mitochondrien und Chloroplasten, bei den Tieren nur die Mitochondrien.

Als Organellen mit einer Membran treten Lysosomen, Golgi-Apparat und endoplasmatisches Retikulum auf. Pflanzenzellen haben zusätzlich eine große Vakuole. Die Ribosomen sind bei allen Eukaryoten sehr ähnlich, unterscheiden sich aber deutlich von denen der Prokaryoten.

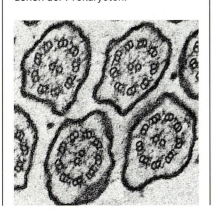

Geißeln sind im Vergleich mit dem Zellkörper auffällig lange Organellen, die der Fortbewegung dienen. Wimpern gleichen in ihrer Struktur den Geißeln, sind aber viel kürzer. Der innere Aufbau zeigt, dass stets 20 Mikrotubuli vorhanden sind. Davon liegen zwei im Zentrum, die anderen bilden einen äußeren Ring von 9 sogenannten *Mikrotubulus-Dupletten*. Dieses charakteristische 9 + 2-Muster tritt nur bei den Geißeln und Wimpern von Eukaryoten auf (Abb. 1).

Viele Lebewesen bilden im Laufe ihres Entwicklungszyklus begeißelte Fortpflanzungszellen aus. Dazu gehören beispielsweise auch die Spermien der Säugetiere. Die Spermatozoiden sind bewegliche Fortpflanzungszellen bei Pflanzen, z. B. bei Moosen und Farnen. Spermien und Spermatozoide weisen dasselbe 9 + 2-Muster auf (vgl. S. 74).

Auch auf der Ebene biologisch wichtiger Moleküle gibt es weitreichende Übereinstimmungen: Der genetische Code ist universell. Die Mechanismen der Transkription, der Translation und die Strukturen der beteiligten Enzyme und Ribonukleinsäuren sind sehr ähnlich. Die grundlegend wichtigen Stoffwechselreaktionen der Zelle, wie z. B. Glykolyse, Citronensäurezyklus, Endoxidation, Synthese bzw. Abbau von Aminosäuren und Fetten sind bei allen Lebewesen gleich.

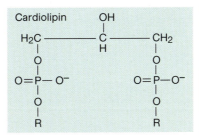

Die Elementarmembran weist stets eine gleichartige Feinstruktur auf. Dabei zeigen sich bei der Untersuchung der chemischen Zusammensetzung von Membranen bemerkenswerte Besonderheiten: Die innere Membran der Mitochondrien weist ein bestimmtes Lipid auf, das sogenannte *Cardiolipin*. Dieses kommt außer in den Mitochondrien sonst bei Eukaryoten nirgends vor, ist aber Bestandteil der Membran von Prokaryoten. Cardiolipin ist ein Phospholipid (Abb. 2).

Die äußere Membran der Mitochondrien enthält *Cholesterol*, das niemals bei Bakterien vorkommt. Cholesterol, umgangssprachlich oft auch *Cholesterin* genannt, besteht aus einem Steroidgerüst, an dem sich u. a. eine Hydroxylgruppe befindet (Abb. 3). Durch diese Hydroxylgruppe bekommt das ansonsten lipophile Molekül ein polares Ende. Cardiolipin und Cholesterol sind wichtige Bausteine der Zellmembran.

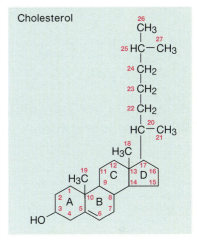

Aufgaben

1. Warum ist gerade das Vorkommen des 9 + 2-Musters bei den verschiedenen Gruppen von Eukaryoten ein für die Evolutionstheorie wesentlicher Sachverhalt?
2. Die meisten Samenpflanzen weisen keine Spermatozoide auf. Wie erfolgt bei ihnen die geschlechtliche Fortpflanzung? Vergleichen Sie mit Moosen und Farnen.
3. Vergleichen Sie die Strukturformeln des Cardiolipins und des Cholesterols. An welchen Merkmalen kann man erkennen, dass beide Stoffe zu verschiedenen Stoffgruppen gehören?
4. Das Vorkommen dieser beiden Lipide ist ein wichtiger Beleg für die Endosymbionten-Hypothese. Informieren Sie sich über diese Hypothese und erläutern Sie die Bedeutung des Vorkommens von Cardiolipin bzw. Cholesterol für diese Hypothese.
5. In der sogenannten Fünf-Reiche-Theorie bilden die Prokaryoten ein eigenständiges Reich. Scheint Ihnen dies aufgrund der hier beschriebenen Fakten gerechtfertigt? Begründen Sie.
6. Kann aufgrund der beschriebenen Fakten als gesichert gelten, dass
   — alle Lebewesen
   — Pflanzen und Tiere
   von gemeinsamen Vorfahren abstammen?
   Begründen Sie.

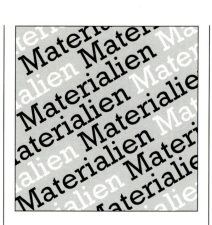

Belege aus der Tier- und Pflanzengeographie

Am Ende des 18. und in der ersten Hälfte des 19. Jahrhunderts gewannen die Naturwissenschaftler umfangreiche Kenntnisse über die geographische Verbreitung von Pflanzen und Tieren. Sie trugen eine bewunderswerte Fülle von Forschungsmaterial zusammen. So sammelte ALEXANDER VON HUMBOLDT (1769–1859) bei seiner Forschungsreise nach Südamerika (1799–1804) zahlreiche Fakten über die Verbreitung von Pflanzen und Tieren. Seine Sammlung umfasste ca. 60 000 Pflanzen, darunter 3 600 neue Arten. Über die reine Sammeltätigkeit hinaus erforschte er die Abhängigkeit der Pflanzen von Umweltbedingungen, wie Klima, Boden und Höhenlage. Er gilt heute als Begründer der Pflanzengeographie.

HUMBOLDT beobachtete auch, dass nicht näher verwandte Pflanzengruppen in verschiedenen Gebieten der Erde unter vergleichbaren Umweltbedingungen ähnliche Wuchsformen ausbilden. Eine Erklärung dafür, welche Ursachen zu den beobachteten Phänomenen führten, war zu seiner Zeit noch nicht möglich. HUMBOLDT selbst hielt diese Aufgabe für nicht lösbar: „Die Ursachen der Verteilung der Arten im Pflanzen- wie im Tierreich gehören zu den Rätseln, welche die Naturphilosophie nicht zu lösen imstande ist".

Die Veröffentlichungen HUMBOLDTS regten ALFRED RUSSEL WALLACE zu eigenen Forschungen in den Tropen an. Er bereiste das Amazonasgebiet von 1848 bis 1852 und Südostasien von 1854 bis 1862. Als erstem Forscher gelang es WALLACE, eine kausale Erklärung für die Verbreitung von Tieren und Pflanzen zu entwickeln. 1858 veröffentlichte er in seiner Schrift „Über die Tendenz der Varietäten, unbegrenzt vom Originaltypus abzuweichen" eine Theorie über die Entstehung der Arten, die hauptsächlich auf seinen Erkenntnissen auf dem Gebiet der Tiergeographie beruhte.

Die Ergebnisse der Tier- und Pflanzengeographie zeigten für die damalige Zeit überraschende Ergebnisse: So ähneln sich auf der Nordhalbkugel die Faunen Nordamerikas, Europas, Asiens (außer Südasien), während auf der Südhalbkugel sich die Faunen Südamerikas, Afrikas und Australiens deutlich unterscheiden (s. Abb.).

In verschiedenen Gegenden der Erde leben unter gleichen Umweltbedingungen unterschiedliche Arten, z. B. gibt es in Südamerika Breitnasenaffen, in Asien und Afrika dagegen die Schmalnasenaffen, außer in Madagaskar, wo viele verschiedene Arten von Halbaffen leben. Ähnliche Ergebnisse erhält man, wenn man die Verbreitung der verschiedenen Gruppen von Pflanzen untersucht, z. B. von Pflanzen mit ausgeprägter Stammsukkulenz:
In Amerika bilden nur Pflanzenarten aus der Familie der *Cactaceae* stammsukkulente Formen. Auf Madagaskar bilden Arten der endemischen Familie der *Didiereaceae* stammsukkulente Formen, in Afrika leben stammsukkulente *Euphorbiaceae* (Wolfsmilchgewächse) und *Asclepiadaceae* (Schwalbenwurzgewächse).

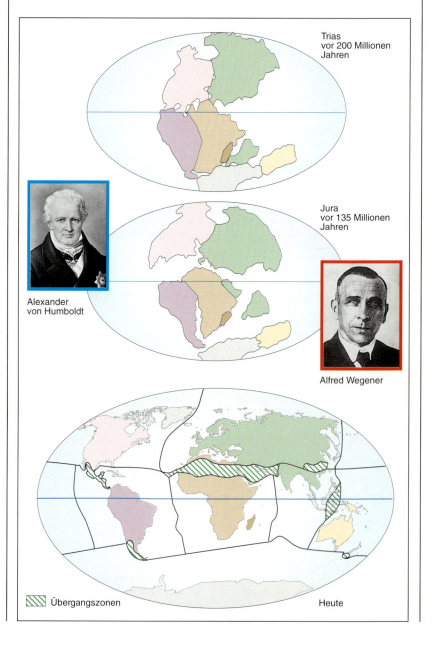

Die Erklärung derartiger Befunde wurde durch Forschungsergebnisse aus der Geologie ermöglicht: ALFRED WEGENER (1880 – 1930) entwickelte 1912 die Theorie, dass die heutige Lage der Kontinente erst im Verlauf von vielen Millionen Jahren entstanden sei. Die Abbildung auf Seite 24 zeigt stark vereinfacht die Vorstellung von der Kontinentalverschiebung. Danach bildete die gesamte Landmasse bis vor ca. 250 Mio. Jahren nur einen riesigen Kontinent (Pangäa). Danach setzte eine Aufspaltung ein. Vor ca. 140 Mio. Jahren gab es einen Nordkontinent (Laurasia) und einen Südkontinent (Gondwana), der sich in Südamerika, Afrika, Madagaskar und Indien aufspaltete.

Aufgaben

1. HUMBOLDTS Beobachtung, dass nicht verwandte Pflanzenarten unter gleichen Umweltbedingungen gleiche Wuchsformen ausbilden, benennen wir heute in der Ökologie mit einem Fachausdruck. Um welchen Begriff handelt es sich? Welche Bedeutung hat HUMBOLDTS Beobachtung als Beleg für die Evolutionstheorie? Versuchen Sie diesen Sachverhalt auf der Basis Ihrer bisherigen Kenntnisse über die Evolution zu erklären.
2. Informieren Sie sich in einem Lehrbuch der Ökologie über die sog. *Stellenäquivalenz*. Erklären Sie dieses Phänomen. Vergleichen Sie die Begriffe „Stellenäquivalenz" und „Analogie".
3. Erläutern Sie die Bedeutung der Kontinentalverschiebungstheorie für die Tier- und Pflanzengeographie.

Nicht nur großräumige Veränderungen in der Lage der Kontinente können die Verbreitung von Tieren und Pflanzen beeinflussen, sondern auch Verbreitungsschranken durch Klimaveränderungen: Die einheimische Kohlmeise gehört zu den bekanntesten Singvögeln. Sie kommt nicht nur in Europa sondern auch in weiten Teilen Asiens vor (s. Abb.). Man bezeichnet sie als *westliche Form*. In anderen Gebieten Asiens lebt eine eng verwandte Form (*südliche Form*), mit der sich die westliche Form fruchtbar fortpflanzen kann, allerdings nur in manchen Gebieten Asiens. In Ostasien gibt es eine dritte Form von Kohlmeisen (*östliche Form*), die sich mit der südlichen Form fruchtbar fortpflanzen kann, nicht jedoch mit den Kohlmeisen der westlichen Form.

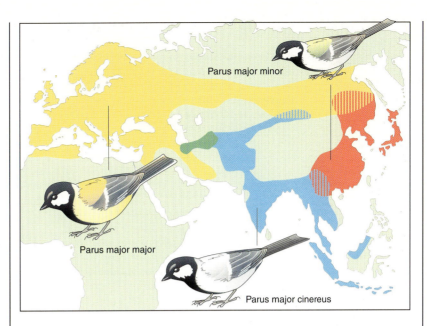

Durch die Klimaverschlechterung während der Eiszeiten war es der Westform zunächst nicht möglich, sich auf dem Weg über das zentrale und nördliche Asien zu verbreiten. Dies gelang erst nach der letzten Eiszeit, als die Klimabedingungen günstiger waren.

Aufgaben

1. Erklären Sie die geografische Verbreitung der Kohlmeise.
2. Für den Begriff *Art* gibt es in der Biologie unterschiedliche Definitionen. Stellen Sie diese zusammen. Versuchen Sie zu erklären, ob es sich bei den verschiedenen Formen der Kohlmeise um eine Art handelt.
3. Bestimmte Umwelteinflüsse können dazu beitragen, dass Pflanzen passiv in verschiedene Arten aufgespalten werden. Tiere können durch ihre aktive Verbreitung selbst dazu beitragen, in verschiedene Arten aufgespalten zu werden. Nehmen Sie zu diesen beiden Aussagen Stellung.

Die folgenden Texte sind Zitate aus dem Werk von ALFRED RUSSEL WALLACE:

„... dass die Tierbevölkerung eines Landes im Allgemeinen stationär ist, da sie durch einen periodischen Mangel an Nahrung und durch andere Hindernisse niedergehalten wird."

„... dass viele Varietäten die elterliche Art überleben und zur Entstehung aufeinander folgender Abweichungen führen, die sich mehr und mehr vom Originaltypus entfernen."

„... und so müssen die, welche sterben, die Schwächsten sein, während die, deren Dasein länger dauert, nur die an Gesundheit und Kraft Vollkommensten sein können."

„Es leuchtet daher ein, dass, solange ein Land in seinen physischen Verhältnissen unverändert bleibt, die Zahlen seiner Tierbevölkerung nicht wesentlich anwachsen können. Wenn eine Art sich vermehrt, so muss irgendeine andere, die dieselbe Nahrung braucht, sich im Verhältnis vermindern."

„Die mächtigen einziehbaren Krallen der Falken- und der Katzenstämme sind nicht durch das Wollen jener Tiere hervorgerufen oder vergrößert worden, sondern unter den verschiedenen Varietäten ... überlebten stets die am längsten, die die größten Fähigkeiten zur Ergreifung ihrer Beute besaßen."

„... dass wir [die Menschheit] intellektuelle und moralische Anlagen besitzen, die sich auf solchem Wege nicht hätten entwickeln können, sondern einen anderen Ursprung gehabt haben müssen. Für diesen anderen Ursprung können wir eine Ursache nur in der unsichtbaren geistigen Welt finden."

Aufgaben

1. Vergleichen Sie die Aussagen WALLACES mit denen DARWINS.
2. Eine Aussage WALLACES bezieht sich auf die Theorie eines Forschers, der sich auch mit der Entstehung der Arten befasste. Um wen handelt es sich? Wie würde er die Entstehung der Krallen erklären?

Weitere Belege für die Evolutionstheorie

Die vorhergehenden Seiten beschrieben bereits ausführlich eine Reihe von Belegen für den Ablauf der Evolution. Die folgenden Beispiele zeigen, dass die verschiedenen Teilgebiete der Biologie unabhängig voneinander zu Erkenntnissen kommen, die naturwissenschaftlich durch die Evolutionstheorie erklärt werden können.

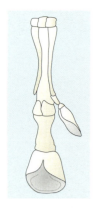

Rudimentäre Organe

Das *Pferd* hat als Unpaarhufer eine stark ausgebildete Mittelzehe. Dem dritten Mittelfußknochen liegt links und rechts je ein dünner, schwacher Knochen an, der für die Fortbewegung offensichtlich keine Bedeutung mehr hat. Wegen ihrer Form nennt man diese Knochen *Griffelbeine*. Sie sind den zweiten und vierten Mittelfußknochen anderer Wirbeltiere homolog. Derartige rückgebildete Organe bezeichnet man allgemein als *Rudimente* oder *rudimentäre Organe*. Rudimente haben manchmal keine erkennbare Funktion. Dazu gehören beispielsweise die Reste eines Schultergürtels bei unserer einheimischen Blindschleiche oder die Flügelreste bei flugunfähigen Vögeln, wie dem neuseeländischen Kiwi oder dem australischen Kasuar.

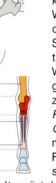

Oberschenkelknochen
Wadenbein
Schienbein
Fußwurzelknochen
Griffelbein
Mittelfußknochen
Zehenknochen

Rudiment
(lat. *rudimentum* = Rest)

Häufig haben Rudimente jedoch auch eine Aufgabe, die von ihrer ursprünglichen Funktion verschieden ist. So hat der Wurmfortsatz des Menschen für die Verdauung keinerlei Bedeutung. Er hat stattdessen die Aufgabe eines lymphatischen Organs übernommen. Die Bildung von Rudimenten erklärt man als Funktionsverlust oder Funktionsänderung von Organen, die in Verbindung mit Änderungen der Lebensweise entstanden. Höhlentiere, wie der Grottenolm, haben rudimentäre Augen, die in der völligen Dunkelheit der Höhlen für die Orientierung der Tiere nicht mehr von Bedeutung sind.

Atavismen

In seltenen Ausnahmefällen werden Pferde geboren, die eine zweite oder sogar eine dritte Zehe mit einem Huf aufweisen. Diese mehrzehigen Pferde weisen also ein Merkmal auf, das auf die fünfstrahlige Wirbeltierextremität hinweist. Derartige urtümliche Merkmale, die bei rezenten Lebewesen nur ausnahmsweise auftreten, für deren Vorfahren aber typisch waren, nennt man *Atavismen* (lat. *atavus* = Großvater). Atavismen findet man bei zahlreichen Lebewesen: Rosen und Tulpen weisen gelegentlich grüne, blattförmig ausgebildete Staubblätter auf. Bei der Taufliege gibt es eine Mutante mit vier Flügeln *(Drosophila tetraptera)*. Auch beim Menschen sind Atavismen immer wieder zu beobachten: z. B. starke Körperbehaarung, Ausbildung einer Schwanzwirbelsäule oder überzählige Brustwarzen.

Verhalten (Ethologische Merkmale)

Vergleicht man das Verhalten verschiedener *Entenarten*, so stellt man erstaunliche Übereinstimmungen fest, selbst bei Arten, die sich in ihrem Vorkommen und in ihrer Lebensweise stark unterscheiden: Küken aller Entenarten rufen mit einem einsilbigen „Pfeifen des Verlassenseins" nach dem Elterntier. *Branderpel, Mandarinerpel, Stockerpel* und *Knäkerpel* putzen bei der Einleitung der Balz scheinbar ihr Gefieder. Stockerpel und Knäkerpel, nicht aber Branderpel und Mandarinerpel, zeigen bei der Balz ein als „Hochkurzwerden" bekanntes Verhalten. Diese und zahlreiche weitere Beispiele zeigen, dass auch im Bereich des tierischen Verhaltens Homologien vorkommen. Durch Auswertung zahlreicher ethologischer Merkmale konnten Verwandtschaftsbeziehungen zwischen verschiedenen Arten erforscht werden. Bei den besonders gut untersuchten Entenvögeln war es sogar möglich, auf der Basis abgestufter Ähnlichkeit im Verhalten einen Stammbaum der Arten zu erstellen.

Branderpel

Knäkerpel

Mandarinerpel

Stockerpel

Vergleichende Embryologie

KARL ERNST VON BAER (1792—1876) gilt als Begründer der vergleichenden Embryologie. Er entdeckte beispielsweise die „Kiemenspalten der Säugetierembryonen" und erkannte, dass die Embryonen aller Wirbeltiere sich sehr ähneln. Ihnen ist u.a. eine stark ausgeprägte Schwanzwirbelsäule und die vorübergehende Ausbildung eines elastischen Achsenstabes, der *Chorda*, gemeinsam.

Diese Beobachtung VON BAERS fasste im Jahre 1866 ERNST HAECKEL in der sogenannten *Biogenetischen Grundregel* zusammen: „Die Keimesentwicklung *(Ontogenese)* ist eine kurze, unvollständige und schnelle Rekapitulation der Stammesentwicklung *(Phylogenese)*."

Wäre diese Regel allgemein gültig, würde es bedeuten, dass die direkt beobachtbare Embryonalentwicklung den Biologen den Ablauf der stammesgeschichtlichen Entwicklung wie in einem Zeitrafferfilm zugänglich machen würde. Bereits HAECKEL erkannte jedoch, dass embryonale und stammesgeschichtliche Entwicklung nicht immer parallel verlaufen. So sehen die Embryonen eines Säugetiers nicht wie ein erwachsener Urfisch aus. Weiterhin gilt diese Regel nur für die Ausbildung einzelner Organanlagen. Auch wenn uns die Embryologie kein genaues Abbild der Stammesgeschichte liefern kann, so zeigt sie doch weitreichende Homologien zwischen den verschiedensten Wirbeltierembryonen.

Die vergleichende Embryologie ermöglicht die Aufklärung sonst schwer zu durchschauender Verwandtschaftsverhältnisse: *Muscheln* sind von einer zweiklappigen Schale umschlossen, ein Kopf fehlt völlig. Mithilfe der Kiemen nehmen sie nicht nur Sauerstoff aus dem Wasser auf, sondern strudeln auch Nahrung herbei. Die *Seescheiden* sind ebenfalls festsitzende Tiere ohne Kopf. Zur Aufnahme von Sauerstoff und Nahrung dient bei ihnen ein Kiemendarm. Auch *Entenmuscheln* leben festsitzend; sie strudeln ihre Nahrung mit ihren Füßen herbei. Trotz dieser Ähnlichkeiten in der Lebensweise haben Seescheiden, Entenmuscheln und Muscheln jedoch völlig verschiedene Larvenstadien: Muscheln haben eine *Trochophoralarve*, wie sie beispielsweise auch bei den Schnecken vorkommt. Seescheidenlarven dagegen weisen ein Neuralrohr und eine Chorda auf, wie sie auch bei Wirbeltierembryonen auftreten. Die Entenmuscheln haben *Naupliuslarven*, wie sie für die Ruderfußkrebse typisch sind. Eingehendere Untersuchungen der drei Tiergruppen bestätigen den embryologischen Befund: Muscheln sind eng mit Schnecken, Entenmuscheln mit Ruderfußkrebsen, die Seescheiden dagegen mit den Wirbeltieren verwandt.

2 Muscheln

3 Entenmuscheln

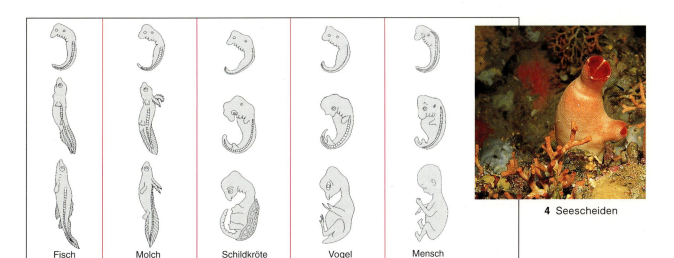

Fisch | Molch | Schildkröte | Vogel | Mensch

1 Embryonalstadien der Wirbeltiere

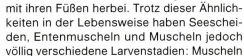

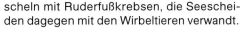

4 Seescheiden

Evolution

Fossilisation

Fossil

„Vor allem in Eisleben ... wird ein blätteriges schwarzes Gestein ausgegraben ... In ihm sieht man oft die Formen von Fischen ... Es sind auch Meerfische zum Vorschein gekommen ... Die meisten nehmen hier zu einem Spiel der Natur ihre Zuflucht (um diese Beobachtungen zu erklären). Wie aber, wenn wir sagen, dass ein großer See mit seinen Fischen durch ein Erdbeben, durch Wassergewalt oder durch eine andere mächtige Ursache mit Erde verschüttet wurde, die dann zu Stein erhärtet die Reste der eingepressten Fische bewahrte, die wie erhabene Bilder der zuerst weichen Masse eingeprägt und schließlich, als die tierischen Überreste längst zerstört waren, mit metallischem Stoff ausgefüllt wurden." (LEIBNIZ, posthum 1748)

Die Beobachtungen und Erklärungsversuche von LEIBNIZ sind auch nach etwa 250 Jahren noch aktuell: Heute bezeichnen wir derartige Überreste und Spuren früherer Lebewesen als *Fossilien*. Die Naturwissenschaft, die sich mit den Lebewesen der Erdgeschichte befasst, nennen wir *Paläontologie*. Nur an diesen fossilen Dokumenten der Evolution können wir direkt frühere Lebensformen untersuchen. Die Erforschung von Fossilien kommt also besondere Bedeutung zu, wenn die Entwicklung der heutigen Lebewesen von ihren Anfängen an erklärt werden soll. Die größte Schwierigkeit dabei ist, dass frühere Lebewesen fossil meist nur sehr lückenhaft überliefert sind.

Um das zu verstehen, müssen wir uns zunächst mit den Mechanismen der *Fossilisation* befassen: Abgestorbene Tiere und Pflanzen werden rasch zersetzt. Ihre organischen Bestandteile werden durch die Tätigkeit von Destruenten vollständig abgebaut zu Kohlenstoffdioxid, Wasser und anderen anorganischen Verbindungen. So werden die gesamten organischen Bestandteile von Lebewesen innerhalb sehr kurzer Zeit, ohne Spuren zu hinterlassen, zersetzt. Länger haltbar sind die anorganischen Bestandteile von Lebewesen, beispielsweise Knochen oder Schalen. Doch auch sie bleiben meist nicht erhalten: Aasfresser zernagen Knochen und verstreuen sie über große Entfernungen; klimatische Einflüsse, wie hohe Temperaturunterschiede oder Niederschläge, führen zu einer allmählichen Zerstörung. Geologische Einflüsse, wie hoher Druck, Erosion oder Verschiebungen im Gestein, beeinträchtigen ebenfalls die Erhaltung von Fossilien.

Zur Bildung gut erhaltener Fossilien kann es also nur kommen, wenn bestimmte Bedingungen erfüllt sind:
— Die Tier- und Pflanzenreste müssen möglichst rasch nach dem Tod der Lebewesen in ein sauerstofffreies Medium eingeschlossen werden. Ein Beispiel dafür ist das Harz von Nadelbäumen, das wir heute als Bernstein kennen. Ein weiteres Beispiel ist der Schlamm am Grunde von Meeren, Lagunen oder Binnenseen.
— Das Einbettungsmedium muss relativ rasch erhärten, da es sonst durch Bewegungen zu einer Zerstörung des Fossils kommt.
— Die chemische Beschaffenheit des umgebenden Mediums darf nicht zu einer Zerstörung des Fossils führen.
— Das fossilführende Gestein darf im Laufe der Erdgeschichte nicht verwittern oder hohem Druck und hohen Temperaturen ausgesetzt worden sein. Beispielsweise findet man in den Gesteinen des Präkambriums, die älter als ca. 600 Mio. Jahre sind, kaum Fossilien.

Das Auffinden von Fossilien ist von Zufällen abhängig. Dazu gehört z. B. die Anlage von Steinbrüchen oder Bergwerken. Auch beim Neubau der Autobahn Stuttgart—Ulm wurden am Aichelberg zahlreiche Fossilien gefunden. Allerdings besteht die Gefahr, dass wichtige Fossilien bei derartigen Baumaßnahmen noch vor ihrer Entdeckung zerstört werden. Die Abbildung in der Randspalte zeigt schematisch die verschiedenen Mechanismen der Fossilisation und erklärt so, warum wir heute die unterschiedlichsten Typen von Fossilien finden können.

Fossilisation

Aufgaben

1. Warum war es für die meisten Menschen des 18. Jahrhunderts unvorstellbar, dass Reste mariner Lebewesen in Eisleben gefunden werden konnten?
2. Vergleichen Sie die Vermutung von LEIBNIZ über die Bildung der von ihm beschriebenen Fossilien mit unseren heutigen Kenntnissen über den Mechanismus der Fossilisation.
3. Vom Urvogel Archaeopteryx vermutet man, dass er in Wäldern lebte. Alle Fossilien, die man bis heute von ihm gefunden hat, stammen jedoch aus Meeresablagerungen. Wie ist diese Tatsache zu erklären?

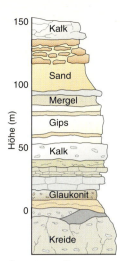

Schichtprofil

Methoden der Altersbestimmung

Die genaue wissenschaftliche Beschreibung eines Fossilfundes ermöglicht weitreichende Schlussfolgerungen über Körperbau, Lebensweise und Vorkommen eines Lebewesens. Ein Vergleich mit heute existierenden bzw. mit anderen ausgestorbenen Organismen führt zu einer systematischen Einordnung des Fossils. Dem Wissenschaftler stellen sich jedoch weitere Fragen: Hat diese Art überlebt oder ist sie ohne Nachkommen ausgestorben? Welche Beziehungen bestehen zu anderen, ähnlich gebauten Funden? Kann die Art mit anderen Fossilien in einen Stammbaum eingeordnet werden? Alle diese Fragen können nur beantwortet werden, wenn es u. a. gelingt, das Alter von Fossilien möglichst genau zu bestimmen.

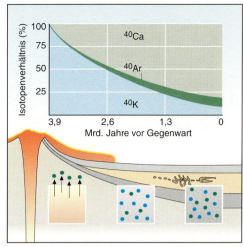

1 Absolute Altersbestimmung (Grundlagen)

Die *relative Altersbestimmung* beruht auf der Erforschung geologischer Phänomene. Man kann davon ausgehen, dass Sedimentgesteine um so älter sind, je tiefer sie in einer bestimmten Schichtabfolge liegen. Zur Ablagerung einer sehr dicken Schicht sind größere Zeiträume nötig als zur Ablagerung einer weniger mächtigen Schicht. Durch Vergleich mit heute ablaufenden Ablagerungsvorgängen kann geschätzt werden, wie alt eine bestimmte Schicht und damit auch das in ihr enthaltene Fossilmaterial ist.

Modernere Methoden der *absoluten Altersbestimmung* beruhen auf dem Zerfall radioaktiver Isotope. Um sie verstehen zu können, muss man sich Gesetzmäßigkeiten der Kernphysik vergegenwärtigen: Viele Elemente bestehen nicht aus einer bestimmten Atomsorte, sondern aus einem Gemisch verschiedener Isotope, die sich in der Zahl der Neutronen unterscheiden. Nur bei einem bestimmten Verhältnis der Protonen- zur Neutronenzahl ist ein Isotop stabil. Instabile Isotope zerfallen unter Abgabe radioaktiver Strahlung, bis ein neues, stabiles Atom entsteht. Die Geschwindigkeit, mit der dieser Zerfall erfolgt, hängt von der Art des zerfallenden Isotops ab. Die Zerfallsgeschwindigkeit kann durch die *Halbwertszeit* beschrieben werden. Darunter versteht man die Zeit, nach der nur noch die Hälfte der ursprünglich vorhandenen Atome existiert.

Die wichtigste Methode zur absoluten Datierung von Fossilien ist die *Kalium-Argon-Methode*. Sie beruht auf folgenden Voraussetzungen: Kaliumverbindungen enthalten neben dem häufigen Isotop Kalium-39 in winzigen Spuren das radioaktive Kalium 40, das unter Bildung von Argon-40 und Calcium-40 zerfällt. Der Zerfall erfolgt mit einer Halbwertszeit von 1,3 Mrd. Jahren. Die Altersbestimmung nach dieser Methode ist nur bei vulkanischen Gesteinen verwendbar: Beim Aufschmelzen des Gesteins, zum Beispiel bei einem Vulkanausbruch, entweicht bereits vorhandenes Argon. Kühlt die Lava ab und erstarrt, enthält sie kein Argon mehr. Enthält dieses Gestein Kaliumverbindungen, so zerfällt das chemisch gebundene Kalium unter Bildung von Argon, das aus dem erstarrten Vulkangestein nicht entweichen kann. Wird die Gesteinsprobe aufgeschmolzen, kann mit einem Massenspektrographen das Mengenverhältnis Argon zu Kalium ermittelt und daraus errechnet werden, wann das untersuchte Gestein erstarrte.

Aufgaben

① In der Literatur wird häufig die *Radiokarbonmethode* (Kohlenstoffuhr) als Methode zur Altersbestimmung von Fossilien beschrieben. Die Halbwertszeit des Zerfalls von Kohlenstoff 14 beträgt ca. 5700 Jahre. Der Anteil des ^{14}C am gesamten Kohlenstoff der Erdrinde ist außerordentlich gering. Warum ist die Radiokarbonmethode zur Datierung sehr alter Fossilfunde weniger geeignet als die Kalium-Argon-Methode?

② Die Kalium-Argon-Methode kann bei unkritischer Anwendung zu fehlerhaften Ergebnissen führen. Welche geologischen Vorgänge beeinträchtigen die Zuverlässigkeit dieser Methode?

Evolution

Fossilien aus der Grube Messel

Die Grube Messel liegt in der Nähe Darmstadts. Ihre Größe beträgt ca. 1000 auf 700 m, ihre Tiefe ca. 70 m. Sie ist der Überrest eines früheren Messeler Sees. In der Wissenschaft gilt sie als eine der bedeutendsten Fossilfundstätten weltweit. Sie wird deshalb auch oft als „Schaufenster in die Erdgeschichte" bezeichnet.

Seit 1884 wurde in der Grube Messel Ölschiefer abgebaut. 1971 wurde die Grube aus Rentabilitätsgründen stillgelegt. Ölschiefer ist aus verfestigtem Faulschlamm entstanden. Aus dem Messeler Ölschiefer konnte Öl gewonnen werden. Ca. 20 Mio. Kubikmeter Ölschiefer wurden mit großen Baggern abgebaut. Wieviele Fossilien dabei zerstört wurden, ist kaum vorstellbar.

Der Messeler See ist vor ca. 49 Mio. Jahren entstanden. Er gehört also in eine Zeit der Erdgeschichte, als nach dem Aussterben der Saurier vor ca. 65 Mio. Jahren die Säugetiere sich stark verbreiteten. In Europa herrschte damals ein subtropisches bis tropisches Klima. Europa lag ca. 1000 km weiter südlich als heute. Welche geologischen Vorgänge zur Bildung des Messeler Sees führten, ist nicht sicher bekannt. Diskutiert werden Erdverwerfungen beim Einbruch des Oberrheingrabens oder vulkanische Vorgänge. Bei der Verwesung der zahlreichen Algen im See wurde sehr viel Sauerstoff verbraucht, der See „kippte um".

Damit waren ideale Bedingungen für die Konservierung der abgestorbenen und auf den Grund des Sees abgesunkenen Lebewesen gegeben. Die Fossilien sind so fein strukturiert, dass sogar Weichteile, wie die Flughäute von Fledermäusen, überliefert sind. Derartige Ablagerungsvorgänge fanden über mehrere hunderttausend Jahre lang statt.

Die Grube Messel war trotz ihres unvorstellbaren wissenschaftlichen Wertes jahrelang als Standort für eine Mülldeponie in der Diskussion. Eine Bürgerinitiative und wissenschaftliche Institutionen organisierten den Widerstand. Schließlich stoppte das Bundesverwaltungsgericht das Verfahren zum Anlegen der Mülldeponie, allerdings nicht wegen der wissenschaftlichen Bedeutung der Grube, sondern weil es zu Verfahrensfehlern gekommen war. Inzwischen wurde die Grube Messel von der UNESCO zum Weltkulturdenkmal erhoben.

Beeindruckend liest sich die Liste der gefundenen Tiere: Urpferde, Krokodile, Schlangen, Ameisenbären, Fledermäuse, Beutelratten, Schildkröten, Fische und Insekten. Auch die Pflanzenwelt ist mit zahlreichen Vertretern zu finden: Seerosen, Feigen, Palmen, Farne und Nadelhölzer.

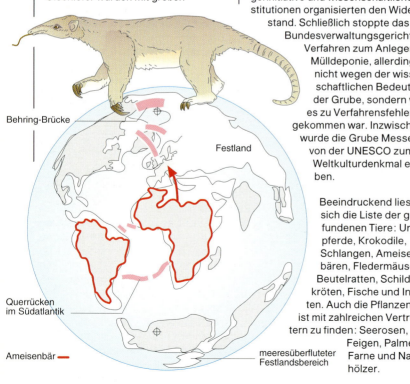

Aufgaben

① Die Grafik zeigt schematisch die Verteilung von Festland und Meer vor ca. 40 Mio. Jahren. Erklären Sie mithilfe dieser Abbildung die Bedeutung der Grube Messel als „Schaufenster in die Erdgeschichte". Gehen Sie insbesondere darauf ein, warum dieser relativ kleine See nicht nur die Fauna eines eng umgrenzten Gebietes widerspiegelt.

② Der Ameisenbär *Eurotamandua joresi* ist der einzige Fossilfund eines Ameisenbären außerhalb Südamerikas. Der gute Erhaltungszustand des Fossils lässt eine genaue Beschreibung zu: Hand mit großer mittlerer Kralle, röhrenförmiger Schädel, keine Zähne vorhanden.

Zitate aus GRZIMEK: „... gestreckte bis röhrenförmige Schnauze, ... kurze Gliedmaßen mit stark spezialisierten Zehen und Krallen, ... deren Kiefer nicht einmal Reste von Zähnen enthalten, ... spitzhackenartige Krallen an den Vorderbeinen". Die heute noch lebenden drei Arten von Ameisenbären kommen ausschließlich in Mittel- und Südamerika vor. Erläutern Sie die beschriebenen Fakten.

③ Die Grube Messel weist auffällig viele Fossilien von Fledermäusen auf, die man sonst sehr selten findet, obwohl Fledermäuse schon vor 50 Mio. Jahren eine weit verbreitete und erfolgreiche Tiergruppe waren. Der Mageninhalt der Messeler Fledermäuse war sehr gut erhalten, er war kaum verdaut. Fledermäuse verdauen den Mageninhalt sehr rasch. Man vermutet, dass über dem Messeler See eine lebensfeindliche Atmosphäre herrschte, weil giftige Faulgase aus dem See aufstiegen.
   a) Wie kommt es zur Bildung von Faulgasen?
   b) Warum sind gerade in der Grube Messel häufig Fossilien von Fledermäusen zu finden?
   c) Wie kann man erklären, dass Fledermäuse nur sehr selten fossil überliefert sind?

④ Aus welchen Befunden lässt sich schließen, dass vor ca. 49 Mio. Jahren in Europa subtropische bis tropische Lebensbedingungen herrschten?

⑤ Die Erhaltung von Weichteilen macht die Messeler Fossilien für die Wissenschaft besonders interessant. Stellen Sie Gründe für diese Aussage zusammen.

Archaeopteryx — Rätselsaurier oder Urvogel?

In der Nähe Solnhofens wurde 1861 ein Fossil geborgen, das ANDREAS WAGNER, der Leiter der Paläontologischen Staatssammlung in München, als *Griphosaurus* („Rätselsaurier") bezeichnete. Zahlreiche Skelettmerkmale ließen vermuten, dass es sich bei Griphosaurus um einen kleinen Raubsaurier mit zweibeiniger Fortbewegungsweise handelte. Rätsel gaben allerdings die Abdrücke von Federn und eines Gabelbeins auf. Nachdem das Fossil an das Britische Museum verkauft worden war, wurde es von RICHARD OWEN erforscht. Er bezeichnete das Fossil mit dem Gattungsnamen *Archaeopteryx* („alter Flügel").

Abb. 1a zeigt schematisch eine Feder dieses Fossils, Abb. 1b die Schwungfeder einer flugfähigen, Abb. 1c die Schwungfeder einer flugunfähigen Rallenart. Abb. 2 zeigt den Feinbau einer Vogelfeder. An den Ästen befinden sich kleine Strahlen, die Häkchen aufweisen. Die Häkchen benachbarter Strahlen sind miteinander verbunden, sodass die Vogelfeder eine feste Struktur aufweist, die sie zum Fliegen geeignet macht. Abb. 3 zeigt die Feder eines flugunfähigen Laufvogels. Die Feinstruktur der fossilen Feder ist mit der Abb. 2 nahezu identisch.

Aufgabe

① Vergleichen Sie die Abbildungen, ziehen Sie Rückschlüsse über die Flugfähigkeit und versuchen Sie eine evolutionsbiologische Deutung.

Sollte die Vermutung zutreffen, dass sich der Urvogel aus kleinen Sauriern entwickelt hat, so sind seine Federn möglicherweise aus Hornschuppen entstanden. Embryologische Untersuchungen an Vögeln zeigen, dass die Anlagen für Federn und Schuppen in einem frühen Entwicklungsstadium nicht zu unterscheiden sind. Bei Vögeln treten an bestimmten Körperstellen entweder Federn oder Schuppen auf, nie beide unmittelbar nebeneinander.

Aufgabe

① Handelt es sich bei Federn und Schuppen um homologe Strukturen? Begründen Sie.

Welche Bedeutung mögliche Übergangsformen zwischen Schuppen und Federn hatten, ist ungeklärt: Regulation der Körpertemperatur und Bildung einer Wasser abstoßenden Oberfläche werden diskutiert. In der stammesgeschichtlichen Entwicklung der Vögel hätten die Federn ihre heutigen Aufgaben also durch einen Funktionswechsel bzw. eine Funktionserweiterung erhalten. Abb. 4 zeigt eine Hypothese zur Funktion möglicher Zwischenformen zwischen Feder und Schuppe.

Aufgabe

① Deuten Sie die Abbildung. Erläutern Sie, welche Evolutionsfaktoren eine derartige Entwicklung bewirkt haben könnten.

Der nur hühnergroße *Compsognathus* gehörte zu einer Gruppe räuberisch lebender Dinosaurier, die sich mithilfe zweier langer, kräftiger Laufbeine sehr rasch fortbewegen konnte. Seine Vorderextremitäten waren deutlich schwächer als die Laufbeine, zwei Finger zurückgebildet. Sein Skelett war grazil gebaut, der Hals lang und schlank, die Augenhöhlen relativ groß. In vielen weiteren Skelettmerkmalen stimmte Compsognathus mit dem Fossilfund von 1861 überein, allerdings hatte er kein Gabelbein. Abdrücke von Federn wurden nicht gefunden. Compsognathus lebte vor ca. 150 Mio. Jahren.

Pteranodon stammt aus der Kreidezeit. Seine Schwanzwirbelsäule war reduziert, seine Kiefer wiesen keine Zähne auf, das Brustbein hatte einen starken Kiel, an dem die Flugmuskulatur ansetzen konnte. Überreste von Federn wurden nicht gefunden. Die Knochen waren dünnwandig und hohl. Der vierte Finger der Vorderextremität war stark verlängert und diente zum Aufspannen der Flughaut.

Aufgaben

① Vergleichen Sie die Merkmale von Compsognathus und Pteranodon mit den entsprechenden Merkmalen des Fossilfundes von 1861 bzw. heute lebender Vögel. Welche Deutungen lässt der Vergleich zu?
② Lassen die auf dieser Seite beschriebenen Fakten eine sichere Klärung des Problems „Archaeopteryx — Rätselsaurier oder Urvogel" zu? Begründen Sie.

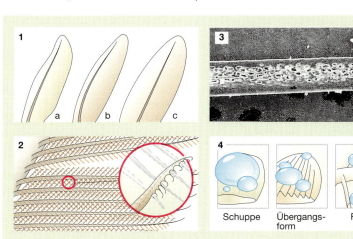

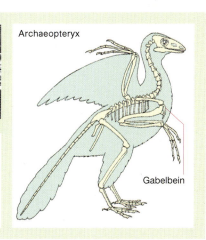

Archaeopteryx — Gabelbein

Brückentiere

Reptilien kann man durch eine Reihe charakteristischer Merkmale klar von anderen Klassen der Wirbeltiere abgrenzen: Sie sind *wechselwarm* und haben eine Haut mit einer mehrschichtigen Hornlage. Ihr Gebiss ist *homodont*, d.h. die Zähne sind gleichartig gestaltet. Die Herzkammern sind, außer bei Krokodilen, nicht vollständig getrennt. Ihre typische Fortbewegungsweise ist das vierbeinige Gehen. *Vögel* dagegen sind *gleichwarm*, sie haben Federn als Körperbedeckung. Sie haben kein Gebiss, sondern einen Hornschnabel, ihre Herzkammern sind stets vollständig getrennt. Ihre typische Fortbewegungsweise ist der Flug bzw. das zweibeinige Gehen. Einige Ähnlichkeiten im Körperbau, z. B. im Verlauf bestimmter Blutgefäße, ließen eine relativ enge Verwandtschaft zwischen Vögeln und Reptilien vermuten. Derartige indirekte Hinweise auf Verwandtschaftsbeziehungen sind jedoch für sich alleine noch kein Beweis für eine tatsächliche stammesgeschichtliche Verwandtschaft. Als sicher kann eine Verwandtschaftsbeziehung gelten, wenn genau bestimmbare und datierbare Fossilien heute getrennte Gruppen miteinander verbinden. Derartige Fossilien nennt man *Brückentiere*.

Das weltweit bekannteste Beispiel eines Brückentiers ist der Urvogel *Archaeopteryx lithographica*. Alle Funde stammen aus marinen Sedimenten des Oberen Jura in Franken. Sein Alter wird auf ca. 150 Mio. Jahre geschätzt. Er zeigt ein Mosaik von Vogel- und Reptilienmerkmalen. Möglicherweise war er nicht in der Lage, richtig zu fliegen, sondern war nur zu einem einfachen Gleit- oder Flatterflug fähig. Vermutlich kletterte er auf Bäume und schützte sich so vor Feinden. Seine Flügel benutzte er, um im Gleitflug wieder auf den Boden zu fliegen, wo er auch seine Beute fing. Aus dem Gleitflug entwickelte sich allmählich der Flug der heutigen Vögel. Eine andere Hypothese zur Entstehung des Vogelflugs geht davon aus, dass die Lebensweise von Archaeopteryx der seiner vermutlichen Vorfahren ähnelte: Archaeopteryx verfolgte seine Beute im raschen Lauf und fing sie im Sprung. Aus diesen zunächst kurzen Sprüngen entstand allmählich der Flug.

Der jüngste Fund eines Archaeopteryx stammt aus dem Jahre 1992. Verglichen mit den anderen seit längerem bekannten Funden war dieser Archaeopteryx kleiner und hatte längere Beine. Möglicherweise handelt es sich um eine eigene Art. Sein Brustbein war verknöchert, wies aber keinen Kiel auf. Einer der Hinterfüße zeigt eine typische Greifhaltung.

Auf ca. 135 Mio. Jahre wird *Sinornis santensis* geschätzt, dessen Fossilien in China gefunden wurden. Seine Schwanzwirbelsäule ist deutlich kürzer als bei Archaeopteryx. Er weist ein sogenanntes *Pygostyl* auf, d. h. eine Ansatzstelle für die Steuerfedern des Schwanzes, die aus embryonalen Wirbelanlagen entstanden ist. Krallen finden sich bei Sinornis nur an 2 Fingern. Brust- und Schulterskelett ähneln dem heutiger Vögel. Daneben finden sich bei Sinornis noch einige Merkmale, die an Archaeopteryx erinnern: Zähne, Bau der Flügel und des Beckens. Im Gegensatz zu Archaeopteryx stammen die Reste von Sinornis aus einem Binnensee. Jüngere Funde von Vorfahren der heutigen Vögel sind sehr selten. Auf ca. 125 Mio. Jahre schätzt man die Fossilien des *Iberomesornis romeralis* aus Spanien. Sie ähneln modernen Vögeln schon sehr stark.

Außer ausgestorbenen Brückentieren gibt es auch noch lebende *rezente Brückentiere*. So weist das *Schnabeltier* einige Merkmale von Reptilien auf: Es ist wechselwarm, legt Eier und hat eine Kloake, d. h. die Ausführgänge der Geschlechtsorgane, der Ausscheidungsorgane und des Darmkanals münden in eine gemeinsame Öffnung. Als Merkmale der Säugetiere treten u. a. ein Haarkleid und Milchdrüsen auf. Das Schnabeltier zeigt also, dass zwischen den Klassen der Reptilien und der Säugetiere Übergänge möglich sind (s. Seite 15).

Eine interessante Kombination von Merkmalen findet man in der Familie der *Spitzhörnchen*: Ihre Zehen und Finger weisen Krallen auf, ihr Daumen ist nicht opponierbar, in ihrem Gebiss tragen sie 38 Zähne. Diese Merkmale legen eine enge Beziehung zu den Insektenfressern nahe. Einige andere Merkmale, z. B. ein Knochenring um die Augen, lassen eher auf eine Verwandtschaft mit Halbaffen schließen. Spitzhörnchen zeigen modellmäßig einen Übergang zwischen der noch sehr urtümlichen Ordnung der *Insektenfresser* und den bereits zur Ordnung der *Primaten* gehörenden Halbaffen. Da auch der Mensch zu den Primaten gehört, zeigen uns die Spitzhörnchen, wie die frühesten Vorfahren der Primaten und damit des Menschen ausgesehen haben könnten.

Entwicklung der Vögel

Vor Mio. Jahren | Merkmale

Untere Kreide

125 — *Iberomesornis romeralis*
- Federn
- Brustbein mit Kiel
- kurzer Schwanz mit Pygostyl (verwachsene Schwanzwirbel)
- saurierartiges Becken

130

135 — *Sinornis santensis*

140
- Brustbein mit Kiel
- kurzer Schwanz mit Pygostyl
- vogelartiger Klammerfuß
- Zähne
- Mittelhandknochen getrennt
- Krallen an zwei Fingern
- saurierartiges Becken

145

Oberer Jura

150

155 — *Archaeopteryx lithographica*
- Federn
- Brustbein ohne Kiel
- Zähne
- Mittelhandknochen getrennt
- Krallen an drei Fingern
- langer Wirbelschwanz
- saurierartiges Becken

Lebende Fossilien

Vor der Mündung des Chalumna-Flusses in den Indischen Ozean wurde 1938 ein Fisch mit muskulösen, quastenförmigen Flossen, ein *Quastenflosser*, gefangen. Zu Ehren seiner Entdeckerin, Frau COURTENAY-LATIMER, gab man ihm den Namen *Latimeria chalumnae*. Diese Fische haben ein knöchernes Skelett in ihren Flossen, während andere Fische nur Flossenstrahlen aufweisen. Bekannt sind Quastenflosser aus dem Devon. Zu ihnen gehören z. B. der nur etwa 55 cm lange *Eusthenopteron*, der sich vermutlich mit Hilfe seiner knochigen Flossen an Land über kurze Entfernungen bewegen konnte. Bis zum Jahre 1938 war man der Meinung gewesen, die letzten Quastenflosser seien am Ende der Kreidezeit, also vor ca. 65 Mio. Jahren, ausgestorben. Um so größer war die Überraschung, mit Latimeria einen lebenden Quastenflosser zu entdecken.

Auch andere heute lebende Tier- oder Pflanzenarten unterscheiden sich von ihren nächsten Verwandten durch eine auffällige Anhäufung altertümlicher Merkmale, wie sie bei schon lange ausgestorbenen Vorfahren dieser Lebewesen auftraten. Solche rezenten Lebewesen mit zahlreichen urtümlichen Merkmalen nennt man *lebende Fossilien*.

Lebende Fossilien findet man nur in Lebensräumen, in denen sich über viele Millionen Jahre die Lebensbedingungen kaum geändert haben (Tiefsee, Urwälder) und in denen sie nicht der Konkurrenz „modernerer" Arten ausgesetzt waren (Australien, Neuseeland). Dadurch blieben bei Pflanzen und Tieren altertümliche Baupläne weitgehend erhalten. Zu deutlichen Veränderungen der Arten kam es nur selten. Trotzdem sind lebende Fossilien mit ihren Vorfahren nicht völlig identisch, da auch sie einer Millionen Jahre dauernden Wirkung von Mutation und Selektion ausgesetzt waren. Beispielsweise ist Latimeria ein Lebewesen der Tiefsee und lebt vor allem in 70 bis 250 m Tiefe bei der Inselgruppe der Komoren. Eusthenopteron dagegen lebte in Süßwassertümpeln, die er in Trockenzeiten mithilfe seiner Flossen verlassen konnte. Ein Hohlorgan, das sich vom Darm ableitet, erfüllte bei ihm die Aufgabe der Atmung (Lunge). Bei Latimeria dagegen ist dieses Organ mit Fett gefüllt und dient nicht zur Atmung, sondern vor allem zur Regulierung des Auftriebs. Das bekannteste Beispiel für ein lebendes Fossil aus dem Pflanzenreich ist der Ginkgobaum (s. Seiten 73 und 75).

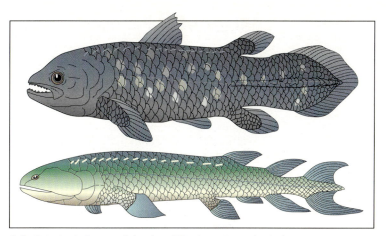

1 Latimeria chalumnae (oben) und Eustenopteron (unten)

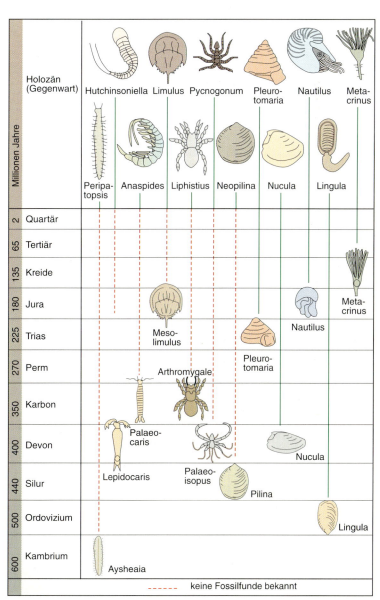

2 Lebende Fossilien und ihre fossil aufgefundenen Verwandten

Evolution

Stammbäume — Ahnengalerien von Lebewesen

Stammbäume haben die Aufgabe, die stammesgeschichtliche Entwicklung heute lebender Tiere und Pflanzen aufzuzeigen. Da die Stammesgeschichte nicht der direkten Beobachtung zugänglich ist, können Stammbäume nur durch indirekte Hinweise aus den verschiedensten naturwissenschaftlichen Disziplinen konstruiert werden. Dabei kann eine Reihe von Problemen auftreten: Die Fossilüberlieferung ist oft lückenhaft, nur bei wenigen Beispielen, z. B. bei der Entwicklung der Pferde, können wir auf eine nahezu vollständige Reihe fossiler Belege zurückgreifen. Dies macht es notwendig, indirekte Belege heranzuziehen. Dazu gehören z. B. die vergleichende Untersuchung morphologischer, ethologischer und biochemischer Befunde.

In den letzten Jahren wurde die Bedeutung ökologischer Faktoren für die stammesgeschichtliche Entwicklung der Lebewesen immer deutlicher erkannt. Allerdings ist es oft sehr schwierig, die ökologischen Bedingungen in bestimmten Epochen der Erdgeschichte zu rekonstruieren. Gerade die für die Aufstellung von Stammbäumen so wichtigen Brückentiere sind oft nur in geringem Maße fossil überliefert, beispielsweise kennt man von Archaeopteryx nur 7 Skelettreste und eine fossile Feder. Die Einordnung von Funden in einen Stammbaum ist nur möglich, wenn die Funde exakt datiert werden können.

Durch moderne biochemische Methoden wurden allerdings in den letzten Jahren erhebliche Fortschritte erzielt: *Cytochrom c* ist als Enzym der *Endoxidation* (Atmungskette) in allen Lebewesen außer den Anaerobiern verbreitet. Es ermöglicht damit eine vergleichende Untersuchung aller Lebewesen. Das Cytochrom c ist eine Verbindung aus einer Hämgruppe und einem Protein. Die Sequenz der ca. 100 Aminosäuren des Proteinanteils ist bekannt. Für die Struktur und die zuverlässige Funktion des Cytochroms c sind nur ca. 30 Aminosäuren entscheidend, die bei allen Lebewesen gleich sind. Ca. 70 Aminosäuren können ausgetauscht werden, ohne dass es zu einem Funktionsverlust kommt.

Ordnet man die Cytochrome der verschiedensten Lebewesen nach dem Grad ihrer Ähnlichkeit an, so erhält man die Abbildung in der Randspalte. Sie zeigt, dass auch auf molekularer Ebene abgestufte Ähnlichkeiten zwischen verschiedenen Lebewesen existieren. Mit ihrer Hilfe lassen sich sogenannte *Dendrogramme* aufstellen. Sie zeigen eine erstaunliche Übereinstimmung mit Entwicklungsreihen, die mit völlig anderen Methoden erarbeitet wurden.

Aufgaben

① Abb. 1 zeigt einen Ausschnitt aus dem Stammbaum der Wirbeltiere. Welche Schlussfolgerungen können Sie aus dem Bild über die Verwandtschaft von Eidechsen, Schlangen, Schildkröten, Krokodilen und Vögeln ziehen? Begründen Sie Ihre Meinung.

② Vergleichen Sie Übereinstimmungen und Unterschiede im Körperbau der genannten Tiergruppen. Erstellen Sie daraus dann einen Stammbaum, in dem diese Tiergruppen nach dem Grad ihrer Ähnlichkeit angeordnet sind.

③ Vergleichen Sie den von Ihnen aufgestellten Stammbaum mit dem in Abb. 1. Stellen Sie Gemeinsamkeiten und Unterschiede fest.

④ Erörtern Sie Gründe, auf denen die Unterschiede zwischen den beiden Stammbäumen beruhen könnten.

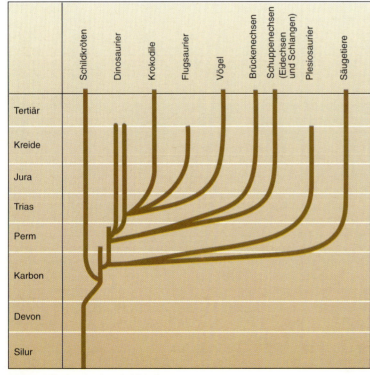

Dendrogramm (Stammbaum) aufgrund des Cytochromvergleichs

1 Stammbaum der Landwirbeltiere

Stammbaum der Pferde

Die Entwicklungsgeschichte der Pferde ist durch umfangreiches Fossilmaterial gut belegt, sodass wir die Vorfahren der Pferde bis in eine Zeit vor ca. 50 Mio. Jahren zurückverfolgen können.

Ein kleines Lebewesen von nur etwa 30 cm Schulterhöhe gilt als ältester bekannter Vorläufer der heutigen Pferde: *Hyracotherium* oder *Eohippus*. Fossilien dieser Art wurden sowohl in Europa als auch in Nordamerika gefunden. Diese Tiere lebten vor ca. 58 bis 36 Mio. Jahren in Wäldern. Ihr Gebiss zeigt, dass sie sich von Laubblättern ernährten. Durch ihre geringe Körpergröße waren sie gut an das Leben in diesen Wäldern angepasst. Ihre Vorderbeine hatten 4, die Hinterbeine nur 3 Zehen. Auf dem Gebiet des heutigen Europas entstand aus Hyracotherium rasch eine Gruppe von mehreren verschiedenen Urpferdearten, die man als *Paläotherien* zusammenfasst. Sie starben vor ca. 35 Mio. Jahren aus.

Eohippus entwickelte sich weiter zu *Mesohippus*, der mit ca. 60 cm Schulterhöhe bereits deutlich größer war und dessen mittlere Zehen viel stärker entwickelt waren als die anderen Zehen. Mesohippus lebte bis vor ca. 25 Mio. Jahren.

Die einschneidenste Änderung in der Stammesgeschichte der Pferde wurde durch eine Klimaänderung verursacht: Das zunächst feuchtwarme Klima wurde kälter und trockener. Dadurch entstanden riesige Graslander. *Merychippus* (vor ca. 25–13 Mio. Jahren) war der erste typische Grasfresser in der Gruppe der Pferde. Er hatte ein kräftiges Grasfressergebiss und war größer und schneller als seine waldlebenden Vorfahren. Merychippus war der Ausgangspunkt für die Entwicklung zahlreicher Pferdearten. *Pliohippus* (vor ca. 13–2 Mio. Jahren) war der Ausgangspunkt zweier Entwicklungslinien, von denen sich allerdings nur eine weiterentwickelte zur Gattung Equus und damit zu den heutigen Pferden. Die Entwicklungslinie zu *Hippidion* starb aus.

In der Stammesgeschichte der Pferde findet u. a. ein Übergang von der Aufnahme von Blättern zur Aufnahme von Gras als Hauptnahrung statt. Gräser enthalten größere Mengen an Kieselsäure als Laubblätter und sind dadurch härter. Zähne von Grasfressern unterliegen damit einer höheren Beanspruchung. Man beobachtet in der Stammesgeschichte der Pferde folgende Veränderungen der Zähne: Die Prämolaren ähneln immer mehr den Molaren. Die Zahnkronen werden höher. Die Falten der Zahnkronen prägen sich immer stärker aus. Zwischen die Falten aus sehr hartem Zahnschmelz schieben sich Flächen aus weichem Zahnzement. Dies führt zu einer stark unterschiedlichen Abnutzung der Zahnoberfläche.

Aufgaben

① In der Evolution der Pferde zeigen sich mehrere Entwicklungstendenzen. Beschreiben Sie diese und versuchen Sie, diese Tendenzen zu erklären.

② „... Die Urpferdegattung Hyracotherium konnte in Europa in einem primitiveren Entwicklungsstadium und einem etwas tieferen biostratigraphischen Niveau auftreten als in Nordamerika. Innerhalb Europas scheinen die Einwanderer überdies früher aufzutauchen als im Norden. Dies ist mit dem Vorrücken eines warmen Klimagürtels im untersten Eozän zu erklären." Welche Rückschlüsse auf die Evolution der früheren Pferde lässt dieses Zitat zu?

1 Pferdestammbaum (vereinfachtes Schema)

3 Evolutionsfaktoren — Ursachen der Evolution

Mögliche Anzahl Nachkommen pro Jahr

Art	Nachkommenzahl
Kabeljau	6 500 000
Hering	30 000
Klatschmohn	20 000
Erdkröte	8 000
Löwenzahn	5 000
Drosophila	600
Haushuhn	265
Kreuzotter	18
Blauwal	1

Population
Gruppe von Individuen, die zur gleichen Zeit in einem Biotop leben und sich miteinander fortpflanzen können.

Variation
Phäno- und genotypische Verschiedenheit der Individuen einer Art.

Populationsbiologischer Artbegriff
Gruppe von Populationen, die unter sich eine Fortpflanzungsgemeinschaft bilden und gegen andere vollständig isoliert sind.

Variation und Rekombination

Im vorigen Kapitel ist eine Fülle von Befunden zusammengestellt, die Hinweise auf die Evolution geben. Die überragende Bedeutung dieser Indizien besteht darin, dass sie unabhängig voneinander sind und sich alle einheitlich und schlüssig durch die Veränderung der Arten deuten lassen. In diesem Kapitel sind die Faktoren dargestellt, die Evolution bewirken.

Die *Heideschnecken* sind in sehr trockenen Lebensräumen anzutreffen. An Sommertagen kleben sie an Ästen und Stämmen fest und überdauern hier die Hitzezeit. Findet man eine große Anzahl von Tieren, so erkennt man augenblicklich die Vielfalt der Gehäusemuster. Trotz der Verschiedenheit sind es Tiere einer Art, weil sie sich uneingeschränkt untereinander fortpflanzen können.

Die variierenden Gehäusemuster werden von verschiedenen Genen bestimmt. Von jedem gibt es mehrere Allele. Die Merkmalsvielfalt ist die Folge genetischer Vielfalt der Schnecken, die sich durch die zufällige *Rekombination* der vorhandenen Allele in der Population ergibt.

Rekombination von Allelen wird durch sexuelle Fortpflanzung ermöglicht. Bei diploiden Organismen befinden sich in den Urkeimzellen homologe Chromosomenpaare. Ein Chromosom eines Paares stammt vom Spermium, das andere von der Eizelle. Beide tragen verschiedene genetische Informationen. Bei der Keimzellenbildung werden homologe Chromosomen getrennt. In einer Keimzelle befinden sich praktisch immer Chromosomen beider Eltern. Es entstehen viele genetisch verschieden ausgestattete Keimzellen. Beim Menschen sind es z. B. $2^{23} = 8\,388\,608$ und der Stückaustausch zwischen homologen Chromosomen vergrößert diese Zahl noch weiter.

Bei der Fortpflanzung vereinigen sich Keimzellen, deren Gene einem riesigen Rekombinationspotential entstammen. Je nach Organismenart gibt es unterschiedlich viele Nachkommen. Selbst bei hoher Zahl wird nur ein Bruchteil aller genetisch möglichen Kombinationen realisiert. Alle Organismen, die an diesem Genaustausch teilnehmen können, bilden eine *Population*. Die Gesamtheit der Populationen, deren Individuen sich untereinander fortpflanzen können, bilden eine *Art* (populationsbiologischer Artbegriff).

In einer Population übersteigt die Anzahl der möglichen Allelkombination die Anzahl der Individuen bei weitem. So entstehen immer wieder neue Geno- und Phänotypen. Sie variieren nicht nur in den sichtbaren, sondern auch in physiologischen Merkmalen, wie beispielsweise der Toleranz gegenüber extremen Temperaturen und Wassermangel oder der Resistenz gegenüber verschiedenen Krankheitserregern.

1 Vielfalt bei Heideschnecken

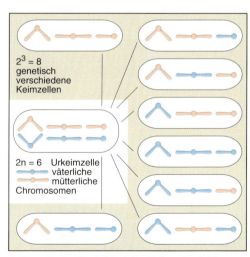

2 Genetische Vielfalt bei der Keimzellenbildung

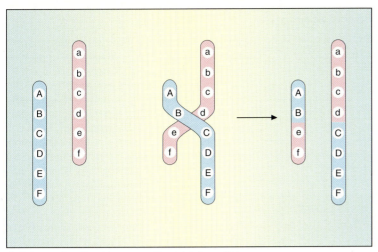

1 Schema des Crossingover mit ungleichem Chiasma

Mutationen

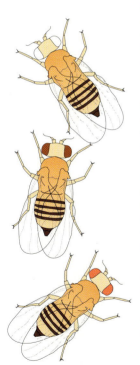

Genpool
Gesamtheit der genetischen Information einer Population

Bei der Taufliege *Drosophila* treten mehrere Augenfarben auf. Die Wildtypfarbe ist rot. Gelegentlich findet man Tiere mit weißen, braunen oder eosinfarbenen Augen. Genetische Untersuchungen zeigen, dass vier verschiedene Allele eines Gens vorliegen.

Diese *multiplen Allele* sind durch *Mutationen* des Wildtypallels entstanden. Mutationen treten immer wieder von selbst ohne erkennbaren Anlass auf. Sie verändern Erbanlagen und damit die genetische Information zufällig und ungerichtet. Der Zeitpunkt für ein solches Ereignis und seine Auswirkungen sind nicht vorhersagbar. Betrifft eine Mutation nur ein Basenpaar der DNA, so spricht man von einer *Punktmutation*. Ihre Auftrittshäufigkeit liegt statistisch bei etwa 10^{-5} bis 10^{-9} je Gen und Generation. Das bedeutet, dass ein bestimmtes Gen innerhalb von 100 000 bis 1 Milliarde Generationen, statistisch betrachtet, einmal mutiert. Durch Mutationen wird die Gesamtheit aller genetischen Informationen in einer Population, der *Genpool*, erweitert.

Bereits die Änderung eines Basenpaares kann ein funktionsunfähiges Protein erzeugen. So bewirkt eine *Punktmutation* den Austausch der Aminosäure Glutaminsäure gegen Valin an der 6. Position in der Beta-Polypeptidkette des menschlichen Hämoglobins. Bei homozygoten Trägern dieses Allels nehmen die roten Blutzellen sichelförmige Gestalt an, es entsteht *Sichelzellanämie* (s. Seite 40). Die roten Blutzellen werden von den weißen angegriffen und zerstört.

Mutationen sind Veränderungen der genetischen Information. Da sie ungerichtet erfolgen, können sie daher vorteilhaft, nachteilig oder neutral sein. Bei starken Veränderungen, z.B. durch radioaktive Strahlung, ist die Wahrscheinlichkeit für vorteilhafte Änderungen viel geringer als für nachteilige. Bei diploiden oder polyploiden Lebewesen wirken sich Mutationen phänotypisch nicht aus, wenn das mutierte Allel rezessiv wirkt, also von der Wirkung des homologen Allels überdeckt wird.

Es gibt aber auch Fälle, bei denen eine Mutation zu einer neuen komplexen Anpassung führt. Beim Bakterium *Pseudomonas aeruginosa* bewirkt die Mutation eines Gens, das ein Enzym codiert, dass das Bakterium völlig andere Substrate als Kohlen- und Stickstoffquellen nutzen kann als der Wildtyp. Hier ermöglicht eine Mutation die Nutzung neuer Nahrungsquellen.

Im Laufe der Evolution hat sich bei vielen Organismen das Genom vergrößert und der Informationsgehalt erweitert. Die Höherentwicklung ist meist mit einer Zunahme des DNA-Gehalts verbunden. Ein Mechanismus, der zu dieser Veränderung führt, ist die *Genduplikation*. Abbildung 1 zeigt, wie durch ungleiche Chiasmata während der Meiose in einem Chromosom Gene vermehrt werden. Dabei trägt nur eines der Chromosomen die Verdopplung. Mutationen mit ihren Auswirkungen, Merkmale zu verändern oder neue entstehen zu lassen, liefern das Rohmaterial für die Evolution.

Aufgaben

1. a) Untersuchen Sie mithilfe des genetischen Codes, welche Basentripletts beim normalen Hämoglobin die 6. Aminosäure in der DNA codieren können.
   b) Ermitteln Sie, welche und wie viele verschiedene Punktmutationen zu Sichelzellhämoglobin führen können.
2. Bei Drosophila tritt die Mutation, die braune Augen bewirkt, mit der Häufigkeit 3×10^{-5} auf. Die Generationsdauer beträgt 14 Tage.
   a) Innerhalb welcher Zeitspanne kann man, statistisch betrachtet, erwarten, dass das mutierte Gen in einer Population mit 1 000 Tieren auftritt?
   b) Ein Forscher findet nach 6 Wochen das mutierte Gen in einer Population mit 400 Individuen. Wie ist dies erklärbar?

Evolution **37**

Häufigkeit von Birkenspannern in Großbritannien und Irland

Selektion

Der *Birkenspanner* (Biston betularia) ist ein Nachtfalter mit hellen, feinscheckig gemusterten Flügeln. Er sitzt tagsüber häufig an der Rinde von Bäumen, insbesondere an Birken. Seine Färbung verleiht ihm eine gute Tarnung und schützt ihn vor Fressfeinden, wie beispielsweise Singdrosseln, Rotkehlchen und Kohlmeisen. An Baumstämmen, die durch den Bewuchs mit Strauch- oder Baumflechten hell gefärbt sind, wird der Birkenspanner so von seinen tagaktiven Fressfeinden schwer wahrgenommen.

Immer wieder traten in verschiedenen Populationen in England, Amerika und Deutschland dunkel gefärbte Tiere auf. Ihre Färbung beruht auf der gesteigerten Produktion des Farbstoffs Melanin. Dieser *Melanismus* ist die Folge einer Mutation, die ein dominant wirkendes Melanismusallel erzeugt.

Erstmals wurden 1848 in der Industriestadt Manchester melanistische Tiere entdeckt. 1866 hatte sich die dunkle Form *(forma carbonaria)* in England schon weit ausgebreitet, die helle Form *(forma typica)* wurde seltener. Um 1900 betrug der Anteil der melanistischen Form in Manchester 83%, 1960 in einigen Populationen Englands sogar 98 %. Auch in Deutschland nahm der Anteil der hellen Form immer weiter ab.

Um dieses Phänomen zu klären, wurden an verschiedenen Orten mit Farbflecken markierte helle und dunkle Birkenspanner ausgesetzt. Mit Licht wurden nachts die Falter wieder angelockt und dann eingefangen. Die Auszählung der markierten Exemplare zeigte, dass die Rückfangquote für dunkle Tiere in stark industrialisierten Gebieten wesentlich größer ist als in ländlichen Regionen ohne Industrie.

Dieses Ergebnis der Experimente lässt den Schluss zu, dass die hellen Formen in stark industrialisierten Regionen nicht so gut überleben können wie die dunklen. Hier sind durch starke Luftverunreinigungen die Bäume rußgeschwärzt und die Flechten abgestorben. Die Baumstämme, an denen sich die Falter tagsüber lange aufhalten, haben eine dunkle Färbung angenommen. Helle Tiere sind hier ungetarnt. Sie werden von ihren Feinden häufiger erkannt und gefressen als die dunkel gefärbten Falter. In diesem natürlichen Ausleseprozess, der *Selektion*, sind die melanistischen Tiere im Vorteil. An Bäumen sitzend sind sie getarnt, also

Selektion
Natürliche Auslese durch Umweltbedingungen.

Selektionsfaktor
Umwelteinfluss, der unterschiedliche Fortpflanzungsraten verschiedener Phänotypen bewirkt.

Selektionsdruck
Einwirkung der Selektionsfaktoren auf eine Population.

Transformierende Selektion
Selektion bewirkt Genpooländerung.

Stabilisierende Selektion
Selektion bewirkt Erhaltung des Genpools.

besser an diese Umweltbedingungen angepasst. Sie überleben häufiger und haben dadurch mehr Nachkommen. Der Anteil der dunklen Form nimmt zu; es entsteht *Industriemelanismus*.

Bei der Veränderung der Umweltbedingungen infolge der einsetzenden Industrialisierung zu Beginn des 19. Jahrhunderts ist die Tarnung der hellen Tiere immer schlechter geworden, bis sie praktisch ganz entfallen ist. Die helle Form wurde zunehmend häufiger gefressen. Die stets vorhandenen Fressfeinde verursachten einen beständigen *Selektionsdruck* auf die Population. Unter diesem Einfluss konnten dunkel gefärbte Tiere mehr Nachkommen erzeugen als helle.

Genetisch betrachtet bedeutet dies, dass die Häufigkeit des melanistisch wirkenden Allels in der Population zunahm und die des anderen abnahm. Der konstante Selektionsdruck bei veränderten Umweltbedingungen bewirkte die Veränderung des Genpools. Die Selektion hat *transformierende Wirkung*. Sie wandelt die Eigenschaften der Population und führt zu Artumbildung. Verändert sich der Genpool und damit die Häufigkeit bestimmter Merkmale in einer Population nicht mehr, kann man davon ausgehen, dass der Prozess der Anpassung abgeschlossen ist.

Helle Körperfärbung bedeutet unter den neuen Umweltbedingungen einen starken Selektionsnachteil. Dennoch tritt dieses Merkmal immer wieder auf. Die Hauptursache liegt darin, dass das Allel für helle Färbung rezessiv wirkt und heterozygote, dunkle Tiere keinen Selektionsnachteil haben. Bei diesen Individuen ist das Allel für helle Körperfarbe der Selektion, die auf den Phänotyp wirkt, entzogen. Heterozygote Elterntiere haben also immer wieder homozygote, helle Nachkommen. Diese entstehen außerdem auch dadurch, dass das Melanismusallel durch Rückmutation in das andere Allel übergehen kann.

Die hellen Nachkommen werden infolge des ständigen Selektionsdrucks zu einem größeren Anteil sterben als die dunklen. Die Häufigkeit von hellen und dunklen Formen in der Population bleibt infolge des Selektionsdrucks konstant; ihr Genpool wird stabilisiert. Solange sich die Umweltbedingungen nicht ändern, wirkt die Selektion *stabilisierend*.

Selektion ist ein statistischer Prozess, der durch den Anteil der Allele charakterisiert ist, die in den Genpool der Folgegenerationen eingebracht werden können. Selektionsbegünstigt sind all diejenigen Organismen, deren Merkmale bewirken, dass ihre Träger mehr fortpflanzungsfähige Nachkommen haben als andere Individuen dieser Art. Man sagt, ihre *Fitness* ist größer.

Fitness ist eine Phänotypeigenschaft. Sie ist an der Anzahl der Nachkommen messbar, die dieser Phänotyp hervorbringen kann. Die Fitness ist dann hoch, wenn Organismen möglichst gut an die herrschenden Umweltbedingungen angepasst sind. Weniger gut angepasste Lebewesen sterben früher. Sie haben im Mittel weniger fortpflanzungsfähige Nachkommen; ihre Fitness ist geringer.

Für den Grad der Angepasstheit sind in der Natur viele Merkmale von Bedeutung, wenn auch in unterschiedlichem Maße. Deshalb stellt die Berücksichtigung einzelner Merkmale, wie die Färbung des Birkenspanners, eine vereinfachte Betrachtung dar. Dies ist beim vorliegenden Beispiel sinnvoll, weil die Fressfeinde ihre Beute optisch erkennen.

Artänderung ist nur im Verlauf von Generationen möglich. Ändern sich die Selektionsbedingungen für eine Population in kurzer Zeit erheblich, so führt dies zu einem starken Selektionsdruck auf die Population; sie wird kleiner.

Beim betrachteten Beispiel des Birkenspanners war eine Anpassung an die sich rasch ändernden Lebensbedingungen in verhältnismäßig kurzer Zeit möglich. Zum einen ist die Generationsdauer mit einem Jahr gering, zum anderen wird die Anpassung durch die Alleländerung nur eines Gens ermöglicht. Sind es jedoch Organismen mit großer Generationsdauer und würde erst eine komplexe genetische Veränderung eine erneute Anpassung an die vorherrschenden Selektionsbedingungen ermöglichen, so kann es sein, dass die zum Überleben erforderlichen genetischen Veränderungen nicht schnell genug eintreten. Die Population stirbt aus.

Aufgaben

① Warum ist es bei sich ändernden Selektionsbedingungen für eine Art vorteilhaft, wenn Eltern viele Nachkommen haben?
② Weshalb ist bei veränderlichem Selektionsdruck geschlechtliche Fortpflanzung günstiger als ungeschlechtliche?
③ Diskutieren Sie die Bedeutung der Diploidie für evolutive Vorgänge.

Selektionsfaktoren und ihre Wirkung

Abiotische Selektionsfaktoren

Auf den Kerguelen, einer Gruppe kleiner Inseln im südlichen Indischen Ozean, leben mehrere Fliegen- und Schmetterlingsarten, deren Flügel so stark rückgebildet sind, dass die Tiere nicht fliegen können. Das Merkmal ist die Folge von Mutationen und scheint auf den ersten Blick für die Tiere von Nachteil zu sein. Doch sind die Inseln meist starken Winden ausgesetzt, sodass unter diesen Bedingungen Flugfähigkeit für die kleinen und leichten Tiere ungünstig wäre. Fliegende Insekten würden leicht aufs Meer getrieben und dabei umkommen. Der *Selektionsfaktor* Wind bewirkt, dass das Merkmal Flugunfähigkeit in den Insektenpopulationen erhalten bleibt. Dieses Beispiel zeigt, dass sich nicht ohne Kenntnis der Umweltbedingungen beurteilen lässt, ob ein Merkmal günstig oder nachteilig ist.

Viele Pflanzen, die in Trockengebieten vorkommen, können Wasser in speziellen Geweben speichern. Mit diesem Vorrat wird der Wasserbedarf in langen Trockenperioden gedeckt. Zugleich ist der Wasserverlust durch Transpiration stark eingeschränkt. Das Abschlussgewebe, die Epidermis, ist stark verdickt und bei manchen Arten sind die Blattflächen stark reduziert. Oft bestehen die Blätter nur noch aus Dornen. Diese typischen Merkmale findet man bei Kakteen, die Wasser im verdickten Stamm speichern. Bei Agaven ist der Spross stark reduziert; der Wasservorrat befindet sich in den Blättern.

Als Selektionsfaktoren kommen praktisch alle *abiotischen* Faktoren in Betracht. Selektion bewirkt daher die Anpassung von Organismen an diese Lebensbedingungen und erhält die Merkmale der Angepasstheit.

Biotische Selektionsfaktoren

Auch Lebewesen wirken als Selektionsfaktoren. Artgleiche Individuen konkurrieren untereinander um Nahrung, Lebensraum oder Sexualpartner. Artfremde Individuen können als Fressfeinde oder Parasiten auftreten.

Malaria ist eine Tropenkrankheit, die durch Erreger der Gattung *Plasmodium* verursacht wird. Ein Teil der Entwicklung dieses einzelligen Parasits verläuft in den roten Blutzellen eines infizierten Menschen. Die Entwicklung ist gestört und die Vermehrung unterbunden, wenn der Infizierte zugleich heterozygoter Träger des Sichelzellallels ist. Die Karte zeigt, dass in den Malariagebieten Afrikas das Sichelzellallel in der Bevölkerung häufig auftritt. Je größer die Infektionsgefahr für Malaria ist, desto stärker ist das Sichelzellallel in der Bevölkerung verbreitet. Homozygote Träger des Sichelzellallels sterben meist, bevor sie Nachkommen haben. Daher müsste das Allel selten sein. Von den homozygoten Trägern des Normalallels stirbt ein größerer Teil als von den heterozygoten. Diese besitzen unter den herrschenden Bedingungen einen Selektionsvorteil *(Heterozygotenvorteil)*. Indem sie mehr Nachkommen haben, bringen sie das Sichelzellallel mit großer Häufigkeit in den Genpool von Folgegenerationen ein.

1 Flugunfähige Insekten

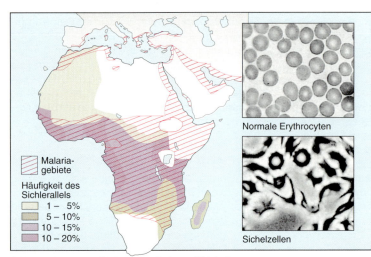

2 Verbreitung von Sichelzellanämie und Malaria

Evolution

Selektion bei wechselnden Bedingungen

Die *Spitze Strandschnecke* (Littorina littorea) ist als Bewohner der Spritzwasserzonen an der Meeresküste sehr stark variierenden Umweltbedingungen ausgesetzt. Infolge der Gezeiten schwankt der Meeresspiegel ständig. Für die Tiere bedeutet dies in regelmäßigen Zeitabständen eine vollständige Wasserbedeckung und mehrstündiges Trockenfallen.

Durch diesen Wechsel verändert sich der Salzgehalt der Umgebung beträchtlich. Sinkt der Wasserspiegel und trocknen die Küsten oberhalb der Wasserlinie ab, so steigt der Salzgehalt. Bei niedrigem Wasserspiegel kann er bei Niederschlägen auch absinken. Gleichfalls extremen Schwankungen unterliegt die Umgebungstemperatur, insbesondere, wenn beim Trockenliegen starke Sonneneinstrahlung auftritt.

Ohne ihr Schneckengehäuse könnte die Strandschnecke unter diesen Bedingungen nicht überleben. Bei ausschließlich wasserlebenden Arten bietet das Gehäuse vor allem Schutz vor Fressfeinden. In der Spritzwasserzone übernimmt es weitere Funktionen. Es verhindert bei sinkendem Wasserspiegel die Austrocknung des Körpers, und durch Schließen des Gehäusedeckels werden auch starke Schwankungen des Salzgehaltes in der Umgebung überstanden. Im Gehäuse wird durch den dicht schließenden Deckel eine kleine Menge Seewasser mit eingeschlossen. Dadurch verändert sich die Salzkonzentration im Innern bei wechselnden Außenbedingungen nur langsam. Außerdem verhindert das Gehäuse die Übererwärmung des Körpers, indem es einen großen Teil des auftreffenden Sonnenlichts reflektiert.

Die Besiedlung der Spritzwasserzone ist also durch mehrfache Funktionen eines vorhandenen Organs, dem Schneckengehäuse, möglich. Es wurde evolutiv immer besser an die verschiedensten Selektionsbedingungen angepasst. Dies lässt die Beobachtung vermuten, dass Schnecken der Gattung Littorina um so höher in der Gezeitenzone siedeln können, je toleranter sie infolge ihres dicht schließenden Gehäusedeckels gegen Schwankungen des Salzgehaltes sind.

Das Beispiel dieses Schneckengehäuses lässt den Schluss zu, dass Merkmale der Lebewesen in der Vergangenheit einem Selektionsdruck ausgesetzt waren und im Verlauf der Zeit immer besser angepasst wurden.

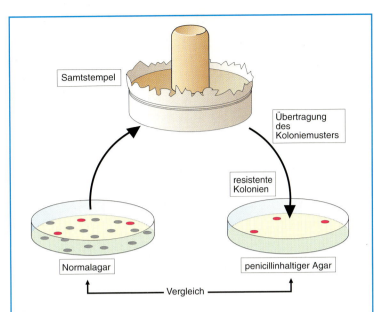

Selektionsexperiment mit Bakterien

Die transformierende Wirkung der Selektion bei Änderung der Umweltbedingungen kann man direkt nur an Organismen beobachten, deren Generationsdauer gering ist, wie etwa Bakterien.

Auf zwei Normalagarplatten I und II werden Bakterien der Art Escherichia coli ausplattiert. Beide Platten enthalten die für das Bakterienwachstum notwendigen Nährstoffe, die Platte II zusätzlich das Antibiotikum Penicillin. Dieser Stoff hemmt das Bakterienwachstum. Die Platten werden für 24 Stunden bei 37 °C bebrütet. Auf Platte I bilden die Bakterien durch Vermehrung einen dichten Rasen, auf Platte II entstehen nur wenige Kolonien. Diese Bakterien sind *penicillinresistent*.

Für die Entstehung der *Resistenz* gibt es zwei verschiedene Erklärungen. Entweder sind die resistenten Kolonien aus Bakterien hervorgegangen, die bereits vor dem Ausplattieren, z.B. infolge von Mutationen, penicillinresistent waren oder einige wenige der ausplattierten Bakterien sind unter dem Einfluss des Penicillins resistent geworden.

Dies lässt sich auf folgende Weise entscheiden: Auf Normalagar werden Bakterien ausplattiert und bebrütet, bis einzelne Kolonien entstehen. Ein mit Samt überzogener Stempel wird auf die Agaroberfläche mit den Kolonien gedrückt. Dabei haften Bakterien an den Samthärchen. Drückt man nun den Stempel auf eine penicillinhaltige Agarplatte, so wird mit den Bakterien auch das Koloniemuster übertragen. Hier entwickeln sich nach Bebrütung wenige resistente Kolonien. Vom Normalagar werden jetzt Bakterien aus einem Bereich abgenommen, in dem beim Penicillinagar resistente Kolonien sind. Plattiert man diese Bakterien vom Normalagar auf einem neuen Penicillinagar aus, so wachsen sie weiter. Sie sind resistent. Dies zeigt, dass Resistenz ohne die Einwirkung des Penicillins entsteht. Mit Penicillin werden nur solche Bakterien selektiert, die bereits zuvor resistent waren. Infolge ihrer genetischen Variabilität ist ein Merkmal entstanden, das unter den veränderten, nicht vorhersehbaren Umweltbedingungen einen *Selektionsvorteil* erbracht hat. Die Bakterien waren *prädisponiert*.

Hauptsächlich bei diploiden Organismen ist *Prädisposition* gut möglich. Hier können rezessive Allele über lange Zeiträume im Genpool verweilen. In heterozygoten Organismen unterliegen sie nicht der Selektion. Bei Änderung der Umweltbedingungen können sie dem homozygoten Träger Selektionsvorteile verschaffen.

Sexuelle Selektion

„Wenn Männchen und Weibchen einer beliebigen Tierart dieselben allgemeinen Lebensgewohnheiten aufweisen, sich aber in Gestalt, Farbe oder Körperschmuck unterscheiden, dann wurden solche Unterschiede vor allem durch *sexuelle Selektion* bewirkt." So versuchte DARWIN im letzten Jahrhundert das unterschiedliche Aussehen der Geschlechter *(Sexualdimorphismus)* zu erklären. Er postulierte zwei verschiedene Selektionsformen: Erstens den *Kampf der Männchen (intrasexuelle Selektion)* um den Zugang zu Weibchen oder zu Ressourcen, die für Weibchen und deren Jungenaufzucht überlebensnotwendig sind und zweitens die *Wahl der Paarungspartner durch Weibchen (intersexuelle Selektion).* Während die erste Selektionsform kampfkräftige Männchen hervorbringt, ist zu erwarten, dass Weibchen vor allem auf Eigenschaften selektieren, die Überlebensfähigkeit signalisieren.

Kampf der Männchen (Rothirsche)

Zur Fortpflanzungszeit im Oktober beginnen männliche Rothirsche, die fast doppelt so schwer wie Weibchen sind, sich auf den Brunftplätzen den Zugang zu kleinen Weibchengruppen zu erkämpfen. Sie besitzen unterschiedlich große Geweihe, die jährlich neu auswachsen. Hirsche kämpfen meist gegen Partner mit annähernd gleich großem Geweih. Während der Auseinandersetzungen, die aus *Röhrduellen* und *Parallelgehen* bestehen, schätzen die Partner die Kampfkraft des Gegners ein und der Unterlegene kann jederzeit aufgeben (Abb. 1). Gegner scheinen u. a. die Geweihgröße zu beachten. Kampferfolg und Fortpflanzungserfolg hängen vom Geweihgewicht ab und dies wiederum von Körpergröße und Körpergewicht. Zum Ende der Brunft verlieren die durch die Kämpfe geschwächten Platzhirsche immer häufiger, was zeigt, dass der Herausforderer am Gegner nicht nur die Geweihgröße beachtet, sondern auch Lautstärke und Häufigkeit des Röhrens (Rufens).

Das Gewicht und damit die Geweihgröße und der Fortpflanzungserfolg eines ausgewachsenen männlichen Hirsches hängen von seinem Gewicht zum Zeitpunkt der Entwöhnung von der Muttermilch ab. Ranghohe Hirschkühe verhalten sich so, als ob sie dies wüssten. Ranghohe Mütter sind besser ernährt als rangniedere, da sie diese aufgrund ihres kräftigeren Körperbaus von den besten Futterstellen vertreiben können. Dadurch können sie ihre Söhne besser ernähren, die dementsprechend beim Abstillen selber kräftiger und infolgedessen im Kampf erfolgreicher sein werden. Ranghohe Weibchen stillen Söhne häufiger und länger als ihre Töchter, während rangniedere ihre Töchter besser versorgen (s. Randspalte). Es ist zu erwarten, dass die Selektion bei den Müttern diejenigen Verhaltensweisen begünstigt, die unter gegebenen Umständen zu den meisten Enkeln führen. Da ein ranghoher, erfolgreicher Sohn viel mehr Nachkommen zeugen kann als eine ranghohe Tochter, verhält sich eine ranghohe Mutter, die ihre Söhne besser versorgt, *adaptiv*. Da andererseits ein rangniederer Sohn weniger oder gar keine Nachkommen zeugen kann, die rangniedere Tochter aber fast soviele wie ein ranghohes Weibchen, verhalten sich rangniedere Weibchen adaptiv, wenn sie ihre Töchter besser versorgen.

Wahl der Paarungspartner durch Weibchen (Rauchschwalben)

Eine der gründlichsten Untersuchungen zur Wahl durch Weibchen hat man an europäischen Rauchschwalben durchgeführt. Diese überwintern in Afrika. Männchen kehren im Frühjahr als erste zurück und erkämpfen sich Brutreviere von wenigen Quadratmetern. Rauchschwalben brüten als Einzelpaare

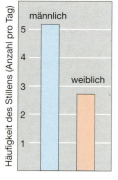

Stillhäufigkeit von 17 männlichen und 10 weiblichen Hirschkälbern, die jeweils für einen Tag im Juli und im August beobachtet wurden

adaptiv
(lat. *adaptare* = anpassen)
= angepasst

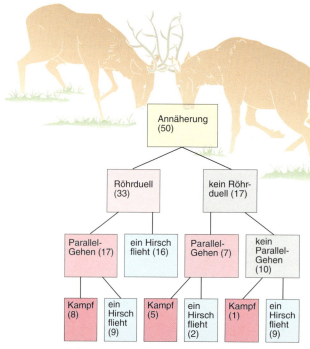

1 Auseinandersetzungen in der Brunft

Rauchschwalben

oder in Kolonien und fangen fliegende Insekten. Männchen besitzen längere Schwanzfedern als Weibchen.

Nachdem die Männchen ihre Reviere erkämpft hatten und bevor die Weibchen aus den Winterquartieren ankamen, fing man mehrere Tiere ein. Man schnitt einer Gruppe ein 2 cm langes Stück aus den äußeren, längsten Schwanzfedern und klebte es einer zweiten Männchengruppe ein. So besaßen einige rund 8 cm, andere rund 12 cm lange Schwanzfedern. Kontrollgruppen schnitt man die Federn auseinander und klebte sie wieder zusammen. Männchen mit verlängerten Schwanzfedern fanden unter den eintreffenden Weibchen schneller eine Partnerin (Abb. 1). Es ließ sich nachweisen, dass Weibchen ihre Partner ausschließlich nach der Länge der Schwanzfedern beurteilten.

Welche Selektionsvorteile ergeben sich für die Männchen mit den längeren Schwanzfedern? Da sie früher eine Partnerin finden, beginnen sie eher mit dem Brüten und können dadurch im gleichen Jahr eine zweite, manchmal sogar eine dritte Brut großziehen. Außerdem erhöht sich die Wahrscheinlichkeit, dass er die Partnerin eines Nachbarn „verführen" kann, d. h. eines oder mehrere andere Weibchen mit ihm kopulieren. Männchen mit verkürzten Schwanzfedern bewachten ihre Weibchen intensiver als Männchen mit normalen Schwanzfedern. Insgesamt hatten langschwänzige Schwalbenmännchen durchschnittlich etwa acht flügge Jungtiere im Jahr, die Kontrollgruppen rund fünf und Männchen mit verkürzten Federn nur drei.

Welchen Vorteil haben die Weibchen? Einerseits nimmt die Schwanzlänge der Männchen in den ersten Lebensjahren und mit einem guten Ernährungszustand zu, andererseits bei Parasitenbefall ab. Um dies zu testen hat man im Experiment einige Männchen gegen Milben behandelt und andere mit zusätzlichen Milben versehen. Dies bewirkte, dass nach der Mauser im Vergleich zu den ausgefallenen Federn bei der erstgenannten Gruppe längere und bei der zweiten Gruppe kürzere Schwanzfedern nachwuchsen (Abbildung 2). Längere Schwanzfedern signalisieren also ein älteres, d. h. erfahrenes, erfolgreiches und gesundes Männchen.

Wie die Wahl von Männchen mit unnatürlich langen Schwanzfedern belegt, müsste die Selektion durch Weibchen den Männchen immer längere Schwanzfedern anzüchten. Männchen mit verlängerten Schwanzfedern können aber nur noch kleinere Insekten fangen. Sie sind durch die langen Federn in ihrer Flugfähigkeit behindert und demzufolge sinkt ihre Lebenserwartung drastisch. Die Schwanzfederlänge der Rauchschwalbenmännchen stellt also einen Kompromiss zwischen den Forderungen der *sexuellen* und anderer *Selektionfaktoren* dar.

Aufgaben

① Erläutern Sie die Selektionsfaktoren, welche die Ausbildung großer Geweihe förderten.

② Fassen Sie zusammen, warum es für ranghohe bzw. rangniedere Weibchen biologisch sinnvoll ist, Söhne bzw. Töchter besser zu versorgen.

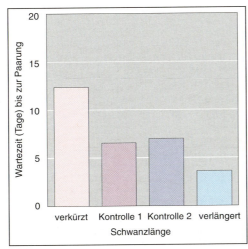

1 Wartezeit bis zur Paarung

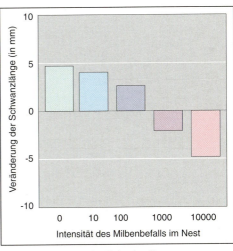

2 Veränderungen der Schwanzlänge

1 Buschblauhäher

Verwandtschaft und Selektion

Die Beobachtung, dass manche Tiere, wie z. B. Ameisen und Bienen, anscheinend selbstlos handeln, indem sie anderen helfen und auf Fortpflanzung verzichten, war für DARWIN eigentlich unfassbar. Einige Fälle erschienen ihm so unerklärlich, dass er glaubte, seine Theorie des *Survival of the Fittest* umwerfen zu müssen. Sein Problem, aus heutiger Sicht, war: Wie können sich Gene in einer Population ausbreiten, die einen teilweisen oder gänzlichen Verzicht auf eigene Fortpflanzung bewirken? Verglichen mit Tieren, die sich selbst fortpflanzen, müssten selbstlos handelnde Tiere selektionsbenachteiligt sein, da sie ihre Gene nicht oder nur selten weitergeben. Dass DARWIN, hätte er seine Studien weiter getrieben, die Lösung seines Problems hätte finden können, sei im Folgenden an zwei Beispielen gezeigt.

Fallbeispiel Bruthelfer

Bei den *Buschblauhähern*, die in Florida im Gestrüpp von Eichen brüten, sind aufgrund der dichten Bevölkerung Reviere und Brutplätze, die von den Männchen gehalten werden, knapp. Bei dieser Vogelart hat man beobachtet, dass bis zu sechs erwachsene Vögel brütende Paare, in der Regel ihre Eltern, bei der Aufzucht der Jungen im Nest unterstützten.

Diese sog. *Bruthelfer* sind meist junge Tiere. Sie bringen bis zu 30 % des Futters für die Jungen. Da diese aber insgesamt nicht mehr Futter benötigen, werden die Eltern bei der Futtersuche entlastet, sodass deren Sterblichkeit von 20 % auf 13 % sinkt. Durch die Mitarbeit der Helfer bei Warnung und Verteidigung der Nesthocker steigt die Überlebensrate der Jungen von 10 % auf 15 %.

Stirbt der Revierinhaber, wandern die weiblichen Helfer ab, ein männlicher Helfer jedoch besetzt sofort das frei gewordene Revier und gibt seine Helferrolle auf.

Der Biologe HAMILTON fand 1963 eine Erklärung für den „Verzicht auf eigene Fortpflanzung" mit der Theorie der *Verwandtenselektion*. Er überlegte, dass in Verwandten die Kopien eigener Allele stecken und Tiere zur Ausbreitung eigener Erbinformationen auch dadurch beitragen können, dass sie Verwandten helfen, länger zu überleben und sich zu vermehren (z. B. durch Warnrufe) oder ihnen bei der Aufzucht der Jungen helfen. Erbanlagen, die Helferverhalten verursachen, können sich umso schneller ausbreiten, je größer die Wahrscheinlichkeit ist,

---

Der Verwandtschaftsgrad

Grundlage für die Theorie der Verwandtenselektion ist die Überlegung, dass in verwandten Individuen Kopien gleicher Allele stecken. Der *Verwandtschaftsgrad* (r) gibt an, wie wahrscheinlich es ist, ein bestimmtes Allel eines Individuums auch in einem anderen zu finden. Da jedes diploide Lebewesen normalerweise aus der Verschmelzung zweier haploider Gameten entsteht, hat es 50 % (r = 0,5) seiner Allele mit dem Vater und 50 % seiner Allele mit der Mutter gemeinsam. Die Wahrscheinlichkeit, dass ein gesuchtes Allel bei der Meiose weitergegeben wird, ist 0,5. Daher werden Geschwister in der Hälfte aller mütterlichen Allele ($1/2 \times 0,5$) und der Hälfte aller väterlichen Allele ($1/2 \times 0,5$) übereinstimmen, sodass sie insgesamt in $1/2 \times 0,5 + 1/2 \times 0,5 = 0,5$ aller Allele übereinstimmen. Ist L die Anzahl der Generationen, die zwischen zwei verglichenen Lebewesen in direkter Linie liegen, berechnet sich der Verwandtschaftsgrad als $r = 0,5^L$.

Erbanlagen, die dazu führen, dass deren Kopien in Verwandten gefördert werden, können sich umso besser in der Population ausbreiten, je näher verwandt die unterstützten Individuen sind. Die genetischen Grundlagen für „selbstloses" Verhalten breiten sich nach HAMILTON dann in einer Population aus, wenn die Kosten (K) für den Selbstlosen geringer sind als der Nutzen (N) für den Unterstützten, multipliziert mit dem Verwandtschaftsgrad. (HAMILTON-Ungleichung: $K < r \times N$)

dass im Unterstützten Kopien dieser Anlagen stecken. Dies ist umso wahrscheinlicher, je näher der Unterstützte mit dem Helfer verwandt ist. Genetische Anlagen, die dazu führen würden, dass auch Nichtverwandten geholfen wird, die diese Anlagen mit großer Wahrscheinlichkeit nicht besitzen, wären selektiv benachteiligt und müssten aus dem Genpool verschwinden. Tiere können also Erbanlagen entweder dadurch vermehren, dass sie sich selber fortpflanzen *(direkte Fitness)* oder indem sie Verwandte unterstützen *(indirekte Fitness)*. Beide Anteile zusammen bezeichnet man als *Gesamtfitness*.

Aus der Tatsache, dass Tiere zu helfen aufhören, sobald sie ein Revier besetzen können, wird erkennbar, dass sie nicht auf eigenes Brüten „verzichtet" haben, sondern daran durch Reviermangel gehindert wurden. Bruthilfe war also nicht Alternative zum Brüten sondern zum Nichtbrüten. Aus dieser Sicht haben Helfer im Vergleich zu Nichthelfern einen Selektionsvorteil, da sie die höhere Gesamtfitness erreichen.

Fallbeispiel Bienenarbeiterinnen

Mithilfe der Theorie der Verwandtenselektion kam man auch dem Verständnis der Evolution von Bienenarbeiterinnen näher, die keine eigenen Nachkommen produzieren und stattdessen der Königin helfen, weitere Arbeiterinnen (ihre Schwestern) großzuziehen. Die Lösung liegt in den Verwandtschaftsverhältnissen aufgrund der besonderen Geschlechtsbestimmung. Bienenköniginnen können Spermienzellen speichern und besamte oder unbesamte Eizellen ablegen. Aus unbesamten, haploiden Eizellen entstehen haploide Männchen, die Drohnen. Besamte Eizellen führen zu diploiden Töchtern, die durch das Futter entweder zu sterilen Arbeiterinnen oder zur fruchtbaren Königin werden (Abb. 1). Der Verwandtschaftsgrad zwischen zwei Tieren wird daran gemessen, wie groß die Wahrscheinlichkeit ist, dass ein bestimmtes Allel eines Tieres in einem anderen vorkommt (Abb. 2). Da Söhne der Königin in der Meiose jeweils einen Chromosomensatz von zwei vorhandenen erhalten, ist statistisch zu erwarten, dass jeder zweite Sohn das gleiche Allel erhält, d.h. die Wahrscheinlichkeit, ein Allel eines Sohnes in einem Bruder zu finden, ist 0,5 ($^1/_2$). Da Drohnen haploid sind, enthalten alle Spermien eines Männchens diesen Chromosomensatz, d.h. alle Töchter erhalten vom Vater die gleichen Erbanlagen. Da außerdem durch die Verteilung der Allele während der Meiose die Chromosomensätze der Eizellen zur Hälfte übereinstimmen, beträgt der Verwandtschaftsgrad bei Schwestern 0,75.

An eigene Nachkommen würden Arbeiterinnen, könnten sie sich fortpflanzen, einen Chromosomensatz abgeben, d. h. sie wären mit ihnen weniger eng verwandt (r = 0,5) als mit ihren Schwestern. Arbeiterinnen tragen durch ihr Helferverhalten also mehr zur Verbreitung ihrer Gene in der Population bei als durch die Produktion eigener Nachkommen.

Aufgabe

1. Aus evolutionsbiologischer Sicht ist zu erwarten, dass Tiere, die verschiedene Verhaltensalternativen (Taktiken) ausführen können, immer das Verhalten zeigen, das unter den gegebenen Umständen den höchsten Fortpflanzungserfolg hat. Die Untersuchungsergebnisse an den Buschblauhähern bestätigen dies. Erfahrene Eltern ziehen ohne Hilfe im Jahr durchschnittlich 1,62 Junge groß, mit Unterstützung eines Helfers sind es 1,94. Die Anzahl der von einem erstmalig allein brütenden Paar aufgezogenen Jungen liegt dagegen bei durchschnittlich 1,36.
   a) Belegen Sie die erste Aussage des Textes und begründen Sie ihn mit dem Begriff der Gesamtfitness.
   b) Belegen Sie anhand des oben genannten Zahlenmaterials, dass sich Bruthelfen als Alternative zum Nichthelfen ohne Revierbesitz evolutiv durchsetzen konnte.

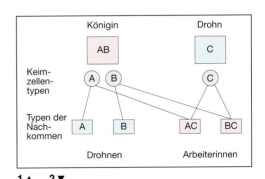

1 ▲ 2 ▼

	Übereinstimmung mit ihren Schwestern	
Allelkombinationen von Arbeiterinnen	AC	BC
AC	1	$^1/_2$
BC	$^1/_2$	1
Verwandschaftsgrad der Arbeiterinnen		

Künstliche Selektion — Die Tier- und Pflanzenzucht

Chihuahuahund

Die Veränderung von Arten durch die Einwirkung der verschiedenen Evolutionsfaktoren ist die Voraussetzung für die Entstehung neuer Arten. Da die Artumwandlung bzw. die Artneubildung sehr lange Zeiträume erfordern, sind sie im Allgemeinen nicht direkt beobachtbar, sondern können nur aus Fossilfunden oder aus dem Vergleich heute lebender Arten erschlossen werden. Die Züchtung von Haustieren oder Nutzpflanzen zeigt Evolutionsvorgänge, die in geschichtlicher Zeit abgelaufen sind und daher der direkten Beobachtung und sogar dem Experiment zugänglich sind. Beispielsweise kann unter genau definierten Selektionsbedingungen experimentiert werden.

Die Veränderungen der Haustiere durch den Menschen umfassten nicht nur anatomische Merkmale, wie die Körpergröße und die Wuchsform, sondern auch physiologische Merkmale, wie Milchproduktion und Eintritt der Geschlechtsreife. Selbst ethologische Merkmale wurden beeinflusst. Beispielsweise können Pointer (eine Hunderasse) das erlegte Wild nicht mehr greifen, sondern nur auf dieses hinweisen.

Vergleicht man die unterschiedlichen Arten von Haustieren mit ihren wildlebenden Stammformen, so stellt man immer gleiche, typische Veränderungen fest: Haustiere haben geringere Hirngewichte (Abb. 1). Dabei zeigen genauere Untersuchungen, dass bei Arten mit hoch entwickelten Gehirnen (Katzen, Hunde) die relative Abnahme der Gehirngewichte stärker ist als bei Arten mit einfacheren Gehirnen (Nagetiere, Hasen). Untersucht man die Abnahme der Gehirnvolumina getrennt nach den verschiedenen Gehirnabschnitten, so zeigt sich beim Endhirn die stärkste Abnahme, während sich Mittelhirn und Nachhirn kaum verändern.

Die Fruchtbarkeit der Haustiere ist höher. Sie werden früher geschlechtsreif, sind häufiger brünstig und haben pro Wurf eine höhere Zahl an Jungtieren. Die Ovarien der Weibchen sind größer und enthalten mehr Primärfollikel. Häufig treten auch Hängeohren auf, wie z. B. bei Schweinen und Kaninchen. Die Zähne sind oft schwächer, der Gesichtsschädel ist kürzer. Der Aggressionstrieb und das Bewegungsbedürfnis sind weniger ausgeprägt als bei vergleichbaren Wildformen. Diese unter natürlichen Bedingungen nachteiligen Eigenschaften sind bei der Tierhaltung vorteilhaft.

Bei Pflanzen können alle Pflanzenorgane durch Züchtung stark verändert werden: Beim Rhabarber sind die Blattstiele verstärkt, beim Wirsing dagegen die Blattspreite, beim Blumenkohl die Achsen der Blütenstände und bei der Zuckerrübe die Wurzel. Bei der Kartoffelknolle handelt es sich um unterirdisch wachsende verdickte Sprosse (s. Randspalte). Bei der Pflanzenzucht konnten sogar extreme Zuchtziele verwirklicht werden: Bananen bilden Früchte, ohne dass es vorher zu einer Befruchtung gekommen ist *(Apokarpie)*. Bananen bilden keinen Samen mehr, müssen also durch ungeschlechtliche Fortpflanzung vermehrt werden, indem vom Rhizom der Mutterpflanze Schösslinge abgetrennt werden. Auch manche Sorten von Zitrusfrüchten sind kernlos, d. h. sie bilden keine Samen mehr.

Bei Pflanzen lässt sich der Erfolg der Züchtung leicht quantitativ auswerten, in einigen Fällen lässt sich sogar die Abhängigkeit des Zuchterfolgs von der Dauer der Züchtung erfassen (s. Randspalte).

Ähnlich wie bei Tieren zeigt sich auch in der Pflanzenzucht eine hohe Variabilität der Merkmalsausbildung. Das beeindruckendste Beispiel ist der Kohl *(Brassica oleracea,* Abb. 47.1). Auch bei der Pflanzenzucht zeigen sich generelle Entwicklungstendenzen: So kommt es häufig zu Riesenwuchs, ein typisches Beispiel zeigt der Vergleich der Kulturform der Tomate mit der entsprechenden Wildform (Randspalte, Seite 47). Nutzpflanzen weisen oft einen Verlust an Giftstoffen

Kartoffelknollen

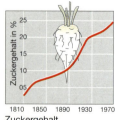

Zuckergehalt der Zuckerrübe

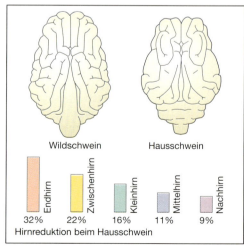

1 Domestikationsbedingte Gehirnrückbildung

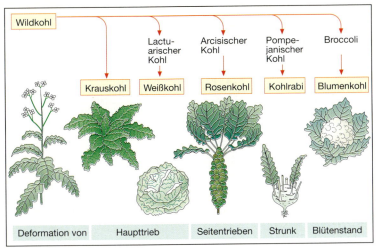

1 Zuchtformen des Wildkohls

Tomate,
Wild- und Kulturformen

und Bitterstoffen auf, die Pflanzen sind dadurch empfindlicher gegen Parasiten und Fressfeinde. Oft kommt es zu einer Verringerung des Keimverzugs, d. h. die Samen keimen schon kurze Zeit nach der Reife. Dadurch keimen die Samen alle gleichzeitig.

Die Ergebnisse der Tier- und Pflanzenzucht lassen wichtige Schlussfolgerungen für die Evolutionstheorie zu: Populationen von Tieren und Pflanzen beinhalten eine hohe Mannigfaltigkeit an Entwicklungsmöglichkeiten, die unter dem Einfluss natürlicher Umweltbedingungen nicht überleben können. Die Tier- und Pflanzenzucht beruht außer auf der großen Variabilität der Merkmale auch auf dem hohen Überschuss an Nachkommen. Der Züchter wählt nun Individuen zur Weiterzucht aus, die aus seiner Sicht vorteilhafte Merkmalskombinationen aufweisen: Diese Auswahl nennen wir *künstliche Zuchtwahl* oder *künstliche Selektion*. Sie führt schneller zu evolutiven Änderungen als die natürliche Zuchtwahl. Die durch die künstliche Zuchtwahl hervorgerufene Entstehung von Haustieren bzw. Nutzpflanzen aus den entsprechenden Wildformen bezeichnet man als *Domestikation*.

Haustiere und Nutzpflanzen entstanden aus kleinen Teilpopulationen freilebender Arten. Dadurch dass der Mensch seine Haustiere von den Wildpopulationen isolierte, wurde der Genaustausch unterbrochen. In derart kleinen Populationen wirken sich Veränderungen der Lebensbedingungen schneller aus als in den meist viel größeren Wildpopulationen. Da der Mensch bei der Auswahl seiner Pflanzen und Tiere stets nur relativ wenige Individuen aus der natürlichen Population entnahm, waren sicher nicht alle genetischen Möglichkeiten der Wildpopulation repräsentiert.

Der Mensch war bei der Züchtung nicht in der Lage, bestimmte Gene gezielt zu verändern. Die Veränderungen der Tiere und Pflanzen können deshalb als Anpassungen an bestimmte vom Menschen geschaffene Umweltbedingungen angesehen werden. Es gibt keinen Grund für die Vermutung, dass die Faktoren, die diese Anpassung bewirkten, grundsätzlich andere sein könnten als die, die unter natürlichen Bedingungen Anpassungen hervorrufen. Die Züchtung hat bisher bei Pflanzen und Tieren im Allgemeinen nur zur Bildung neuer Sorten bzw. Rassen, nicht aber zur Bildung neuer Arten geführt. Sie zeigt trotzdem modellmäßig die hohe Variabilität der verschiedenen Arten und die Anpassungsfähigkeit an bestimmte Umweltbedingungen.

Aufgaben

① Vergleichen Sie in Stichworten oder in einer Tabelle natürliche und künstliche Zuchtwahl.

② „Züchtung zeigt die Leistungsfähigkeit der Evolutionsfaktoren Mutation, Rekombination und Selektion." Nehmen Sie zu diesem Zitat Stellung.

③ Viele Merkmale, die sich unter den vom Menschen geschaffenen Bedingungen als vorteilhaft erweisen, wären unter natürlichen Bedingungen nachteilig. Erläutern Sie dies. Berücksichtigen Sie dabei auch das Beispiel der reduzierten Keimungsverzögerung bei Nutzpflanzen.

④ Nehmen Sie zu der Aussage Stellung, der Mensch habe nicht nur Tiere und Pflanzen domestiziert, sondern auch sich selbst.

⑤ Informieren Sie sich über die Bedeutung der verschiedenen Gehirnabschnitte. Entwickeln Sie eine Hypothese, die die Rückbildung der verschiedenen Gehirnabschnitte bei der Domestikation erklärt.

⑥ Informieren Sie sich in einem Lehrbuch der Genetik über die verschiedenen Methoden der Tier- und Pflanzenzucht. Stellen Sie die Zuchtziele des Menschen für je zwei Beispiele aus der Tier- und Pflanzenzucht zusammen.

⑦ Informieren Sie sich in einem Lehrbuch der Geschichte, welche Bedeutung die Züchtung von Haustieren und Nutzpflanzen für die Entstehung der ersten Hochkulturen hatte.

Evolution

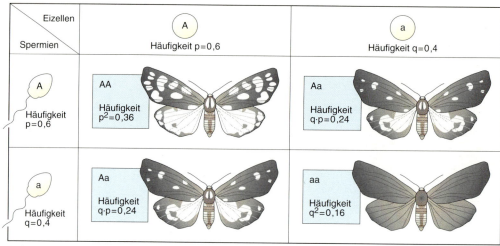

1 Schema zur Ermittlung der Genotypenfrequenz in der F_1-Generation

Populationsgenetik

Evolutionsfaktoren verändern Populationen. Beispielsweise kann Selektion die Häufigkeit umweltangepasster Phänotypen in einer Population erhöhen. Bei diesem Prozess ändert sich zugleich die Häufigkeit bestimmter Allele im Genpool. Mit diesem Aspekt beschäftigt sich die *Populationsgenetik*. Sie untersucht mit statistischen Methoden Art und Häufigkeit von Allelen in Populationen.

Der englische Mathematiker GEORGE HARDY und der deutsche Arzt WILHELM WEINBERG entwickelten 1908 unabhängig voneinander eine Methode, mit der die Häufgkeit von Allelen und Phänotypen in einer Population bestimmt werden können. Sie nahmen dabei starke Vereinfachungen vor, indem sie von folgenden Bedingungen ausgingen:
— Die Anzahl der Individuen ist so groß, dass Tod und Geburt einzelner Individuen praktisch keine Änderung der Allelhäufigkeiten bewirken.
— Alle Individuen können sich beliebig paaren *(Panmixie)*.
— Kein Genotyp hat gegenüber einem anderen einen Selektionsvorteil.
— Mutationen treten nicht auf.
— Es gibt keine Zu- oder Abwanderung von Individuen.

Eine Population mit diesen Eigenschaften heißt *Idealpopulation*.

Betrachten wir als Beispiel ein Gen eines Schmetterlings, das in zwei Allelen A und a vorliegt: Die Flügel sind beim Genotyp aa ungefleckt, beim Genotyp Aa schwach gefleckt und beim Genotyp AA stark gefleckt. In einer zunächst künstlich zusammengestellten Elternpopulation mit 100 Tieren, die alle homozygot sind, sind 60 Tiere stark gefleckt und 40 ungefleckt. In dieser Population existieren 200 Allele für die Flügelmusterung, 120 vom Typ A. Dieser Anteil von 60% ist zugleich die *relative Häufigkeit* p des Allels A in der Population. Sie wird auch als *Allelfrequenz* bezeichnet. Hier ist p = 60% = 0,6. Das Allel a existiert 80-mal in der Population mit der relativen Häufigkeit q = 40% = 0,4. Bei zwei Allelen gilt also stets die Gleichung:

$$p + q = 100\% = 1$$

Die Werte von p und q bestimmen zugleich die relative Häufigkeit, mit der die Allele a und A in allen Gameten auftreten, die von den Tieren gebildet werden. Pflanzt sich die Elterngeneration fort, so kommen die Allele A und a in die F_1-Generation. Hier entspricht die Häufigkeit der Allele genau der, mit der sie in den Gameten vertreten sind, aus denen die F_1-Generation hervorgeht.

Daraus folgt, dass in der F_1-Generation dieselben Allelfrequenzen auftreten wie in der Elterngeneration. Diese ändern sich auch in den Folgegenerationen nicht mehr. Damit kommt man zu der fundamentalen Aussage: *In der Idealpopulation bleibt die Allelfrequenz und damit der Genpool konstant.*

Wenn man nun die Häufigkeit kennt, mit der die Allele A und a auftreten, dann weiß man jedoch noch nicht, mit welcher Häufigkeit die Genotypen AA, Aa und aa in der F_1-Generation vertreten sind. Zur Ermittlung dieser *Ge-*

Wahrscheinlichkeitsrechnung

Die Wahrscheinlichkeit für das Würfeln einer Eins mit einem Würfel ist $1/6$.

Die Wahrscheinlichkeit dafür, dass mit zwei Würfeln bei einem Wurf zweimal Eins auftritt, ist das Produkt der Einzelwahrscheinlichkeiten: $1/6 \times 1/6 = 1/36$.

Hardy-Weinberg-Regel

$p^2 + 2pq + q^2 = 1$
Genotypenfrequenzen

$p + q = 1$
Allelfrequenzen

notypenfrequenzen muss das Kombinieren der Allele bei der Zygotenbildung statistisch untersucht werden. Dieser Vorgang ist mit den Zufallsereignissen beim Würfeln vergleichbar. Ein Wurf mit nur einem Würfel entspricht dem Ereignis, dass ein beliebiger Gamet in der Population zur Fortpflanzung gelangt, ein Wurf mit zwei Würfeln, dass zwei Gameten eine Allelkombination bilden.

Die Wahrscheinlichkeit für das Vorhandensein eines einzigen Allels in einer Keimzelle ist so groß wie seine relative Häufigkeit. In unserem Beispiel ist die Wahrscheinlichkeit für das Antreffen eines Gameten mit dem Allel A 0,6 und 0,4 für das Allel a. Die Wahrscheinlichkeit für das Zustandekommen des Genotyps AA beträgt $p \times p = 0{,}6 \times 0{,}6 = 0{,}36$. Dementsprechend werden 36 % der Nachkommen diesen Genotyp aufweisen. Die Wahrscheinlichkeit für aa beträgt $q \times q = 0{,}16$. Den Anteil der Heterozygoten entnimmt man dem Schema $p \times q + q \times p = 2 \times p \times q = 2 \times 0{,}6 \times 0{,}4 = 0{,}48$.

Für die Genotypenhäufigkeit in der F_1-Generation gilt:

$$p^2 + 2pq + q^2 = 1$$

Diese Beziehung zwischen der relativen Häufigkeit von Allelen und Genotypen heißt *Hardy-Weinberg-Regel*. Sie zeigt, dass die Genotypenhäufigkeiten und damit auch die Häufigkeiten der möglichen Phänotypen ausschließlich durch die Allelfrequenzen p und q bestimmt werden. Diese bleiben unter den vorausgesetzten idealen Bedingungen unverändert; es tritt also keine Evolution auf.

Wendet man die Hardy-Weinberg-Regel auf die Elternpopulation der Schmetterlinge an, so würde man einen Heterozygotenanteil von 0,48 berechnen, der in der Elterngeneration gar nicht existiert. Die Ursache ist die künstliche Zusammensetzung der Anfangspopulation in unserem Beispiel, in der nur homozygote Individuen vorkommen. Dies ist in der Natur so nicht möglich. Erst ab der F_1-Generation ist die Population im *Hardy-Weinberg-Gleichgewicht*. Dann erhält man mit den Werten für p und q die tatsächlichen Häufigkeitswerte für die Phänotypen.

Die Hardy-Weinberg-Regel gilt streng nur unter den idealen Voraussetzungen, die in natürlichen Populationen nie realisiert sind. Deshalb treten unter natürlichen Bedingungen immer Genpooländerungen auf; es findet Evolution statt. Dennoch kann man näherungsweise auf einzelne Allele in realen Populationen die Hardy-Weinberg-Regel anwenden. Brauchbare Ergebnisse erzielt man, wenn sich die Populationen näherungsweise im Gleichgewicht befinden, hinreichende Größe für statistische Aussagen besitzen und mit kleinen Generationszahlen gearbeitet wird.

Aufgabe

(1) In einer Drosophilapopulation hat jedes hundertste Tier zinnoberrote Augen. Dieses Merkmal ist gegenüber normal roten Augen rezessiv. Bestimmen Sie die Anzahl der heterozygoten Tiere in der Population mit 2000 Individuen. Welcher Anteil an Heterozygoten ist in der nächsten Generation zu erwarten? Begründen Sie.

Anwendungsbeispiele für die Hardy-Weinberg-Regel

Die Regel wird häufig verwendet, um bei dominant-rezessiv wirkenden Allelpaaren den Anteil von Heterozygoten (Aa) zu ermitteln, die sich phänotypisch nicht von Homozygoten (AA) unterscheiden.

In einer Population von 1600 Hasen sind 4 Tiere, die die rezessive Fellfarbe „weiß" besitzen. Nun soll die Anzahl der homozygoten und der heterozygoten schwarzen Tiere berechnet werden.

Relative Häufigkeit des Genotyps aa:
$q^2 = 4/1600 = 1/400 = 0{,}0025 = 0{,}25\,\%$

Allelfrequenz von a:
$q = \sqrt{(1/400)} = 1/20 = 0{,}05 = 5\,\%$

Allelfrequenz von A:
$p = 1 - q = 1 - 1/20 = 19/20 = 0{,}95 = 95\,\%$

Relative Häufigkeit des Genotyps AA:
$p^2 = (19/20)^2 = 0{,}9025 = 90{,}25\,\%$

Absolute Häufigkeit des Genotyps AA:
$p^2 \times 1600 = 0{,}9025 \times 1600 = 1444$
(schwarz, homozygot)

Relative Häufigkeit des Genotyps Aa:
$2pq = 2 \times (19/20) \times (1/20) = 0{,}095 = 9{,}5\,\%$

Absolute Häufigkeit des Genotyps Aa:
$2pq \times 1600 = 0{,}095 \times 1600 = 152$
152 der 1596 schwarzen Hasen sind heterozygot.

Evolution

Modellspiel zur Wirkung der Selektion

Im Modellspiel lässt sich das Wirken der Selektion auf eine Population nachvollziehen. Als Merkmal dient die Körperfärbung des Birkenspanners (s. Seite 38). Je nach Übereinstimmung zwischen der Farbe der Baumrinden und der Körperfärbung der Tiere ist die Qualität der Tarnung und der Schutz vor Fressfeinden verschieden.

Material: Rauhfasertapete, schwarze Tinte, Pinsel, Locher, schwarzer Karton oder Fotopapier, weißer Karton, Schälchen, Protokollbögen (s. Abb.).

Materialvorbereitung

Zwei Tapetenbahnen von 1 m Länge werden mit schwarzen Farbtupfen versehen. Die erste Bahn erhält einen hohen Schwarzanteil. Sie gibt die Färbung der Baumrinden nach der Industrialisierung wieder. Die zweite Bahn behält einen hohen Weißanteil und stellt so die Baumrinden nach Verbesserung der Luftqualität dar.

Aus schwarzem und weißem Karton stanzt man mit dem Locher je 100 Plättchen aus. Sie stellen die dunkel und hell gefärbten Birkenspanner dar.

Man breitet die vorbereiteten Tapetenbahnen auf einem Tisch aus. Auf diesen Unterlagen, die die Umwelt der Birkenspanner darstellen, werden weiße und schwarze Spielplättchen verteilt. Falls sich diese von ihrer Umgebung zu deutlich abheben, wird die Raumbeleuchtung etwas gedämpft.

Spielvorbereitung

Das Spiel wird von Kleingruppen durchgeführt. Sie bestehen aus einem Spielleiter und 3–5 Mitspielern, den „Beutegreifern". Das Selektionsspiel beginnt mit der dunkleren Unterlage, auf die der Spielleiter 50 weiße und 50 schwarze Plättchen möglichst gleichmäßig verteilt. Dabei dürfen die „Beutegreifer" nicht zuschauen.

Durchführung

— Das Spiel beginnt auf Anweisung des Spielleiters. Jeder der Mitspieler ist ein Beutegreifer, sammelt schnellstmöglich einzeln Plättchen auf und legt sie in ein Schälchen.
— Die Anzahl der zu sammelnden Plättchen hängt von der Anzahl der Mitspieler ab (s. Tabelle).
— Beim Einsammeln dürfen sich die Spieler nicht nach vorne beugen und nicht mit der Hand über die Unterlage streichen.
— Die nach der Sammelaktion übrig gebliebenen Plättchen sind überlebende Tiere. Sie werden von der Unterlage abgeschüttelt sowie nach Farbe geordnet und gezählt. Das Ergebnis wird protokolliert.
— Die Überlebenden können sich fortpflanzen. Die Population erreicht in der nächsten Generation wieder die alte Größe von 100 Tieren. Dazu wird jedes übrig gebliebene Plättchen entfernt und man gibt dafür 4 oder 5 neue derselben Farbe hinzu. Die Vermehrungsrate ist von der Anzahl der Mitspieler abhängig (s. Tabelle).

— Die Plättchen der so entstandenen F_1-Generation verteilt man wieder auf der Unterlage und wiederholt den Selektionsprozess. Der Vorgang wird bis zur F_3-Generation fortgesetzt und parallel dazu das Protokoll geführt.
— Ab der F_3-Generation kommen die Plättchen auf die helle Unterlage, die helle Baumrinden darstellt.
— Auf der hellen Unterlage führt man dreimal den Selektionsprozess bis zur F_6-Generation aus und überträgt die Werte ins Protokoll.

Anzahl Mitspieler	Eingesammelte Plättchen je Beutegreifer	Anzahl Nachkommen je Überlebendem
3	25	4
4	20	5
5	15	4

	Phänotyp Anzahl		Relative Allelfrequenzen	
	dunkel	hell	p	q
Untergrund	dunkel			
Startpopulation P	50	50		
Nach Selektion				
F_1-Generation				
Nach Selektion				
F_2-Generation				
Nach Selektion				
F_3-Generation				
Untergrund	hell			
Startpopulation F3				
Nach Selektion				
....	.....	.....	.....	.....

Aufgaben

① Berechnen Sie die Allelfrequenzen des Melanismus- und Wildtypallels für alle simulierten Generationen.
② Wieviel heterozygote Tiere waren in den einzelnen Generationen?
③ Zeichnen Sie jeweils ein Diagramm, das von der P-Generation bis zur F_6-Generation den zeitlichen Verlauf folgender Größen zeigt:
   a) Die Anzahl der heterozygoten Tiere.
   b) Die relativen Allelfrequenzen der beiden untersuchten Allele.
   c) Die relativen Genotypfrequenzen der drei Genotypen.
④ Diskutieren Sie die erstellten Diagramme auf der Grundlage der Spielbedingungen.

Gendrift

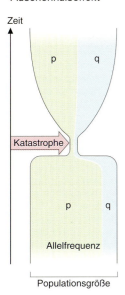

Flaschenhalseffekt

Der Pingelap-Archipel ist eine Inselgruppe im Pazifik. Hier leben etwa 1600 Eingeborene, von denen 5% farbenblind sind ($q^2 = 0{,}05$). Sie sind homozygote Träger eines rezessiven Allels a, das die Sehstörung bewirkt. Das Allel tritt auch in anderen Populationen auf; erstaunlich ist jedoch die große Häufigkeit bei dieser Inselpopulation. Die Anwendung der Hardy-Weinberg-Regel liefert für die Allelfrequenz den Wert $q = 22\%$. Das ist ein Vielfaches dessen, was in anderen Populationen beobachtbar ist.

Die Ursache für diese Besonderheit findet man in der Geschichte der Inselbevölkerung. Im späten 18. Jahrhundert starben viele Einwohner bei tropischen Wirbelstürmen und durch Hungersnot. Die Population war stark dezimiert; nur etwa 30 Personen überlebten. Wenn sich unter ihnen ein heterozygoter Träger des Allels a befand, so betrug die anfängliche Allelfrequenz $q = 1{,}7\%$. Nun ist bei kleinen Populationen, die im Wachstum sind, keine Stabilität der Allelfrequenzen zu erwarten. Es kommt vor, dass der einzige Träger eines bestimmten Allels besonders viele Nachkommen hat oder auch ganz ohne Nachkommen stirbt.

Durch solche Zufälligkeiten wird der Genpool nachhaltig beeinflusst. Diese Zufallswirkungen werden als *Gendrift* bezeichnet. Der große Anteil des Farbenblindheit-Allels ist auf Gendrift zurückzuführen, weil andere Ursachen, wie eine besonders hohe Mutationsrate oder ein Selektionsvorteil für Farbenblinde, ausscheiden.

Gendrift ist nur in kleinen Populationen möglich. Die vorübergehend geringe Populationsgröße, der *Flaschenhalseffekt*, tritt bei Feind-Beute-Beziehungen auf oder bei Organismen, die ausgeprägte Massenwechsel zeigen. Das erneute Populationswachstum kann nur mit dem genetischen Bestand der Überlebenden erfolgen. Die Wiederbesiedlung eines Lebensraumes nach einer Naturkatastrophe geht manchmal von sehr kleinen Teilpopulationen aus, die in zufälliger Zusammensetzung in einem Teilbiotop überlebt haben. Diese Organismen müssen nicht diejenigen mit der größten Fitness sein. Oft spielen Eigenschaften, die Fitness bewirken, keine Rolle für das Überleben bei Katastrophen. Im Genpool der *Gründerpopulation* sind die mitgebrachten Allele in Art und Häufigkeit keineswegs repräsentativ für den Genpool, dem sie entstammen. Dabei kann es sogar vorkommen, dass sich ehemals nachteilige Merkmale in der Population ausbreiten können, weil jetzt Konkurrenten oder Fressfeinde fehlen.

Gendrift ist in der Natur nicht direkt nachweisbar. Erst wenn alle anderen Evolutionsfaktoren zur Erklärung ausscheiden, muss man von Gendrift ausgehen. Deshalb wurden Laborversuche unternommen. An Hausmäusen wurde festgestellt, dass die Allelfrequenzen eines Hämoglobinallels in mehreren kleinen und großen Populationen im Mittel praktisch gleich groß sind. Die Tabelle zeigt jedoch, dass Unterschiede in den Allelfrequenzen zwischen kleinen Populationen stärker sind als zwischen großen Populationen. Dies wird durch den Varianzwert ausgedrückt. Zufallswirkung zeigt sich bei geringer Individuenanzahl.

Populations-größe	Anzahl unter-schiedlicher Populationen	Mittlere Allelfrequenz	Varianz der Allelfrequenz
ca. 10	29	84,9%	0,188
ca. 100	13	84,3%	0,008

Aufgaben

1. Wie viele Einwohner des Pingelap-Archipels sind heterozygote Träger des Allels für Farbenblindheit?
2. Auf einigen Inseln im Golf von Kalifornien findet man Seitenfleckenleguane mit grüner Körperfärbung, die auf den hellgrauen Granitfelsen keine Schutzfärbung darstellt. Geben Sie eine evolutionsbiologische Erklärung.

1 Seitenfleckenleguan (Normalfärbung)

Simulation von Evolutionsprozessen

Mit Computerprogrammen können evolutive Vorgänge simuliert werden. Die Daten auf dieser Seite sind das Ergebnis von Modellberechnungen. Weil Modelle immer Vereinfachungen beinhalten, geben sie reale Verhältnisse nicht in allen Einzelheiten wieder. Dennoch eignen sie sich zur Untersuchung prinzipieller Fragestellungen und zur Erarbeitung von Prognosen.

1 Generation

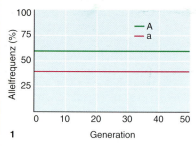

2 Generation

Abb. 1 zeigt den zeitlichen Verlauf der Frequenzen der Allele A und a über mehrere Generationen in einer Population mit 100 000 Individuen.
① Bestimmen Sie die Frequenzen der Genotypen AA, Aa und aa sowie die absolute Anzahl der Träger der zugehörigen Merkmale.
② Abb. 2 zeigt den Verlauf derselben Allelfrequenzen für eine weitere Population. Vergleichen Sie die beiden Abbildungen. Begründen Sie, welche Abbildung praktisch eine Idealpopulation beschreibt. In welcher Eigenschaft unterscheiden sich die beiden Populationen?

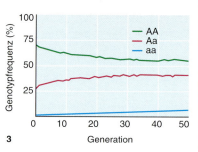

3 Generation

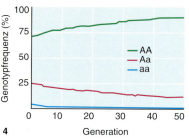

4 Generation

In einer Population tritt das Sichelzellallel a mit einer Frequenz von 15% auf. Abb. 3 und 4 zeigen den simulierten zeitlichen Verlauf der Genotypenfrequenzen für die Fälle, dass die Population in ein malariafreies bzw. in ein malariaverseuchtes Gebiet übersiedelt.
③ Begründen Sie, welches der Diagramme die Verhältnisse wiedergibt, die bei der Population im Malariagebiet eintreten werden.
④ Diskutieren Sie für beide Diagramme den Kurvenverlauf.

In einer Population mit Birkenspannern, die an helle Baumrinden angepasst sind, findet man 1% melanistische Individuen.
⑤ Berechnen Sie mit der Hardy-Weinberg-Regel, wieviel homozygote und heterozygote dunkle Tiere in einer Population mit 10 000 Individuen vorhanden sind.
⑥ Abb. 5 zeigt den zeitlichen Verlauf der Genotypfrequenzen für den Fall, dass infolge von Luftverunreinigungen die Baumrinden dunkel gefärbt werden. Erklären Sie den Verlauf der Genotypfrequenzen, insbesondere Anstieg und Abnahme beim Typ Aa.
⑦ Überlegen Sie, ob die Genotypen Aa und aa bei sehr großen Populationen unter den Selektionsbedingungen von Aufgabe 6 verschwinden können, wenn man Neumutationen ausschließt. Diskutieren Sie Ihr Ergebnis im Hinblick auf eine Umkehr der Selektionsbedingungen, wenn durch Umweltschutzmaßnahmen die Luftqualität verbessert und die Baumrinden wieder heller werden.

Mukoviszidose ist eine autosomal-rezessive Krankheit. Sie tritt etwa mit der Häufigkeit 1 : 5000 auf und kann tödlich verlaufen. Der in den Atemwegen gebildete Schleim weist einen zu geringen Flüssigkeitsgehalt auf. Weil er nur schwer abgehustet werden kann, besteht ständig die Gefahr der Lungenentzündung. Als hypothetische Maßnahme zur Verminderung der Frequenz des Mukoviszidoseallels wird angenommen, dass keiner der Merkmalsträger sich fortpflanzt. In einer Simulation wird untersucht, wie sich dadurch die Allelfrequenz in der Bevölkerung verändern würde. Es wird angenommen, dass Heterozygote keinen Selektionsvorteil besitzen. Die Tabelle zeigt das Simulationsergebnis:

Generation	Allelfrequenz
0	1,40%
5	1,26%
10	1,13%
15	1,00%
20	0,92%
25	0,87%
30	0,84%
35	0,81%

⑧ Zeichnen Sie mithilfe der Tabelle ein Diagramm, das die Abnahme des krankheitsverursachenden Allels in Abhängigkeit der Zeit zeigt. Extrapolieren Sie bis zu dem Zeitpunkt, an dem die Allelfrequenz auf die Hälfte abgenommen hat.
⑨ Bestimmen Sie die Zeitspanne, in der die Allelfrequenz auf die Hälfte absinkt. Gehen Sie von 25 Jahren Generationszeit aus.
⑩ Diskutieren Sie Auswirkung und Wert der simulierten hypothetischen Maßnahme zur Senkung der Allelfrequenz.
⑪ Mukoviszidosekranke werden heute so behandelt, dass sie eine viel höhere Lebenserwartung haben als früher. Erklären Sie, wie sich dies auf die Allelfrequenz auswirkt.

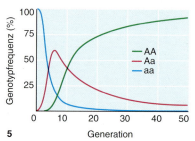

5 Generation

1 Grünspecht

2 Grauspecht

Isolation und Artbildung

Grünspecht und Grauspecht sind zwei Spechtarten, die bei uns gemeinsam Waldränder und lockere Mischwälder besiedeln. Bei flüchtiger Betrachtung kann ein auffliegender Grauspecht leicht mit der anderen Art verwechselt werden. Doch zeigen beide Spechtarten bei genauer Betrachtung deutliche Unterschiede im Gefieder. Der Grünspecht ist in vielen Schattierungen grün gefärbt, besitzt eine schwarze Gesichtsmaske und trägt eine rote Haube. Beim Grauspecht ist der Vorderkopf des Männchens rot, beim Weibchen graugrün. Das Gefieder ist an einigen Stellen grau statt grün.

Die Entstehung dieser zwei Spechtarten aus einer Art ist auf einschneidende Klimaveränderungen in der Vergangenheit zurückzuführen. Im Verlauf der letzten Kaltzeit rückten in Europa Eisfronten von Skandinavien nach Süden und von den Alpen nach Norden vor. Auf dem Höhepunkt dieser Kaltzeit vor etwa 20 000 Jahren waren die Gletscher in unserem Raum etwa 500 km voneinander entfernt und es bildete sich eine lebensfeindliche Kältesteppe aus. Es blieben für viele wärmebedürftige Arten nur Lebensräume im Südosten und im Westen Europas. Dadurch wurden Tier- und Pflanzenpopulationen in östliche und westliche *Teilpopulationen* getrennt. Diese *geographische Isolation* durch die Eisbarriere bewirkte die *genetische Isolation* der Genpools; der Genfluss war unterbrochen. Es folgte die unabhängige genetische Entwicklung der getrennten Populationen bei unterschiedlichen Umwelt- und Selektionsbedingungen. Beide Genpools wurden verändert. Dadurch entstanden zwei Unterarten, die man als *geographische Rassen* bezeichnet. Sie unterschieden sich zwar voneinander, hätten aber bei Aufhebung der Isolation zu diesem Zeitpunkt wieder zu einer Population verschmelzen können.

Nach dem Rückzug der Gletscher wurden die Gebiete wieder besiedelt. Jetzt trafen die lange Zeit getrennten Populationen wieder aufeinander, vermischten sich aber nicht. Die genetischen Differenzierungen waren so weit fortgeschritten, dass sie sich jetzt im gleichen Lebensraum nicht mehr kreuzten. Der Genfluss blieb unterbrochen. Die Isolation ermöglichte, dass sich aus einer Art zwei Arten entwickelten. Im Osten entstand der Grauspecht, im Westen der Grünspecht. Isolation kann Artaufspaltung bewirken.

Die beiden Spechtarten konkurrieren nur wenig um Nahrung. Der Grünspecht ernährt sich hauptsächlich von Ameisen. Mit seiner langen Leimrutenzunge stochert er regelmäßig in Nestern und Ameisenhaufen. Der Grauspecht hält sich häufig an Baumstämmen auf und sucht hier baumbewohnende Insekten und deren Larven. Weil asiatische Grauspechte überwiegend Bodenspechte sind, darf man annehmen, dass die europäischen Grauspechte an die speziellen Bedingungen ihres Lebensraumes angepasst wurden. Als Baumspechte stehen sie mit den bodenbewohnenden Grünspechten nicht mehr in Konkurrenz. Der evolutive Prozess, der zur Anpassung einer bestehenden Art an die speziellen Lebensbedingungen führt, heißt *Einnischung*. Eingenischte Arten haben gegenüber anderen weniger gut angepassten Arten, die denselben Lebensraum nutzen, einen Selektionsvorteil.

Bei der Aaskrähe hat die eiszeitliche Trennung nur zur Bildung von Unterarten geführt. Die Rabenkrähe besitzt vollständig schwarzes Gefieder und lebt im westlichen Europa. Die Nebelkrähe hat einen grau gefärbten Rumpf und ist im östlichen Europa zu finden. In einem schmalen Gebiet im Bereich der Elbe vermischen sich die Populationen. Das Auftreten von Mischformen zeigt, dass Raben- und Nebelkrähe noch eine Art bilden.

Aufgabe

① Was könnten die Faktoren dafür sein, dass sich mit Grün- und Grauspecht zwei Tochterarten aus einer Stammart entwickelt haben, bei den Krähen jedoch nur zwei Unterarten?

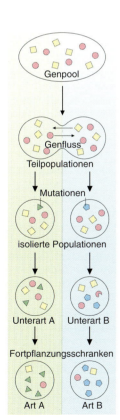
Trennung von Genpools

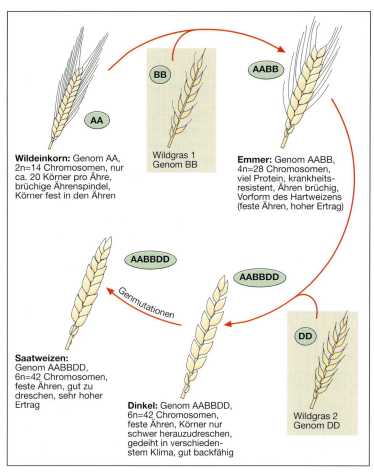

1 Entstehung des Saatweizens

Allopatrische und sympatrische Artbildung

Die Aufspaltung in Schwesterarten kann sowohl bei Tieren als auch bei Pflanzen durch geographische Separation eingeleitet werden (s. Seite 53). Wenn sich nach langer Zeit die Populationen wieder begegnen und nicht mehr kreuzen, sind zwei Arten entstanden. Die Ursache dieser *allopatrischen Artbildung* ist die räumliche Trennung von Populationen.

Vermutlich ist allopatrische Artbildung bei Tieren der häufigste Mechanismus, der zu neuen Arten führte. Dagegen gibt es bei Pflanzen einen weiteren Weg, der keine räumliche Trennung der Individuen erfordert. Er basiert auf einer genetischen Besonderheit. Wenn durch Mutation die Anzahl der Chromosomensätze im Genom von Pflanzen verändert wird, sind sie im Gegensatz zu Tieren und Menschen oft lebensfähig. Unter natürlichen Verhältnissen kann dieser Vorgang spontan ablaufen. Diese *Polyploidisierung* führt zur Vervielfachung des Chromosomensatzes. Der Zustand wird als *Autopolyploidie* bezeichnet. Etwa ein Drittel aller höheren Pflanzen sind polyploid.

Kreuzt man eine polyploide Pflanze mit der diploiden Stammform, so entstehen unfruchtbare Nachkommen. In der Meiose treten Störungen auf. Die Mutanten und ihre benachbart wachsende Stammform sind plötzlich genetisch voneinander isoliert. Viele Pflanzen haben zwittrige Blüten. In ihnen kann teilweise Selbstbestäubung und Selbstbefruchtung stattfinden. Auf diesem Weg ist die Fortpflanzung und Vermehrung für eine Mutante möglich, auch wenn kein Partner mit derselben Mutation vorhanden ist. Damit ist eine neue Art entstanden. Die Aufspaltung von Arten in einem Verbreitungsgebiet ohne räumliche Isolation heißt *sympatrische Artbildung*. Bei Rosen gibt es z. B. Arten mit 14 und 28 Chromosomen. Diese Chromosomensätze lassen vermuten, dass eine sympatrische Artentstehung zugrunde liegt, mit 7 Chromosomen im haploiden Satz.

Ebenfalls sympatrisch, verursacht durch *Allopolyploidie*, ist die Hauszwetschge entstanden. Bei dieser Form der Polyploidisierung wird das Genom nicht durch Vervielfachung des bereits vorhandenen Chromosomensatzes vergrößert, sondern durch die Aufnahme von Chromosomensätzen einer anderen Art. Hybride von Schlehe ($2n = 32$) und Kirschpflaume ($2n = 16$) erwiesen sich als fruchtbar und so entstand die Hauszwetschge als eine neue Art mit vergrößertem Genom ($2n = 48$). Durch Allopolyploidisierung entstand auch der hexaploide *Saatweizen*. Die Mutationsschritte, die zur Entstehung des Weizens geführt haben, sind aufgeklärt. Etwa 7500 v. Chr. wurde *Wildeinkorn* angepflanzt. Sein diploider Chromosomensatz ($2n = 14$) wird mit AA bezeichnet. Durch zufällige Bastardisierung mit einem anderen Wildgras (Genom BB, $2n = 14$) entstanden sterile Pflanzen mit dem Genom AB. Eine weitere Mutation (*Autopolyploidisierung*) verdoppelte das Genom und ließ daraus den tetraploiden *Wildemmer* mit dem Genom AABB ($4n = 28$) entstehen. Er ist normal fortpflanzungsfähig, weil das Genom eine ungestörte Chromosomenverteilung in der Meiose ermöglicht. Die Bastardisierung des Wildemmers mit einem weiteren Wildgras (Genom DD, $2n = 14$) mit anschließender Autopolyploidisierung führte zum hexaploiden *Dinkel* (Genom AABBDD, $6n = 42$), aus dem durch Selektion der ertragreiche *Saatweizen* als Kulturpflanze hervorging.

allos (griech.) = anders, andersartig

patrius (lat.) = ererbt

auto (griech.) = selbst

poly (griech.) = vielfach

sym (griech.) = gleich, zusammen

Lexikon

Weitere Isolationsmechanismen

Die Vermehrung von Arten findet in der Regel nur durch Unterbrechung des Genflusses zwischen Teilpopulationen statt. Dies ist zumeist die Folge von Isolationsvorgängen. Angesichts der riesigen Artenfülle auf der Erde ist es nicht verwunderlich, dass die Isolationsmöglichkeiten außerordentlich vielfältig sind. Nur in wenigen Fällen kann der Ablauf des Isolationsvorgangs zuverlässig rekonstruiert werden. Aber die Bedingungen, die eine bereits vor langer Zeit eingetretene Isolation zwischen Populationen im gleichen Biotop aufrecht erhalten, lassen sich auch heute untersuchen.

1. Isolation vor Zygotenbildung

a) Ökologische Isolation
Ein botanisches Beispiel ist der *Fingerhut*. Der Rote Fingerhut (*Digitalis purpurea*), der auf sauren Silicatböden gedeiht, ist vorwiegend im Westen zu finden. Im Osten wächst der Großblütige Gelbe Fingerhut (*Digitalis grandiflora*) auf basischen, oft kalkhaltigen Böden. Im Schwarzwald gibt es eine Überlappung der Verbreitungsgebiete. Dennoch können an einem Standort nicht beide Arten zugleich existieren, weil das wechselnde Bodenmilieu jeweils nur für eine Art geeignet ist.

Ein anderes Beispiel ist die *Ringeltaube*, die ihr Nest auf Ästen baut. Sie ernährt sich von Kleinlebewesen und Früchten in Nestnähe. *Hohltauben* brüten in Baumhöhlen und fressen Früchte, die auch in weiterer Umgebung ihrer Behausung vorkommen. So sind beide Arten dadurch isoliert, dass sie unterschiedliche Nischen besetzen.

b) Tageszeitliche Isolation
Der *Gelbe Kleefalter* hat sein Aktivitätsoptimum am Tage bei höheren Temperaturen. Die weiße Mutante ist besonders in den frühen Morgenstunden und abends aktiv. Dies zeigt, dass kleine genetische Veränderungen den Genfluss innerhalb einer Population zwischen verschiedenen Varietäten stark behindern können.

c) Ethologische Paarungsisolation
Bei verschiedenen Arten beobachtet man Isolation, wenn zum Auffinden eines Geschlechtspartners von diesem spezifische Signale ausgehen müssen. Weibliche *Leuchtkäfer* reagieren nur auf solche Männchen, die das artspezifische Leuchtmuster aussenden, das durch Leuchtdauer, Dunkelzeiten und Flugbahn charakterisiert ist.

Weitere Ursachen für die Verhinderung des Genflusses zwischen verschiedenen Arten im gleichen Verbreitungsgebiet sind verschiedene Lautsignale bei der Balz von Vögeln, unterschiedliche Sexuallockstoffe bei Schmetterlingen oder Farbmusterdifferenzen bei Fischen. Manchmal kann durch geringfügige Eingriffe die in der Natur sehr wirksame Isolationsschranke beseitigt werden. Beispielsweise konnten bei Möwen Kreuzungen zwischen Arten ausgelöst werden, indem der Kontrast zwischen Augen und Gesichtsfeldern verändert wurde.

d) Jahreszeitliche Paarungsisolation
Damit Genfluss auftritt, müssen die Organismen zur selben Zeit fortpflanzungsfähig sein. Ist diese Voraussetzung nicht erfüllt, besitzen sie keinen gemeinsamen Genpool und bilden verschiedene Arten. Frösche haben verschiedene Laichzeiten. Der *Wasserfrosch* laicht von Ende Mai bis Anfang Juni, der *Grasfrosch* zwischen Ende Februar und Anfang April. Bei Pflanzen kommt es auf die Blütezeit an. Die *Gemeine Rosskastanie* blüht am gleichen Standort 14 Tage früher als die *Rote Rosskastanie*. Der *Rote Holunder* blüht von April bis zum Mai, der *Schwarze Holunder* 2 Monate später.

e) Mechanische Paarungsisolation
Bei Insekten und Spinnen sind die Geschlechtsorgane oft sehr artspezifisch ausgebildet. Aus mechanischen Gründen kann in die Samentaschen des Weibchens kein Sperma übertragen werden, wenn die Begattungsorgane zwischen den Geschlechtern nicht genau wie Schlüssel und Schloss zusammenpassen.

2. Isolation nach Zygotenbildung

Die zuvor beschriebenen Isolationsmechanismen verhindern Zygotenbildung. Neben der *präzygotischen* gibt es aber auch *postzygotische Isolation*.

Der *Leopardfrosch* und der *Waldfrosch* sind in Nordamerika beheimatet. Zwischen diesen Froscharten kann es unter Laborbedingungen zur Paarung kommen und es entwickeln sich Keime. Die Entwicklung verläuft aber nur bis zum Gastrulastadium, dann sterben die Keime vermutlich wegen genetisch fehlgesteuerter Differenzierungsprozesse ab. Selbst wenn es unter natürlichen Bedingungen zu Paarungen käme, entstünden keine Hybriden.

Dass auch Bastarde bei zwischenartlicher Paarung entstehen können, zeigen Kreuzungen zwischen Esel und Pferd. *Maultiere* gehen aus der Paarung von Eselhengst und Pferdestute hervor; *Maulesel* sind die Nachkommen bei reziproker Kreuzung. Diese Hybriden sind steril. Meist ist die Sterilität von Mischlingen auf die Kombination unterschiedlicher Chromosomensätze zurückzuführen. In der Meiose entstehen Gameten mit fehlenden Chromosomen oder Chromosomenteilen.

Evolution

4 Zusammenwirken von Evolutionsfaktoren

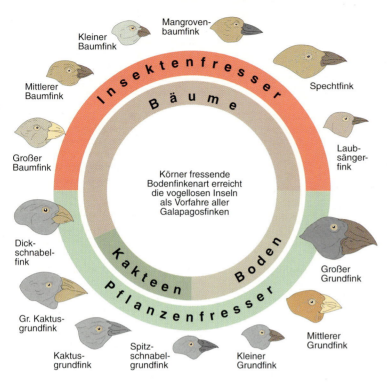

1 Darwinfinken auf Galapagos

Adaptive Radiation

CHARLES DARWIN erreichte bei seiner Forschungsreise 1835 den Galapagosarchipel, der vor 1 bis 5 Millionen Jahren durch unterseeische Vulkanausbrüche entstanden ist. Die hier lebenden Finkenvögel, die unscheinbar bräunlich grau bis schwarz gefärbt sind, interessierten DARWIN zunächst nicht sonderlich. Bei der Untersuchung durch Vogelkundler fielen aber Merkwürdigkeiten auf. Einerseits waren sich die Tiere trotz der Größenunterschiede in Bezug auf Körper- und Flügelform sowie Gefieder sehr ähnlich. Andererseits unterschieden sie sich auffallend in der Form und der Größe der Schnäbel. Heute weiß man, dass es insgesamt 13 verschiedene Finkenarten sind. Diese Finken kommen nur auf Galapagos vor; sie sind *Endemiten*. Die nächsten Finken leben auf dem etwa 1100 km entfernten südamerikanischen Festland.

Die *Galapagosfinken* zeigen eine erstaunliche Vielfalt in der Nahrungsauswahl. Die Grundfinken leben am Boden und knacken mit ihrem dicken Schnabel Körner und Samen. Kaktusfinken suchen ihre Nahrung auf Kakteen. Überwiegend ernähren sie sich von Nektar und Fruchtfleisch. Der Laubsängerfink bewohnt Bäume und ernährt sich von Insekten, die er mit dem langen spitzen Schnabel aufpickt. Der Spechtfink frisst, ähnlich unseren einheimischen Spechten, Insektenlarven, die im Holz der Bäume leben. Zwar fehlt ihm der meißelförmige Schnabel und die lange Spechtzunge, aber mit einem Kaktusstachel im Schnabel kann er seine Beute mit großer Geschicklichkeit aus kleinen Bohrlöchern herausholen. Die Schnabelform ist also ein spezielles Anpassungsmerkmal der Finken an das jeweilige Nahrungsangebot in ihrem Lebensraum.

Da außer auf Galapagos nirgends Finkenvögel leben, die sich ausschließlich von Insekten ernähren, hat bereits DARWIN vermutet, dass sich die endemischen Arten auf dem Archipel selbst entwickelt haben. Heute bezeichnet man sie auch als *Darwinfinken*.

Die Besiedlung der Inseln lief vermutlich folgendermaßen ab: Nachdem sie durch Vulkantätigkeit entstanden waren und die Lavaoberfläche abgekühlt war, wuchsen zunächst Pflanzen. Sie entwickelten sich aus Samen und Sporen, die durch Wind und Wasser auf die Inseln gelangten. Durch Stürme oder auf Baumstämmen im Wasser treibend, wurde eine kleine Finkengruppe vom südamerikanischen Festland auf die Inselgruppe verschlagen. Diese Finken gehörten zu den ersten tierischen Besiedlern des neuen Eilands und konnten sich ohne Nahrungskonkurrenten und Fressfeinde vermehren.

Die einzelnen Phasen der Artentstehung erklärt folgendes Modell: Im ersten Schritt besiedeln die Finken nur die dem Festland am nächsten gelegene Insel San Cristóbal, erst danach umliegende Inseln. Dieser zweite Schritt führt zur Bildung isolierter Teilpopulationen auf den Inseln, mit verschiedenen ökologischen Verhältnissen. Im Laufe der Zeit, mit Zunahme der Individuenzahl und dem Aufkommen *innerartlicher Konkurrenz*, werden die Populationen an die vorherrschenden ökologischen Bedingungen, insbesondere die unterschiedlichen Nahrungsquellen, evolutiv angepasst. Es findet *Einnischung* statt. Ein anfänglich weniger guter Anpassungsgrad führt nicht zum Aussterben, da die Finken als Erstbesiedler ohne *zwischenartliche Konkurrenz* leben. In einem dritten Schritt besiedelt eine veränderte Po-

Endemit
Tier- oder Pflanzengruppe, die nur in einem einzigen, meist kleinen Gebiet auftritt.

pulation wieder die Ausgangsinsel, wo sie sich nicht mehr mit der ursprünglichen Population vermischt. Es ist eine neue Art entstanden. Zwischenartliche Konkurrenz führt im Weiteren zu verstärkter Einnischung. Durch mehrfaches Wiederholen von Wanderungsprozessen über die Inseln entstehen nach und nach weitere Arten. Dass es 13 Arten wurden, muss kein Zufall sein. Untersuchungen weisen darauf hin, dass die Finken unter den gegebenen Bedingungen nur eine begrenzte Anzahl von ökologischen Nischen besetzen konnten.

Diesen Vorgang der Aufspaltung einer Population in mehrere Unterarten und Arten unter gleichzeitiger Ausbildung verschiedener ökologischer Nischen bezeichnet man als *adaptive Radiation*. An diesem Vorgang zeigt sich ein grundsätzliches Phänomen der Evolution. Unablässig entstehen in Populationen durch Mutation und Rekombination neue Phänotypen. Viele von ihnen sind mit ihren Merkmalsausprägungen etwa so gut angepasst wie ihre Vorfahren. Bei anderen ist der Grad der Anpassung vermindert und infolge der Selektion ihr Fortpflanzungserfolg geringer. Ganz selten führt eine neue Merkmalsausprägung zu einem verbesserten Anpassungsgrad. Gelangt eine Population in einen neuen konkurrenzfreien Lebensraum, so erweist sich die ständige Neubildung und Neukombination von Allelen als der Mechanismus, der den Anpassungsprozess ermöglicht. Durch ungerichtetes, unablässiges Ausprobieren aller nur möglichen Varianten entstehen in vergleichsweise kurzer Zeit viele verschiedene Lebensformen, die ökologische Nischen besetzen können.

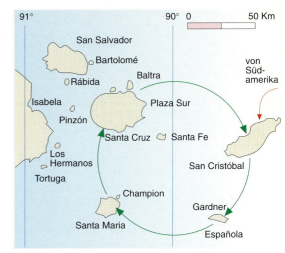

1 Wanderungsbewegungen bei Darwinfinken

Aufgaben

① Im Gegensatz zur Pflanzenwelt ist die Tierwelt auf dem Galapagosarchipel artenarm. Erklären Sie diesen Sachverhalt.

② In Perioden größerer Vereisungen in der Erdgeschichte sind ganze systematische Klassen von Meerestieren ausgestorben, wie zum Beispiel die zu den Gliederfüßern gehörigen *Trilobiten*. Nach der Erwärmung der Meere haben sich überlebende Gruppen unter enormer Artentfaltung entwickelt. Wie lässt sich dieser Befund erklären?

③ Auf den Hawaiischen Inseln, die vulkanischen Ursprungs sind, wird die einheimische Flora teilweise durch importierte Pflanzen verdrängt. Erörtern Sie, welche Faktoren diesen Vorgang bewirken.

Auf der Suche nach den Einwanderern

Eine große Anzahl von Pflanzenarten ist auf Hawaii infolge von adaptiver Radiation endemisch. Dazu gehört auch das *Silberschwert* mit zahlreichen abgewandelten Arten. Es besiedelt sowohl extreme Feuchtgebiete als auch hohes, trockenes Wüstenbergland.

Botaniker begannen, nach der ursprünglich eingewanderten Art zu suchen. Diese Suche war schwierig, weil sich nur wenige Strukturmerkmale finden ließen, in denen die Inselpflanzen und Festlandpflanzen übereinstimmten. Nach vielen Vergleichen mit Pflanzenpopulationen anderer Kontinente stieß man bei dieser Suche auf Ähnlichkeiten mit bestimmten kalifornischen Korbblütlern, die auf dem Festland mit großer Artenvielfalt vertreten sind. Nun unternahm man Kreuzungsversuche zwischen hawaiischen Silberschwertarten und einigen ausgewählten kalifornischen Pflanzen. Es ergaben sich keine Nachkommen. Diese Arten waren offensichtlich nicht die vermuteten Stammformen.

Den Durchbruch erbrachten molekulargenetische Untersuchungen. Der Vergleich von Chloroplasten-DNA zwischen Silberschwertarten und zwei anderen kalifornischen Korbblütlerarten zeigte sehr deutliche Übereinstimmungen. Die vermutete Verwandtschaft bestätigten Kreuzungsversuche, aus denen gesunde Hybridpflanzen hervorgingen. Damit waren die nächsten Festlandverwandten gefunden.

Beispiele für adaptive Radiation

Angiospermen
bedecktsamige Blütenpflanzen mit weit entwickelten Blüten aus Kronblättern und Fruchtblättern

Säugetiere sind eine der anpassungsfähigsten Tierklassen. Mit ihren verschiedenen Arten besiedeln sie alle Lebensräume des Festlandes. Sie können im Salzwasser und im Süßwasser überleben, auch fliegende Formen haben sie hervorgebracht. Ihre Stammesgeschichte beginnt bereits in der Trias (vor ca. 200 bis 180 Mio. Jahren). Aus einer bestimmten Gruppe von Reptilien, den *Therapsiden*, entstanden erste Säugetiere. Bis zum Ende der Kreidezeit blieben die Säugetiere eine kleine, wenig bedeutende Tiergruppe. Erst als vor ca. 65 Mio. Jahren die Dinosaurier ausstarben, setzte eine rasche adaptive Radiation der Säugetiere ein. Man nimmt an, dass für die adaptive Radiation der Säugetiere auch die Entwicklung der Blütenpflanzen von Bedeutung war. In der Kreidezeit entwickelten sich die *Angiospermen* rasch zur vorherrschenden Pflanzengruppe. Deren Pollen und Nektar war für Insekten eine neue Ernährungsmöglichkeit. Die Insekten ihrerseits bildeten die Nahrungsgrundlage für die Säugetiere.

Unter den verschiedenen Gruppen von Säugetieren weisen die Beuteltiere in ihrer geographischen Verbreitung eine Besonderheit auf: In Australien und auf benachbarten Inselgruppen sind *Beuteltiere* die vorherrschende Tiergruppe. Sie haben keine Plazenta. Ihre Jungen werden in einem unreifen Entwicklungsstadium geboren. Sie kriechen in den Beutel des Muttertieres, wo sie sich von der Milch ernähren, die das Muttertier in seinen Milchdrüsen bildet. Die Säugetiere der anderen Kontinente ernähren die Embryonen bzw. Feten durch einen Mutterkuchen *(Plazenta)*. Man nennt sie deshalb *plazentale Säugetiere*. Vergleicht man die Beuteltiere mit den plazentalen Säugetieren, so stellt man eine Reihe von Konvergenzen fest: Die ökologische Nische unseres Wolfes wird in Australien vom Beutelwolf besetzt, entsprechendes gilt für Maulwurf und Beutelmull. Die Beispiele zeigen, dass es eine weitgehende Ähnlichkeit in der Besetzung ökologischer Nischen zwischen den plazentalen Säugetieren und Beuteltieren gibt.

Erklärt wird dies durch zwei geographisch getrennte adaptive Radiationen. Der australische Kontinent wurde durch die Kontinentalverschiebung von den anderen Kontinenten getrennt, als die Säugetiere mit Plazenta noch nicht entstanden waren. Die Beuteltiere konnten so eine große Zahl verschiedener Lebensformen entwickeln, ohne der Konkurrenz der leistungsfähigeren plazentalen Säugetiere ausgesetzt zu sein. Fossilfunde zeigen, dass sich die Beuteltiere in Südamerika entwickelten und dort eine große Zahl unterschiedlichster Lebensformen hervorbrachten. Von Südamerika aus wanderten die Beuteltiere über die Antarktis nach Australien ein. Dies war möglich, weil es früher eine Landverbindung von Südamerika über das antarktische Festland nach Australien gab (s. Seite 24). Erst nachdem am Ende des Tertiärs eine Landbrücke zwischen Nord- und Südamerika entstanden war, konnten plazentale Säugetiere aus Nordamerika zuwandern und die Beuteltiere verdrängen.

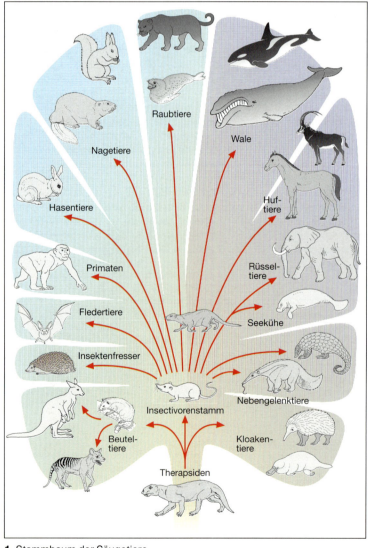

1 Stammbaum der Säugetiere

Adaptive Radiationen

In Ostafrika sind durch den afrikanischen Grabenbruch eine Reihe geologisch junger Seen entstanden: Die größten sind Victoriasee, Tanganjikasee und Malawisee. Der Victoriasee weist nach geologischen Befunden ein Alter von weniger als 1 Mio. Jahre auf. Im Victoriasee gibt es ca. 165 verschiedene endemische Arten von Buntbarschen aus der Familie der *Cichlidae*. Sie leben überwiegend im Süßwasser der tropischen und subtropischen Regionen Afrikas und Amerikas und werden meist nur wenige Zentimeter groß. Ihren Namen verdanken sie ihrer auffälligen Färbung, die sie auch als Aquarienfische interessant macht (Abb. 1).

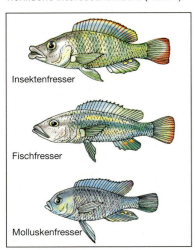

Durch die Anschwemmung von Sand wurde vom Victoriasee ein kleinerer See, der Nabugabosee, abgetrennt. Mit der Radiokarbonmethode konnte das Alter dieser Barriere auf ca. 4000 Jahre bestimmt werden. In diesem relativ jungen See leben fünf endemische Arten von Buntbarschen.

Die Buntbarsche der ostafrikanischen Seen zeigen eine große Vielfalt an Ernährungsweisen: Manche Arten ernähren sich von Insekten, andere von Pflanzen, manche jagen andere Fische, nehmen Fischlaich auf oder ernähren sich von Weichtieren. Die Buntbarsche in Gewässern aus der Umgebung dieser Seen ernähren sich von Insekten. Sie weisen keine speziellen Anpassungen an besondere Ernährungsweisen auf.

Aufgaben

1. Erklären Sie die Entstehung der hohen Zahl an endemischen Buntbarscharten in den afrikanischen Seen.
2. Über die Zeiten, die zur Bildung einer neuen Art aus einer Stammform notwendig sind, gibt es die unterschiedlichsten Vorstellungen. Versuchen Sie anhand der beschriebenen Fakten, diese Vorstellungen zu präzisieren.
3. Vergleichen Sie Ihr Ergebnis mit den folgenden Befunden: Platanen aus Amerika und Europa können sich untereinander fruchtbar fortpflanzen, obwohl sie sich seit ca. 20 Mio. Jahren getrennt entwickelt haben. Geben Sie eine evolutionsbiologische Erklärung für die Ergebnisse.
4. Alle Buntbarscharten können nur in Süßwasser oder Brackwasser überleben. Wie kann man erklären, dass die Familie der Buntbarsche überwiegend in Afrika und Südamerika vorkommt. Eine geringe Zahl an Buntbarscharten gibt es allerdings auch in Madagaskar und in Indien.

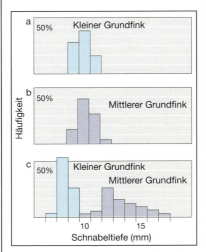

Zwei verschiedene Arten von Darwinfinken, der *Kleine* und der *Mittlere Grundfink*, ernähren sich von Samen und Früchten. Sie besiedeln verschiedene Inseln, auf denen sie gemeinsam vorkommen können. Auf kleineren Inseln lebt jeweils nur eine der beiden Arten. Die drei Abbildungen (Abb. 2) zeigen die relativen Häufigkeiten verschiedener Schnabeltiefen dieser beiden Arten: Abb. 2a für den Kleinen Grundfink, wenn er alleine eine Insel besiedelt, Abb. 2b für den Mittleren Grundfink, wenn er ebenfalls eine Insel alleine besiedelt und Abb. 2c wenn beide Arten gemeinsam auf einer Insel leben.

Aufgaben

1. Erläutern Sie diese Abbildungen.
2. Wie kann man den in der Abbildung 2c beschriebenen Sachverhalt erklären?

Adaptive Radiationen konnten im Laufe der Stammesgeschichte nur unter bestimmten Bedingungen ablaufen: Neue ökologische Möglichkeiten wurden genutzt, die nicht bereits durch andere, möglicherweise in der Konkurrenz überlegene Arten besetzt waren. Man nennt diese ökologischen Möglichkeiten auch *ökologische Lizenzen*. Die Nutzung neuer ökologischer Lizenzen ist z. B. möglich, wenn

— eine Population in ein zuvor unbesiedeltes Gebiet gelangt.
— bestimmte systematische Gruppen aussterben.
— eine bestimmte Population ein neues Merkmal erlangt, das ihr entscheidende Selektionsvorteile verschafft. Man nennt dies ein *adaptives Schlüsselmerkmal*.
— andere Arten durch evolutive Vorgänge so verändert wurden, dass sie ihrerseits anderen Arten völlig neue Entwicklungsmöglichkeiten bieten.

Als *Gründerpopulation* bezeichnet man eine Gruppe von Individuen, die als erste ein neues Gebiet besiedeln bzw. neue evolutive Möglichkeiten nutzen (s. Seite 51). Der Bauplan der Gründerpopulation lässt nur bestimmte Entwicklungsmöglichkeiten zu, d. h. nicht jede denkbare Entwicklung läuft auch tatsächlich ab. Beispielsweise können Insekten aufgrund ihrer Tracheenatmung stets nur eine geringe Körpergröße erreichen und so niemals die ökologische Nische von Großraubtieren besetzen.

Aufgabe

1. Nennen Sie für jeden der genannten Sachverhalte ein Beispiel und erklären Sie es evolutionsbiologisch.

Koevolution

Windblütler sind Blütenpflanzen, deren Pollen durch den Wind auf die Blüten anderer Pflanzen derselben Art übertragen wird. Da der Wind den Pollen ungezielt über eine große Fläche verteilt, ist diese Art des Pollentransports nicht sehr zuverlässig. Es müssen große Mengen Pollen produziert werden. Nur wenn windblütige Pflanzen in relativ dichten Beständen wachsen, gelangt mit hoher Wahrscheinlichkeit Pollen auf benachbarte Blüten der eigenen Art. Bekannte Beispiele für windblütige Pflanzen sind Gräser und Nadelbäume, deren Blüten so unscheinbar sind, dass sie oft gar nicht als Blütenpflanzen erkannt werden.

Pflanzen, die ihren Pollen durch Insekten übertragen lassen, müssen diese Tiere anlocken können und den Besuch der Blüte attraktiv machen. Mit weithin sichtbaren Blütenblättern, mit Duftstoffen oder mit einer besonderen Form der Blüte werden die Insekten angelockt. Die Blüten bieten den Insekten Pollen und Nektar als Nahrung. Nektar hat für den Stoffwechsel der Pflanze selbst keine Bedeutung, er wird ausschließlich als Belohnung für die bestäubenden Insekten gebildet.

Durch die Bestäubung mithilfe von Insekten sind die Pflanzen nicht mehr vom Wind abhängig. Besonders vorteilhaft ist es für die Pflanzen, wenn die Insekten nur Blüten der eigenen Art besuchen, weil so der Pollen nicht auf fremde Arten übertragen wird, wo er für die Bestäubung verloren ist. Für eine bestimmte Insektenart ist es vorteilhaft, wenn durch den speziellen Bau der Blüte nur sie für die Bestäubung in Frage kommt, weil sie so keine Konkurrenz durch andere Insekten mehr hat. Ein interessantes Beispiel dafür ist die Madagaskar-Sternorchidee *Angraecum sesquipedale* (s. Randspalte). Sie weist einen bis zu 30 cm langen Blütensporn auf, an dessen Grund die Pflanze Nektar bildet. DARWIN kannte diese Orchidee; es war damals jedoch keine Insektenart bekannt, die diese Blüten bestäuben und den Nektar als Nahrungsquelle nutzen konnte. DARWIN sagte bereits 1862 voraus, dass es sich um ein Insekt mit einem ungewöhnlich langen Saugrüssel handeln müsse. Derart lange Rüssel weisen z. B. Schmetterlinge aus der Familie der Schwärmer *(Sphingidae)* auf. Erst im Jahre 1903 wurde ein Schmetterling entdeckt, der Angraecum sesquipedale bestäuben und den Nektar nutzen konnte. Es handelt sich dabei um einen Schwärmer mit extrem langem Rüssel (s. Randspalte). Orchidee und Schwärmer haben offensichtlich im Laufe ihrer Stammesgeschichte wechselseitige Anpassungen entwickelt. Derartige Wechselbeziehungen in der Evolution zweier sich gegenseitig beeinflussender Arten bezeichnet man allgemein als *Koevolution*.

Die Koevolution ist für die Geschichte des Lebens von grundlegender Bedeutung: In der Kreidezeit kam es zu einer raschen Radiation der Angiospermen. Sie besiedelten in einer hohen Zahl verschiedener Arten alle damaligen Lebensräume und ersetzten die bis dahin vorherrschenden Pflanzengruppen, wie Farne, Ginkgoartige, Palmfarne und Bennettitatae. Die Palmfarne werden durch Käfer bestäubt. Die Bennettitatae hatten Blüten mit relativ großen Hüllblättern zur Anlockung der bestäubenden Käfer. Die ursprünglichsten Angiospermenblüten weisen die Magnoliengewächse auf: Sie werden von Käfern und Zweiflüglern bestäubt.

Fossilfunde belegen, dass mit der Radiation der Angiospermen eine Radiation der Insekten erfolgte. Abbildung 1 zeigt einen Vergleich der Enstehungszeiten verschiedener Gruppen von Blütenpflanzen und Insekten. Dies zeigt, wie die Insekten die neuen *ökologischen Lizenzen* nutzten. Die Insekten ihrerseits boten die Nahrungsgrundlage für Ursäugetiere, die sich im Tertiär sehr rasch entwickelten. Aus urtümlichen Insekten fressenden Säugetieren entstanden schon bald die ersten Primaten.

1 Evolution von Angiospermen und Insekten

Koevolution

Beispiel 1: Raupen der amerikanischen Schmetterlingsgattung **Heliconius** ernähren sich von verschiedenen Arten von *Passionsblumen*. Diese sind durch bestimmte giftige Inhaltsstoffe, sogenannte *Alkaloide*, gut gegen andere Pflanzenschädlinge — nicht aber gegen Heliconiusraupen — geschützt. Einige Arten der Passionsblumen tragen auf ihren Blättern Strukturen, die den Eiern von Heliconius ähneln. Heliconiusweibchen legen ihre Eier nicht an Blättern ab, an denen bereits andere Weibchen Eier abgelegt haben. Passionsblumen können Haare aufweisen, die die Raupen von Heliconius an der Fortbewegung hindern.

Beispiel 2: Verschiedene **Ragwurzarten** aus der Familie der Orchideen haben Blüten, die Ähnlichkeiten mit den Weibchen bestimmter Insektenarten zeigen. Die Nachahmung ist so perfekt, dass die Orchideen nicht nur die Gestalt der Insektenweibchen nachahmen, sondern sogar deren Duft und Behaarung. Diese Blüten sind relativ klein und unauffällig gefärbt. Die Namen der Orchideenarten weisen auf die nachgeahmten Tiere hin: *Fliegen-Ragwurz*, *Bienen-Ragwurz* und *Hummel-Ragwurz*. Bei der Hummel-Ragwurz wurde am unteren Ende der Blütenlippe ein Duftfeld gefunden, das bestimmte Stoffe zur Anlockung der Männchen produziert. Tatsächlich fliegen nur Insektenmännchen die Blüten an. Sie versuchen, sich mit den vermeintlichen Weibchen zu paaren und übertragen dabei die Pollenpakete.

Beispiel 3: Der **Schwertschnabel** führt seinen Namen zu Recht. Dieser ca. 22 cm lange Kolibri weist einen Schnabel von ca. 11 cm Länge auf. Der Schwertschnabel sucht seine Nahrung bevorzugt in den langen, röhrenförmigen Blüten verschiedener Nachtschattengewächse oder der Passionsblumen.

Beispiel 4: Bestimmte *Ameisenarten* leben auf Bäumen, wo sie ihre Nester bauen und ihre Nahrung suchen. Die Bäume profitieren ihrerseits von den Ameisen, die sie vor Pflanzenfressern schützen. Manche **Akazienarten** zeigen weitergehende Merkmale: Sie haben sogenannte *extraflorale Nektarien*, d.h. Nektardrüsen außerhalb der Blüten. Außerdem bilden sie spezielle proteinreiche Nahrungskörperchen und haben hohle Dornen, in denen nur Ameisen einer bestimmten Gattung leben. Diese Ameisen sind außergewöhnlich aggressiv gegen Eindringlinge. Weiterhin beseitigen sie andere Pflanzen von der Oberfläche der Akazien und schützen diese so auch vor der Konkurrenz anderer Pflanzenarten.

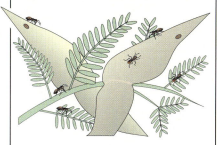

Aufgaben

① a) Erklären Sie die Entstehung der Alkaloide in Passionsblumen.
   b) Wie könnte man erklären, dass Heliconiusraupen unempfindlich gegen die Alkaloide sind?
   c) Welchen Selektionsvorteil bietet es, wenn Heliconiusweibchen ihre Eier an Blättern ablegen, auf denen sich keine anderen Eier befinden?
   d) Wie kann man die Entstehung der eiähnlichen Strukturen und der Haare auf den Passionsblumenblättern erklären?

② a) Welche Selektionsvorteile hat es für die verschiedenen Ragwurzarten, bestimmte Insektenmännchen anzulocken?
   b) Welche Vorteile bzw. welche Nachteile ergeben sich für die angelockten Insektenarten?
   c) Versuchen Sie, die Anpassungen zwischen Insekten und Pflanzen zu erklären.

③ Wie konnte es zu den Wechselbeziehungen zwischen Arten des 3. und 4. Beispiels kommen.

④ Überprüfen Sie, ob es sich bei den Beispielen auf dieser Doppelseite um Fälle von Koevolution handelt.

⑤ „Wir sind es gewohnt, von den einzelnen Arten her zu denken und ihr Zusammenleben erst in zweiter Linie zu erfassen."
„Keine Art lebt allein, können wir als Zwischenergebnis unserer Überlegungen festhalten. Beziehen wir die Zeitdimension der Evolution ein, so wird daraus die Aussage: Auch in der Evolution ist keine Art und keine Gruppe allein."
„Wir können weder Dasein noch Sosein einer Gruppe, weder ihre Entstehung noch ihre Entfaltung oder ihren Untergang aus ihr allein verstehen oder begründen."
Nehmen Sie zu diesen Zitaten Stellung.

Callima

1 Callima mit ausgebreiteten Flügeln

Tarnung, Warnung, Mimikry

Merkmale, die vor Fressfeinden schützen, verschaffen einen Selektionsvorteil. In der Natur lassen sich viele erstaunliche und wirksame Schutzeinrichtungen beobachten.

Tarnung findet man bereits bei Einzellern, z. B. in der Gattung *Trypanosoma*. Die begeißelten Einzeller kommen in den Tropen Afrikas vor und verursachen beim Menschen die Schlafkrankheit. Ihre Entwicklung verläuft im Blut, ihr Gegenspieler ist das Immunsystem. Es bildet spezifisch wirksame Antikörper, die mit den körperfremden Molekülen *(Antigenen)* der Parasiten reagieren. Diese Abwehr versagt bei Trypanosomen, denn sie können ihre Oberflächenantigene abwerfen und andere bilden. Noch bevor alle Erreger eines Antigentyps vernichtet sind, existieren schon wieder neue. An diesen Erregern ziehen Antikörper vorbei, ohne zu reagieren. Durch ihre ständig wechselnde molekulare Tarnung sind die Erreger dem Immunsystem meist einen Schritt voraus.

Hornisse

Viele Tierarten haben eine Körperfärbung, mit der sie in ihrem Lebensraum gut getarnt sind. So haben die Schneehasen im Winter ein weißes Fell, während das Fell von Wüstentieren, wie Wüstenmaus oder Kojote, gelbbraun gefärbt ist.

Gleicht ein Organismus in Form und Farbe Objekten seiner Umgebung, die für Fressfeinde bedeutungslos sind, so bezeichnet man dies als *Mimese*. Der australische *Fetzenfisch (Phyllopteryx)* gehört zur Familie der Seepferdchen und ist etwa 25 cm lang.

Sein rotbrauner Körper ist überall mit lappigen und stacheligen Anhängen versehen. Damit ist sein Körperumriss völlig aufgelöst. Er gleicht einer schwimmenden Tangpflanze. Zwischen Tangen ist er perfekt getarnt.

Der indische Blattschmetterling *Callima* gleicht einem dürren Blatt, wenn er die Flügel über dem Hinterleib faltet (siehe Randspalte oben). Der Flügelumriss hat die Form eines spitzen Blattes. Schmale Ausläufer sehen aus wie ein Blattstiel, die Flügelunterseiten tragen Zeichnungen, die Blattrippen und faulende Blattstellen vortäuschen.

Wehrhafte Tiere sind häufig auffällig gefärbt. Dennoch sind sie geschützt, obwohl auch sie Fressfeinde haben. Es ist aber vorteilhaft, wenn sie ihre Gefährlichkeit durch eine *Warntracht* deutlich machen. Wespen und Hornissen zeigen eine auffällige schwarzgelbe Ringelung des Hinterleibs. Fressfeinde, die bereits mit derart wehrhaften Tieren schlechte Erfahrungen gemacht haben, lernen sie an diesen Merkmalen zu erkennen und meiden sie künftig.

Der *Hornissenschwärmer* ist ein harmloser Schmetterling, der auf den ersten Blick mit einer Hornisse verwechselt werden kann. Er zeigt dieselbe gelbschwarze Färbung wie die Hornissen. Die Gemeinsamkeit geht sogar soweit, dass er häutig durchsichtige Flügel ohne Schuppen besitzt und diese in Ruhe wie das Vorbild neben den Hinterleib statt über ihm zusammenfaltet. Diese Nachahmung von Warnsignalen durch wehrlose Arten schützt vor Fressfeinden und heißt *Scheinwarntracht* oder *Mimikry*.

2 Fetzenfisch

Evolution

Wirksamkeit der Mimikry

In der Natur ist nur schwer direkt beobachtbar, wie wirksam die *Scheinwarntracht* für ihre Träger ist, wenn ihnen Fressfeinde begegnen. Beispielsweise sind Experimente zur Wirkung der Mimikry des **Hornissenschwärmers** (Abb. unten) praktisch schwer durchführbar (s. Seite 62).

Zu grundsätzlichen Erkenntnissen über den Mechanismus der *Mimikry* kommt man auch mit Modellen, bei denen schrittweise und konsequent über viele Generationen hinweg die Auswirkungen angenommener Beziehungen zwischen Fressfeinden, ungenießbaren oder wehrhaften Tieren sowie ihren Nachahmern untersucht wird.

Modellexperimente dieser Art lassen sich mithilfe des Computers ausführen. Die hier dargestellten Ergebnisse sind durch Computersimulation entstanden. Das zugrunde liegende Modell sieht folgendermaßen aus: In einem Biotop befinden sich Fressfeinde, wehrhafte Tiere, die als Vorbilder wirken, sowie ihre ungefährlichen Nachahmer. Sie sind zufallsgemäß in ihrem Lebensraum verteilt und bewegen sich nicht.

Die Fressfeinde durchstreifen ständig den Biotop: Sie nehmen zufallsgesteuert immer neue Plätze ein und erreichen damit im Laufe der Zeit alle Orte. Hin und wieder kommt es zu Begegnungen. Dabei sind folgende wichtige Fälle zu unterscheiden:
— Ein Fressfeind trifft erstmals auf ein wehrhaftes Tier: Dabei macht er eine negative Erfahrung. Das Vorbild überlebt.
— Trifft ein Fressfeind ohne Erfahrung mit wehrhafter Beute auf einen Nachahmer, so stirbt der wehrlose Nachahmer.
— Begegnet ein Fressfeind, der bereits Erfahrung mit wehrhafter Beute hat, einem Nachahmer, so überlebt der Nachahmer.

Die Vorbilder werden nie gefressen. Die Fressfeinde sterben nach Erreichen eines bestimmten Alters. Ihre Gesamtzahl ist stets konstant. Deshalb wird ein gestorbenes Tier sofort durch ein neues, unerfahrenes Tier ersetzt. Die Modellversuche V1–V5 unterscheiden sich in ihren Anfangsbedingungen. Diese sind in der Tabelle dargestellt.

Die beiden letzten Tabellenzeilen und die folgenden Diagramme zeigen die Simulationsergebnisse. Dargestellt ist der zeitliche Verlauf der Populationsgröße der wehrlosen Nachahmer über der Zeit, die in relativen Einheiten angegeben ist.

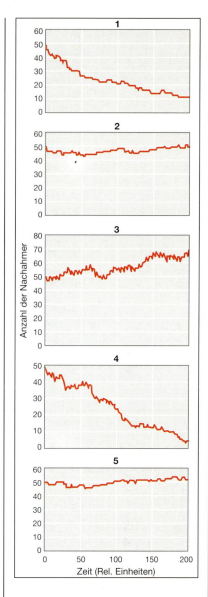

	V1	V2	V3	V4	V5
Anzahl Fressfeinde	10	10	10	20	10
Generationsdauer Fressfeinde in rel. Zeiteinheiten (ZE)	5	25	5	5	5
Anzahl Vorbilder	200	200	200	200	800
Anzahl Nachahmer	50	50	50	50	50
Fortpflanzungsrate Nachahmer (in Prozent je 10 ZE)	2	2	14	14	2
Anzahl Begegnungen Feind/Nachahmer (in 200 ZE)	1033	1879	2371	1982	1974
Anzahl gefressener Nachahmer (in 200 ZE)	46	18	132	110	17

Aufgaben

1. Planen Sie ein Realexperiment, mit dem die Schutzwirkung der Mimikry des Hornissenschwärmers untersucht werden könnte.
2. Welche Vereinfachungen enthält das Simulationsmodell zur Mimikry des Hornissenschwärmers?
3. Von welchen Faktoren hängt die Schutzwirkung der Mimikry ab? Belegen Sie Ihre Aussage anhand der Simulationsexperimente 1 – 5.
4. Vergleichen Sie V1 und V3. Beschreiben und erklären Sie den Verlauf der Populationskurven. Ist die Wirksamkeit der Mimikry bei V1 und V3 verschieden?
5. Bilden und interpretieren Sie das Verhältnis von Begegnungsanzahl Feind – Nachahmer und der Anzahl gefressener Nachahmer.

Brutparasitismus

Dass der Kuckuck seine Jungen von fremden Vogelarten aufziehen lässt, ist schon vor 2300 Jahren von ARISTOTELES beschrieben worden. Da die Wirtseltern ihre Jungen verlieren und so geschädigt werden, spricht man vom *Brutparasitismus*. Wie konnte dieses komplizierte Verhalten entstehen? Untersuchungen an anderen Vogelarten bringen uns einem Verständnis näher.

Erst die gründlichen Beobachtungen moderner Freilandbiologen deckten auf, dass Brutparasitismus innerhalb der Art *intraspezifisch* häufiger vorkommt, als der zwischen Arten *(interspezifisch)*.

Intraspezifischer Brutparasitismus
Europäische Rauchschwalben brüten in Kolonien von zwei bis über hundert Paaren. Benachbarte Weibchen versuchen regelmäßig Eier in Nachbarnester zu „schmuggeln", sodass bis zu 40% der Nester ein oder mehrere untergeschobene Eier enthalten können. Der Selektionsvorteil für den Parasiten ist offensichtlich. Er hat eine höhere Fitness, wenn er über selbst aufgezogene Junge hinaus weitere Nachkommen von Artgenossen aufziehen lässt. Falls er sein eigenes Gelege dadurch etwas kleiner hält, senkt er seinen Energieaufwand für die Jungenfürsorge und erhöht die Überlebenschancen der Jungen, da sie besser gefüttert werden können. Die Schädigung der Wirtsvögel besteht darin, dass sie weniger eigene Eier legen, da die durchschnittliche Gelegegröße durch Fremdeier schon früher erreicht ist. Gelege, die größer sind als normal, können nicht mehr ausreichend bebrütet werden und die Futterversorgung der Jungtiere wird schlechter. In parasitierten Nestern werden daher weniger Wirtsjunge flügge.

Außerdem haben Eltern, die in einem Sommer viele Junge großgezogen haben, im anschließenden Winter geringere Überlebenschancen.

Wissenschaftler wiesen nach, dass der Parasitierungsgrad einzelner Nester von der Koloniegröße abhängt (Abb. 1a). Es leuchtet ein, dass bei einem derartigen Selektionsdruck Abwehrstrategien entstanden. So werden Eier, die früher als drei Tage vor dem ersten eigenen Ei im Nest erscheinen, entfernt. Gerade während der kritischen Zeit der Eiablage bewachen Brutpaare ihr Nest ausgesprochen intensiv (Abb. 1b).

Vom intraspezifischen zum interspezifischen Brutparasitismus
Intraspezifischer Brutparasitismus kommt auch in der Familie der Kuckucksvögel vor, die mit 40 Gattungen und 120 Arten in allen Teilen der Erde verbreitet sind. Von diesen sind rund 50 Arten *obligate interspezifische Brutparasiten*, d.h. sie bauen nie eigene Nester und legen ihre Eier immer zu fremden Vogelarten. Einige Arten brüten selber und legen zusätzliche Eier ausschließlich in die Nester von Artgenossen, andere wiederum, die auch selber brüten, legen zusätzliche Eier zu Artgenossen und fremden Wirtseltern.

Aufgabe
① Die verschiedenen rezenten Vogelarten aus der Kuckucksverwandtschaft deuten an, über welche Stufen die Entwicklung vom intraspezifischen zum obligaten interspezifischen Brutparasitismus abgelaufen sein kann. Entwickeln Sie ein entsprechendes Modell.

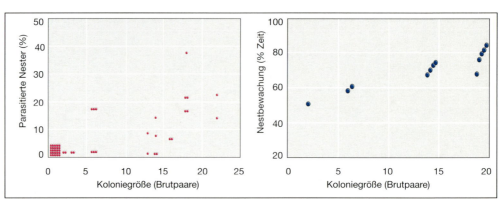

1 Brutparasitismus und Nestbewachung bei Rauchschwalben

Der Kuckuck

Um erfolgreich Eier in Wirtsnestern unterbringen zu können, muss ein Kuckucksweibchen einerseits die richtigen Wirtsvögel finden und andererseits die Eiablage mit den Wirten synchronisieren. Kuckucksweibchen erkennen die für sie passenden Wirtsvögel wahrscheinlich an deren Gesang, den sie sich während der eigenen Jugendzeit im Nest eingeprägt haben.

Kuckuckseier, die vor dem ersten Wirtsei abgelegt werden, führen dazu, dass das Nest verlassen wird. Finden Kuckucksweibchen kein synchrones Nest, können sie auch das gesamte Wirtsgelege auffressen. Die Wirtsvögel legen dann neue Eier, zu denen der Kuckuck dann legesynchronisiert ist. Wenn das Kuckucksweibchen sein Ei in das Wirtsnest legt, frisst es ein oder zwei Wirtseier auf. Experimente mit zusätzlich ins Nest gelegten Eiattrappen zeigen, dass die Wirtsvögel sich *nicht* an der größeren Eizahl stören. Der Anblick eines ausgestopften Kuckucks erhöht die Wahrscheinlichkeit, dass ein Nest mit auffälligen Eiern verlassen wird. Die Wirte können aber auch auffällige Eier anpicken, hinauswerfen oder über dem Gelege ein neues Nest bauen. Ist das Kuckucksei, das eine etwas dickere Schale besitzt, rechtzeitig abgelegt, schlüpft der Jungkuckuck kurz vor oder mit seinen Nestgeschwistern. Die notwendige Brutdauer für Kuckuckseier beträgt 11 bis 13 Tage, diejenige für Wirtseier meist 13 bis 15 Tage. Ist der geschlüpfte Kuckuck 10 Stunden alt, beginnt er alle Jungtiere oder Eier aus dem Nest zu werfen. Es kommt vor, dass zwei Kuckucksweibchen nacheinander in das gleiche Wirtsnest legen. In diesen Fällen ist auffällig, dass das zweite Weibchen häufig das zuerst abgelegte Kuckucksei auffrisst.

Aufgaben

① Fassen Sie die aus dem Text ersichtlichen wechselseitigen Selektionsfaktoren zusammen.

② Welche Vorteile ergeben sich aus dem Auffressen der Eier?

Vererbung der Eifärbung

Aus der Käfighaltung weiß man, dass einzelne Kuckucksweibchen nur einen bestimmten Eityp legen können, dessen Farbe, Musterung und Größe demzufolge genetisch festgelegt ist. Kuckucksweibchen besitzen ein X- und ein Y-Chromosom, die Männchen zwei X-Chromosomen. Es ist unbekannt, ob das Gen für die Eifärbung auf einem Autosom bzw. dem X- oder dem Y-Chromosom liegt. Außerdem weiß man nicht, ob sich Kuckucksweibchen mit jedem beliebigen Männchen paaren oder nur mit solchen, die beim gleichen Wirt aufgewachsen sind.

Aufgabe

① Diskutieren Sie, welche Form der Vererbung des Eityps mit welcher Form des Paarungsverhaltens zusammenpasst. Bedenken Sie dabei, dass die Weibchen normalerweise zu dem Wirt legen, bei dem sie aufgewachsen sind.

Die Ei-Mimikry

Da die Wirtsvögel zu brüten aufhören würden, wenn der Kuckuck alle Wirtseier auffressen würde, liegt das Kuckucksei immer zusammen mit Wirtseiern im Nest. Dadurch kann der Wirt seine eigenen Eier mit denen des Kuckucks vergleichen. Bei vielen Wirtsvögeln ist die Übereinstimmung von Vorbild und Nachahmung sehr groß, bei anderen überraschend gering (s. Abb.). Die Tabelle zeigt, welche Eiattrappen im Experiment von verschiedenen Wirtsvogelarten wie häufig (%) abgelehnt (d. h. verlassen) wurden.

Aufgaben

① Werten Sie die Tabelle aus und stellen Sie einen Zusammenhang zur Qualität der Eiattrappen des Kuckucks her.

② Überlegen Sie, welchen Einfluss die Dauer der Parasitierung der Wirtsart durch den Kuckuck auf Unterscheidungsvermögen und Vorsicht der Wirtsvögel haben müsste.

③ Einige Wissenschaftler überlegten, dass Kuckucksweibchen, die in bereits parasitierte Nester legen, auch zur Selektion auf Ähnlichkeit beitragen. Begründen Sie die Annahme.

Anzahl der Nester, in denen verschiedene experimentell eingebrachte Eiattrappen abgelehnt wurden (in %)

Wirt	Eiattrappen vom Typ			
	Wiesenpieper	Teichrohrsänger	Heckenbraunelle	Trauerbachstelze
Wiesenpieper	22,2%	26,7%	83,3%	36,0%
Teichrohrsänger	36,4%	0	60,7%	81,3%
Heckenbraunelle	16,7%	0	0	0
Trauerbachstelze	66,7%	71,4%	76,9%	56,0%

Synthetische Theorie der Evolution

CHARLES DARWIN hat die Grundlagen zum Ursachenverständnis der Evolution geschaffen. Die wesentlichen Elemente seiner Theorie (Überproduktion von Nachkommen, Variabilität in erbfesten Merkmalen und Selektion) sind Stützen der modernen *Evolutionstheorie*. Zu ihrem Fundament gehört das von LYELL eingeführte Aktualitätsprinzip (s. Seite 9). Es besagt, dass die heute nachweisbaren Evolutionsfaktoren auch in der Vergangenheit wirkten. Dies ist gleichbedeutend mit der Vorstellung, dass Naturgesetze keinem zeitlichen Wandel unterliegen.

Mit evolutiven Abläufen sind untrennbar Vererbungsvorgänge verknüpft. Im 20. Jahrhundert wurden die genetischen Mechanismen entdeckt, durch die neue Phänomene entstehen. Die Vorstellungen LAMARCKS (s. Seite 11), dass während des Individuallebens eingetretene Veränderungen erblich sind, erwiesen sich als unzutreffend. Daher liefern Genetik und Molekulargenetik, deren Grundlagen DARWIN unbekannt waren, wichtige Informationen für die Ursachenanalyse. Das Verständnis für die Veränderlichkeit von Erbsubstanz und genetischer Information hat zu einem vertieften Verständnis für evolutive Abläufe beigetragen.

Mit der Erkenntnis, dass Evolution nicht nur durch Betrachtung einzelner Organismen erfassbar wird, sondern überwiegend in Populationen abläuft, entstand die *Synthetische Theorie* der Evolution. Sie bezieht die Populationsgenetik ein, die Aussagen über die Häufigkeit von Allelen und Merkmalen in einer Population und deren Veränderung ermöglicht. Die Synthetische Theorie bezieht auch Resultate weiterer biologischer Disziplinen ein, weil sich Evolutionsvorgänge nur selten auf einen einzelnen Faktor zurückführen lassen. Erst die Berücksichtigung mehrerer Faktoren führt zu schlüssigen Erklärungen.

Am Beispiel der Entstehung eines komplexen Organs, dem Linsenauge wirbelloser Tiere, lässt sich dies zeigen: Bei einem Linsenauge wirken verschiedene Teile (u. a. Lichtsinneszellen, Nerven, Muskeln, Linse) zusammen. Sind diese Elemente nun alle zugleich oder nacheinander entstanden? Wie muss man sich seine Entwicklung vorstellen? Da keine fossilen Belege für die Augenentwicklung existieren, ist man auf anatomische und physiologische Vergleiche bei heute lebenden Organismen angewiesen.

Vermutlich waren erste Fotorezeptoren einzelne lichtempfindliche Zellen, die ihren Trägern die Fähigkeit des Hell-Dunkel-Sehens ermöglichten. Bereits bei mehreren zusammengelagerten Zellen führen geringfügige Veränderungen zu erheblichen Verbesserungen. Die Einstülpung ermöglicht die Richtungslokalisation einer Lichtquelle. Je tiefer die Einstülpung ist, desto besser ist die Richtungsempfindlichkeit. Solche Sinnesorgane *(Grubenaugen)* gibt es u. a. bei Schnecken. Beim *Blasenauge*, wie es z. B. bei Ringelwürmern und Kopffüßern auftritt, ist die Lichteinfallsöffnung zum Sehloch verringert. Sie wirkt als Lochblende und erzeugt eine optische Abbildung. Dieser Augentyp könnte evolutiv durch Aufeinanderzuwachsen der Ränder des Grubenauges entstanden sein. Der Schleim im Innern schützt die Sinneszellen vor Fremdkörpern und besitzt zugleich wegen seiner Lichtdurchlässigkeit optische Eigenschaften. Es ist möglich, dass aus dem Schleimpropf im Verlauf der Evolution durch viele kleine Veränderungen eine Linse hervorgegangen ist und so über Doppelfunktion und anschließendem Funktionswechsel eine Augenlinse entstanden ist.

Die Synthetische Theorie ist die moderne Synthese aus Einzeldisziplinen in dem weit verzweigten Wissenschaftsbereich der Biologie. Sie ermöglicht es, Evolution als ein vielgestaltiges Geflecht von Ursachen und Wirkungen zu erklären. Die Evolutionstheorie ermöglicht eine ganzheitliche Sicht zur Erklärung vieler biologischer Phänomene.

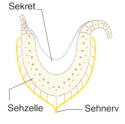

Grubenauge

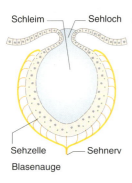

Blasenauge

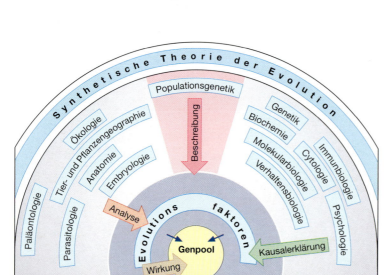

1 Zusammenwirken der Wissenschaftsgebiete

Offene Fragen — erweiterte theoretische Ansätze

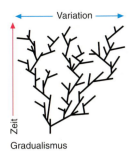

Gradualismus

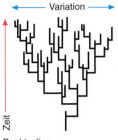

Punktualismus
Stammbaumstruktur

Nicht zu allen Fragen der Evolutionsforschung gibt es derzeit einheitliche Erklärungen. Dazu gehört die Frage nach der Geschwindigkeit und der Schrittweite der Evolution. Sind neue Lebensformen stets in kontinuierlichen Entwicklungsschritten über die Bildung von Rassen und Unterarten hervorgegangen? Dieser Vorgang, die *Mikroevolution*, ist an vielen Beispielen beobachtet worden und lässt sich teilweise auch experimentell untersuchen. Als *Makroevolution* werden dagegen Vorgänge bezeichnet, bei denen Lebewesen entstanden sind, die in neue große systematische Einheiten eingegliedert werden (Gattungen, Familien, Ordnungen, Klassen). Makroevolution bringt Organismen mit neuen Bauplänen hervor.

Die Synthetische Theorie erklärt Evolution durch kleine, mikroevolutive Schritte. Mit diesem Mechanismus ist auch Makroevolution vorstellbar und die Bildung neuer Organe erklärbar. Nach derzeitiger Ansicht gelten für Mikro- und Makroevolution gleiche Ursachen. Unterschiedliche Ansichten bestehen über den Ablauf des evolutionären Wandels. Sicher nahm die Evolutionsgeschwindigkeit zu, wenn eine Organismengruppe in einen neuen Lebensraum eindrang. Beispielsweise eröffnete der Übergang vom Wasser zum Land neue Entwicklungswege. Dies ist einerseits so vorstellbar, dass Veränderungen kontinuierlich in kleinen Schritten *(graduell)* verlaufen sind. Paläontologisch registrierte Evolutionssprünge sind kein Gegenbeweis für Gradualismus, weil nur ein Bruchteil einstiger Lebewesen fossil erhalten ist.

Andererseits ist die Vorstellung entwickelt, dass evolutionäre Veränderungen nur in kurzen Abschnitten des Gesamtgeschehens auftraten. Der Wandel erfolgte immer wieder schubweise *(punktuell)* in geographisch eng umgrenzten Gebieten und in kurzen Zeiträumen, gefolgt von langen Stagnationsphasen. Mit den vorliegenden Fossildaten kann zwischen *Gradualismus* und *Punktualismus* nicht entschieden werden. Die Methoden der Altersdatierung müssten dafür genauer sein.

Die Synthetische Theorie wird ständig weiterentwickelt und immer wieder durch neue Einsichten Erweiterungen erfahren. Betrachtet man den gesamten Evolutionsprozess von den chemischen Anfängen bis zu den heutigen Lebensformen, so sind in riesigen Zeiträumen hochkomplexe und hoch geordnete Strukturen aus einfachsten entstanden. Es gibt Zweifel, dass die Selektion als einziger ordnender Mechanismus das Hervorgebrachte bewirken konnte. Gesucht wird ein weiterer, naturwissenschaftlich fassbarer Faktor, der erklärt, wie Evolution über Populationsgrenzen hinweg beeinflusst wird.

Nach derzeitiger Erkenntnis sind die Lebewesen selbst ein solcher Faktor. Im Rahmen der Synthetischen Theorie scheinen sie der Selektion auf Gedeih und Verderb ausgesetzt. Eine entscheidende Beeinflussung des Selektionsdrucks, der auf eine Population einwirkt, durch die Organismen selbst wird wenig beachtet. Dies mag, auf kleine Zeiträume angewandt, eine brauchbare Näherung sein. Aber in großen Zeiträumen trifft dies nicht mehr zu. Welche Wirkung die Selektion hat, hängt auch von den Eigenschaften der Organismen ab. Lebewesen beeinflussen ihre Umwelt. Dass dies globale Auswirkungen hat, zeigt das Beispiel der Atmosphäre. Die heutige Gaszusammensetzung ist nachhaltig durch Lebewesen beeinflusst. Ohne die Fotosynthesetätigkeit der Cyanobakterien in der Erdgeschichte (s. Seite 70) gäbe es heute keinen Sauerstoff, der wiederum bestimmte Lebensformen begünstigt und andere schädigt. Es entstehen in großen räumlichen und zeitlichen Maßstäben Rückkopplungsprozesse mit der Ausbildung von Regelkreisen, die Populationen untereinander verkoppeln. So betrachtet, ist Evolution kein durch die Umwelt gesteuerter, sondern ein selbstgeregelter Prozess, bei dem Populationen miteinander verkoppelt sind und auf sich selbst rückwirken.

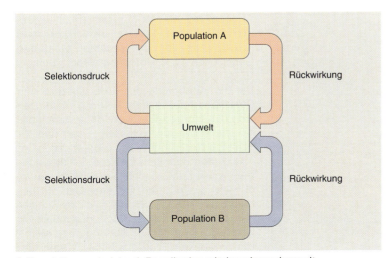

1 Populationen sind durch Regelkreise miteinander verkoppelt

5 Die Geschichte des Lebens

Entstehung des Kosmos, der Elemente und der Erde

Absolute Temperaturskala
(Kelvin-Skala)
0 Kelvin = 0 K
0 K = −273,15 °C

Leben benötigt chemische Verbindungen. Die Frage nach der Entstehung des Lebens führt weiter zur Frage nach der Entstehung der Elemente und der Materie. Die heutige Vorstellung von der Entstehung des Kosmos geht auf eine Entdeckung der amerikanischen Radioastronomen ARNO PENZIAS und ROBERT WILSON zurück. Sie empfingen 1965 aus dem Weltraum sehr schwache Mikrowellen der Wellenlänge 7,35 cm. Für die Strahlung ließ sich keine Quelle ausmachen, sie war allgegenwärtig.

Die Existenz dieser Hintergrundstrahlung wurde von der bis dahin wenig beachteten *Urknalltheorie* vorhergesagt. Sie geht von einer Explosion aus, die sich vor 15 bis 18 Milliarden Jahren ereignete. Der Urknall ging nicht von einem Zentrum aus, sondern erfüllte gleichzeitig den ganzen Raum. Er leitete die Ausdehnung unseres Universums ein. Bei der Ausdehnung kühlte sich das Universum ab. Jeder Körper mit einer Temperatur über dem absoluten Nullpunkt sendet eine temperaturabhängige, elektromagnetische Strahlung aus. Zur Hintergrundstrahlung, also der Reststrahlung des Urknalls, gehört die Temperatur 3 Kelvin. Mit diesem ältesten Signal vom Ursprung des Universums ließen sich die Anfänge rekonstruieren.

Eine hundertstel Sekunde nach dem Urknall war der Raum von ungeheuer energiereicher Strahlung erfüllt. Materie existierte nur in Form der Elementarteilchen, die Temperatur betrug 10^{11} K. Bei heftigen Zusammenstößen bildeten die Elementarteilchen vorübergehend Atomkerne, die jedoch von der harten Strahlung sofort wieder zersetzt wurden.

Mit der Ausdehnung des Universums sanken Temperatur und Strahlungsenergie. Etwa nach 14 Sekunden entstanden die Atomkerne der Elemente Wasserstoff und Helium. Nach etwa 1 Million Jahre war die Strahlungsenergie so weit gesunken, dass bei 3000 K die Atomkerne Elektronen einfingen. Es entstanden Atome und damit die Gase Wasserstoff und Helium.

Gravitationskräfte verursachten in der Gaswolke Turbulenzen, Wirbel und lokale Verdichtungen. Diese Verdichtungsinseln waren die Vorläufer der heutigen Galaxien und Sterne. Der Druck im Zentrum verdichteter Gasmassen wuchs enorm an. Schließlich kamen sich hier Wasserstoffatomkerne so nahe, dass sie miteinander verschmolzen. Dies war die Zündung des atomaren Sonnenfeuers. Zuerst fusionierten Wasserstoffkerne zu Heliumkernen. Die später einsetzende Fusion der Heliumkerne leitete dann weitere Kernverschmelzungsprozesse ein, aus denen bei Temperaturen bis zu $2{,}4 \times 10^9$ K die Atomkerne der Elemtene hervorgingen.

Es ist ungeklärt, ob die Erde wie die Sonne entstanden ist oder auf die Ausschleuderung von Sonnenmaterial zurückgeht. Sicher ist, dass die junge Erde vor ca. 4 bis 5 Milliarden Jahren ein glutflüssiger Planet ohne Atmosphäre war, der langsam abkühlte. Dabei bildete sich eine feste, wärmeisolierende Kruste. Aus dem Innern emporsteigende Gase ließen die Uratmosphäre entstehen.

Bei der Abkühlung der Erde bildeten sich Schichten aus. In den äußeren reicherten sich die leichten Elemente an, in den inneren die schweren, vor allem Eisen und Nickel. Sie bilden heute bei Temperaturen um 4000 K den flüssigen Erdkern. Er ist umgeben von einem Mantel aus Silikatgestein, der von der dünnen, festen Erdkruste bedeckt ist. Diese 8 bis 38 km dicke Schicht (*Lithosphäre*) bildet den Boden, auf dem wir leben. Zur Zeit der Entstehung des Lebens tobten auf der Erde mächtige Stürme und die Erdkruste war vom Urmeer bedeckt.

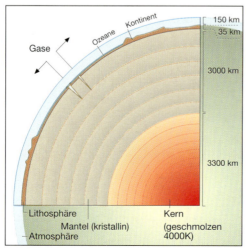

1 Erdaufbau

Chemische Evolution

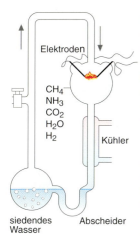

Urey-Miller-Versuch

Mikrosphären

Die Bildung biologisch wichtiger organischer Moleküle, die Entstehung des Lebens und die frühe Entwicklung der Lebewesen ist bis heute durch Beobachtungen und Experimente nur unzureichend erforscht. In geologischen Formationen, die älter als ca. 600 Mio. Jahre sind, gibt es kaum Fossilien, da die entsprechenden Gesteine im Laufe der Erdgeschichte hohem Druck und hohen Temperaturen ausgesetzt waren. Die damals existierenden urtümlichen Lebewesen waren noch sehr klein und wiesen kaum Hartteile wie Knochen oder Panzer auf. Die folgenden Aussagen beruhen demzufolge auf wenigen gesicherten Funden und auf Modellversuchen. Sie haben teilweise nur den Charakter von Hypothesen.

Die Erde wird heute auf ein Alter von 4,5 bis 5 Mrd. Jahre geschätzt. Ihre ursprüngliche Atmosphäre zeigte eine völlig andere chemische Zusammensetzung als die uns bekannte Luft: Die Uratmosphäre enthielt vermutlich Methan, Kohlenstoffmonooxid, Kohlenstoffdioxid, Stickstoff, Schwefelwasserstoff, Ammoniak, Wasserdampf, Wasserstoff und Cyanwasserstoff. Man spricht auch von einer *reduzierenden Gashülle*, da kein elementarer Sauerstoff vorhanden war und das Gasgemisch zum Teil reduzierend wirkende Stoffe enthielt.

Die mutmaßliche Zusammensetzung der Uratmosphäre war der Ausgangspunkt für Modellversuche des amerikanischen Studenten STANLEY MILLER aus dem Jahre 1953: In einem gegen die Umgebung dicht verschlossenen Versuchsaufbau simulierte er Einwirkungen, wie sie in der frühen Erdgeschichte vermutlich geherrscht haben, auf ein Gasgemisch aus Methan, Ammoniak und Wasserdampf. Die elektrischen Entladungen einer Funkenstrecke sollten Blitze simulieren. Erhitzen und anschließendes Abkühlen simulierten Temperaturschwankungen. Wurde das Reaktionsgemisch nach einigen Tagen untersucht, so konnte man darin neben anderen organischen Molekülen auch mehrere verschiedene Aminosäuren nachweisen. Durch gezielte Variation der Versuchsbedingungen gelang in vergleichbaren Apparaturen auch die Synthese von Kernbasen, ATP und Kohlenhydraten.

Diese Versuche legen die Vermutung nahe, dass durch ähnliche Reaktionen auch unter den Bedingungen der Uratmosphäre biologisch wichtige organische Moleküle entstehen konnten. Man spricht auch von *chemischer Evolution*.

Diese organischen Verbindungen sammelten sich in den Urozeanen an; in kleinen Tümpeln können die organischen Moleküle eine höhere Konzentration erreicht haben. Man nennt dies eine *Ursuppe*. Organische Verbindungen können sich unter geeigneten Versuchsbedingungen zu Makromolekülen, wie einfachen Proteinen oder Polynukleotiden, zusammenlagern. Modellversuche zeigten, dass dabei bestimmte Mineralien katalytisch wirken können.

Der nächste Schritt in der Evolution war die Entstehung von komplexen Strukturen, die sich selbst vermehren konnten: Organische Makromoleküle können unter geeigneten Bedingungen aus einer wässrigen Lösung heraus winzige Tröpfchen bilden, sogenannte *Koazervate*. Diese sind allerdings noch nicht durch eine Membran von der Umgebung abgetrennt.

Aus proteinhaltigem Wasser können abgegrenzte komplexe Gebilde von 1–2 µm Größe entstehen, die man auch *Mikrosphären* nennt. Sie sind durch eine semipermeable Membran gegen die Umgebung abgegrenzt. Als *Protobionten* bezeichnet man die Vorläufer von Lebewesen. Sie enthielten neben katalytisch wirksamen Proteinen auch Makromoleküle, die Informationen speichern und verdoppeln konnten. Durch das Zusammenwirken beider Molekülarten entstanden die ersten lebenden Systeme.

In den letzten Jahren wurden auch andere Hypothesen über die Bildung der ersten organischen Moleküle diskutiert. Beispielsweise wurden in einigen Meteoriten Moleküle gefunden, die keinen irdischen Ursprung haben können. Dazu gehören u. a. bestimmte Aminosäuren, Fettsäuren und Bausteine der Nukleinsäuren (*Purine* und *Pyrimidine*). Wann, wo und unter welchen Bedingungen diese biochemisch wichtigen Moleküle aus anorganischen Ausgangsstoffen entstanden sind, ist nicht geklärt.

Zusammenfassend muss man feststellen, dass alle derzeit diskutierten Theorien nur beschreiben, wie die chemische Evolution abgelaufen sein könnte. Wie sie tatsächlich abgelaufen ist, ist bis heute noch unklar. Rasche Erfolge sind wegen der großen methodischen Probleme nicht zu erwarten.

Frühe biologische Evolution

Erste Vertreter richtiger Lebewesen waren Prokaryoten, also urtümliche Bakterien und Cyanobakterien *(Blaugrüne Bakterien)*. Die ältesten bekannten Funde stammen aus Südafrika und weisen ein Alter von ca. 3,2 Mrd. Jahren auf. Neueste Funde aus Australien werden auf ein Alter von 3,2 — 3,8 Mrd. Jahren geschätzt. Die *Stromatolithen (Teppichsteine*, siehe Randspalte) sind geschichtete Ablagerungen, u.a. von Kalken und Dolomit. Sie zeigen eine andere Feinschichtung als abiogen entstandene Sedimente. Stromatolithen enthalten fossile Prokaryoten. Der Vergleich mit heutigen Mikrobenmatten zeigt, dass diese ebenfalls autotrophe und heterotrophe Prokaryoten enthalten. Dies bestätigt die Vermutung, dass die ähnlich strukturierten Stromatolithen biogenen Ursprungs sind.

Stromatolithen

Die Prokaryoten verfügten vermutlich schon über die Glykolyse als energieliefernde Reaktionsfolge. Der dabei entstehende Wasserstoff wurde auf bestimmte Akzeptoren übertragen, sodass es zu den verschiedenen Gärungen kam. Bei ihnen ist die Energieausbeute geringer als bei der Zellatmung (mit Glykolyse, Tricarbonsäurezyklus und Atmungskette).

Die Prokaryoten bildeten zwei Gruppen: Die sogenannten *Archaebakterien* und die *Eubakterien* (auch „echte Bakterien" genannt), die sich in vielen cytologischen und chemischen Merkmalen unterscheiden. Molekularbiologische Untersuchungsmethoden bestätigen, dass Eubakterien und Archaebakterien getrennt aus noch unbekannten Vorfahren entstanden sind. Archaebakterien leben noch heute, allerdings nur in Biotopen mit extremen Lebensbedingungen, wie z.B. sehr hohen Temperaturen, sehr niederen pH-Werten oder hohem Salzgehalt. Man nimmt an, dass dies die selben Bedingungen sind wie bei der Entstehung des Lebens auf der Erde.

Die entscheidende Wende in der Geschichte des frühen Lebens brachte die Entstehung der Fotosynthese. Lebewesen, ähnlich den heute noch existierenden Cyanobakterien, konnten mithilfe der Energie des Sonnenlichts energiereiche Stoffe selbst herstellen. Dabei nutzten sie zunächst Schwefelwasserstoff als Elektronenlieferant. Erst später (vor ca. 2 Mrd. Jahren) wurde das Wasser als Elektronendonator verwendet. Dabei bildete sich auch Sauerstoff als „Abfallprodukt", der in die Atmosphäre abgegeben wurde. Dadurch entstand aus der Uratmosphäre allmählich die Luft in ihrer heutigen Zusammensetzung. Für viele urtümlich anaerob arbeitende Lebewesen bedeutete diese Entwicklung eine Katastrophe, da für sie der Sauerstoff ein „Gift" war. Sie waren in der Konkurrenz den aeroben Lebewesen unterlegen und wurden von ihnen rasch verdrängt, weil deren Stoffwechsel mit viel höherer Energieausbeute arbeitet. Anaerob lebende Bakterien existieren aber heute noch in Biotopen mit geringem Sauerstoffgehalt, wie z.B. in Faulschlamm.

Ein weiterer Schritt in der Entwicklung der Lebewesen war die Entstehung der eukaryotischen Zelle vor knapp 2 Mrd. Jahren. Im Gegensatz zu den Prokaryoten weisen die Eukaryoten Zellkern, Plastiden und Mitochondrien auf. Die Entstehung der Eucyte ist fossil nicht belegt, es wurden keine Übergangsformen zwischen Protocyte und Eucyte gefunden. Auch zwischen heute lebenden Prokaryoten und Eukaryoten gibt es keine Brückenformen.

Bestimmte cytologische und chemische Besonderheiten der Chloroplasten und Mitochondrien führten zur Entwicklung der mittlerweile gut belegten *Endosymbionten-Hypothese*: Chloroplasten und Mitochondrien verfügen über eine eigene DNA, die keine Histone aufweist. Beide können sich selbstständig durch Teilung vermehren. Sie sind neben dem Zellkern die einzigen Organellen, die durch zwei Membranen vom umge-

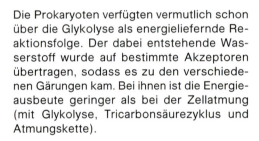

1 Entwicklung der Lebewesen bei Zunahme des atmosphärischen Sauerstoffs

Endosymbiose

ando (gr.) = innen
symbiosis (gr.) = zusammenleben

Form der Symbiose, in der der Symbiont innerhalb des Wirtsorganismus lebt

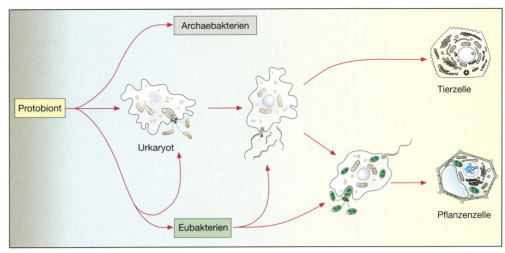

1 Endosymbionten-Hypothese

Chlamydomonas

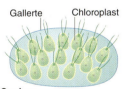

Gonium

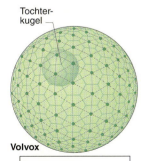

Volvox

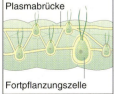

benden Zellplasma abgegrenzt sind. Beide verfügen über eigene Ribosomen. Diese unterscheiden sich deutlich von den Ribosomen des Zellplasmas, sind aber mit denen von Prokaryoten fast identisch. Die Proteinbiosynthese in Chloroplasten und Mitochondrien wird durch die selben Antibiotika gehemmt wie bei Prokaryoten.

Diese Fakten sind die Basis der Endosymbionten-Hypothese (s. Abb. 1): Farblose Prokaryoten mit bestimmten Energiestoffwechselwegen wurden von urtümlichen Zellen aufgenommen. Sie entwickelten sich weiter zu den heutigen Mitochondrien. Diese Entwicklung fand statt, bevor sich die späteren Tiere und die späteren grünen Pflanzen in verschiedene Entwicklungslinien aufgespalten hatten. Die Entstehung von Geißeln erklärt man durch *Endosymbiose* mit spiraligen Prokaryoten. Bestimmte Cyanobakterien wurden von Zellen aufgenommen und in deren Stoffwechsel integriert. Sie entwickelten sich weiter zu den heutigen Chloroplasten. Diese Endosymbiose erfolgte erst, nachdem sich die Entwicklungslinie der späteren grünen Pflanzen von der anderer Lebewesen abgespalten hatte (Abb. 1).

Geht man davon aus, dass Eukaryoten aus Prokaryoten entstanden sind, muss sich die ringförmige DNA der Prokaryoten zu dem Zellkern der Eukaryoten entwickelt haben. Das Problem der Entstehung des Zellkerns ist bisher völlig ungeklärt. Weiterhin ist erstaunlich, dass die Eukaryoten in mehreren biochemischen Eigenschaften zu den Archaebakterien eine höhere Ähnlichkeit aufweisen als zu den Eubakterien.

Die Eukaryoten zeigen, wie durch Rekombination auf zellulärer Ebene sehr rasch ein völlig neuer Typ Lebewesen entstanden sein kann. Offensichtlich waren sie unter den damaligen Selektionsbedingungen den altertümlichen Prokaryoten überlegen und verdrängten diese weitgehend.

Einzellige Lebewesen, z. B. *Chlamydomonas*, müssen alle Lebensfunktionen mit nur einem Zelltyp durchführen können. Derartige Zellen nennt man *totipotent*. Zellkolonien, wie *Gonium*, bestehen aus Verbänden gleichartiger Zellen, die ebenfalls totipotent sind. Demgegenüber weisen mehrzellige Lebewesen, wie *Volvox*, unterschiedliche Zelltypen auf, die auf bestimmte Aufgaben spezialisiert sind. Diese Zelltypen arbeiten innerhalb des Organismus miteinander zusammen. Mehrzellige Lebewesen sind leistungsfähiger als Einzeller oder Zellkolonien. Die Bildung eukaryotischer Zellen war die Voraussetzung für die Bildung von mehrzelligen Lebewesen. Prokaryoten erreichten nur das Stadium von Zellkolonien, niemals bildeten sie echte mehrzellige Organismen wie Eukaryoten (s. Randspalte).

Vor 700 bis 600 Mio. Jahren existierte die sogenannte *Ediacara-Fauna*, die aus einfachen, vielzelligen Lebewesen bestand. Vor ca. 570 Mio. Jahren kam es zur Bildung zahlreicher Gruppen von Tieren. Der bekannteste Fundort ist der Mt. Burgess in Kanada. In dieser *Burgess-Fauna* findet man Vertreter aller Stämme der Wirbellosen. Sie ist damit die Basis für die rasche Entwicklung der Lebewesen im Kambrium und den darauf folgenden geologischen Perioden.

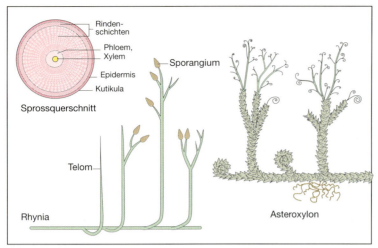

1 Habitus und Sprossquerschnitt bei Rhynia und Asteroxylon

Pflanzen besiedeln das Land

Die Entwicklung der Organismen verlief bis vor etwa 425 Millionen Jahren im Wasser des Urmeers. Erst in den Schichten des Silurs sind Reste von Landlebewesen zu finden. Neben Skorpionen und Tausendfüßern existierten in dieser Zeit die ersten Landpflanzen, die Ur- oder Nacktfarne (Psilophyten).

Der Übergang vom Wasser- zum Landleben war bei Pflanzen möglich, als sich neue Merkmale bildeten. Entscheidend waren zunächst die morphologischen und physiologischen Veränderungen, die den Wasserhaushalt betrafen. Bei Wasserpflanzen diffundiert umgebendes Wasser in den Organismus. Dagegen müssen Landpflanzen in der Regel das Wasser aus dem Boden entnehmen. Dies ermöglichen meist Wurzeln. In einem Leitungssystem (Gefäße) wird das Wasser im gesamten Pflanzenkörper verteilt. Zur Einschränkung der Transpiration dient, oft neben weiteren Merkmalen, die Kutikula. Diese Zellwandverdickung findet man bei Epidermiszellen, die die Pflanzenoberfläche umschließen und den Wasserverlust begrenzen. Spaltöffnungen ermöglichen den Gasaustausch mit der Atmosphäre und Blätter dienen der intensiven Fotosynthese. Größere Landpflanzen besitzen Festigungselemente, die den Pflanzenkörper stützen, hohen Wuchs ermöglichen und Widerstandsfähigkeit gegen äußere Belastungen verleihen.

An fossilen Pflanzen, den Vorläufern der heutigen Farne, ist die Entwicklung dieser Merkmale belegt. *Cooksonia* gehört zu den ältesten und einfachst gebauten Landpflanzen. Pflanzen dieser Gattung aus dem unteren Silur waren nur 3 bis 7 cm groß und hatten zweigabelig verzweigte (dichotome) Sprossachsen, Wurzeln und Blätter fehlten. Mit *Rhynia* lebten bereits 20 bis 50 cm große Pflanzen mit binsenartigem Aussehen im unteren Devon. Beide bekannte Arten der Gattung Rhynia sind in einer verkieselten Torfbank hervorragend erhalten geblieben, sodass sich an Schliffen sogar mikroskopisch kleine Feinheiten untersuchen lassen.

Die Sprosse der Pflanzen wuchsen horizontal und verankerten sie am Boden. Die kriechenden Achsen bildeten blattlose Vertikalverzeigungen (Telome), an deren Ende Sporenbehälter (Sporangien) standen. Außer den Vertikalsprossen gibt es weitere Kennzeichen, die auf das Wachstum als Sumpf- oder Landpflanze hinweisen. *Rhynia* besaß eine Epidermis mit dicker Kutikula sowie verstreute, einfach gebaute Spaltöffnungen. Sie lassen den Schluss zu, dass Rhynia ein Bewohner nasser und feuchter Standorte war. Der Sprossquerschnitt zeigt ein zentrales Leitbündel mit dunkel abgebildeten Wasserleitgefäßen, dem *Xylem*. Es besteht aus Ring- und Schraubentracheiden. Der Siebteil für den Assimilattransport (Phloem) umschließt das Xylem als heller Ring. Eine Zentralachse ist eigentlich charakteristisch für Wasserpflanzen, denn sie verleiht dem Pflanzenkörper mehr Zug- als Biegefestigkeit. Weil nach den anderen Kennzeichen Rhynia aber als Landpflanze anzusehen ist, wird die Achse als Merkmal des Übergangs vom Wasser- zum Landleben gedeutet.

Bedeutend weiter entwickelt war *Asteroxylon*. Diese fossile Pflanze wurde gemeinsam mit Rhynia und anderen primitiven Gefäßpflanzen im Devon Schottlands gefunden. Die Vertikalsprosse ragten bis zu 50 cm auf, trugen etwa 5 mm lange Nadelblättchen und besaßen weit entwickelte Leitbündel. Das Xylem war im Querschnitt sternförmig und führte zum Namen der Pflanzengattung: „Sternholz". Bemerkenswert sind die Spaltöffnungen. Sie sind kompliziert gebaut und gleichen denen heutiger Pflanzen an trockenen Standorten. Das gemeinsame Auftreten mit Rhynia lässt darauf schließen, dass im Devon bereits verschiedene, sich standortlich unterscheidende Arten an Landpflanzen existierten.

Im Devon und insbesondere im anschließenden Karbon kam es zu einer enormen Entfaltung der Farnpflanzen, zu denen die

Asteroxylon
xylo, gr. = Holz
asteriskos, gr. = kleiner Stern

Psilophyten
psilos, gr. = Kahlheit
phyto, gr. = Pflanze

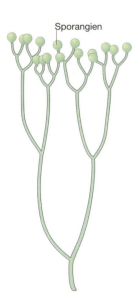

Cooksonia caledonica

Bärlappe, Schachtelhalme und eigentlichen Farne gehören. Es entstanden baumartige Pflanzen. Beeindruckende Beispiele sind die zu den Bärlappgewächsen gehörenden *Schuppen-* und *Siegelbäume*, die die typischen Baumpflanzen der nördlichen Halbkugel im Karbon sind. Schuppenbäume erreichten Höhen bis zu 40 m und im Einzelfall Stammdurchmesser bis 5 m. Der Stamm trägt eine regelmäßige, schuppenähnliche Bedeckung mit Blattpolstern. Es sind die Ansatzstellen abgefallener Blätter. Der Querschnitt zeigt einen schwach ausgebildeten Holzkörper. Während er bei unseren heutigen Bäumen nahezu den ganzen Stamm ausfüllt, wurde bei Schuppenbäumen nur etwa ein Viertel des Durchmessers vom Wasser leitenden Holzteil gebildet. Der Rest war Rindengewebe. Die Krone war zweigabelig reich verzweigt mit Sporenbehältern an den Enden der Zweige. Die einige Dezimeter langen Blätter waren schraubig um die Sprosse angeordnet.

Die gleichfalls sehr großen und im Karbon häufig vertretenen Siegelbäume waren weniger verzweigt als die Schuppenbäume und besaßen charakteristische sechseckige Blattpolster. Ansonsten zeigen die beiden Bärlappgewächse viele Gemeinsamkeiten.

Mit der Entwicklung dieser Lebensformen war das Land besiedelt. Am Ende des Karbons, vor etwa 270 Millionen Jahre, sind diese Pflanzengesellschaften als Folge von Klimaveränderungen ausgestorben. Viele ihrer Reste sind als kohlenstoffreiche Fossilien erhalten. Sie gaben der gesamten Periode ihren Namen (lat. *carbo* = Kohle) und bilden u. a. Kohlelager, die heute zur Energieversorgung abgebaut werden.

Aufgaben

① Die Schuppenbäume wuchsen in feuchtem Klima. Ihre Blätter zeigen dagegen die typischen Baummerkmale von Pflanzen trockener Standorte. Erklären Sie diesen Gegensatz.

② Schuppenbäume zeigen keine Jahresringe. Welche Aussagen über das Klima an ihrem Standort lassen sich daraus ableiten?

③ Vergleicht man Schuppen- und Siegelbäume mit heutigen Bäumen, so war die assimilierende Blattfläche sehr gering im Vergleich zur Stoffproduktion für den Aufbau des riesigen Pflanzenkörpers. Entwickeln Sie damit Hypothesen zu abiotischen Bedingungen im Karbon.

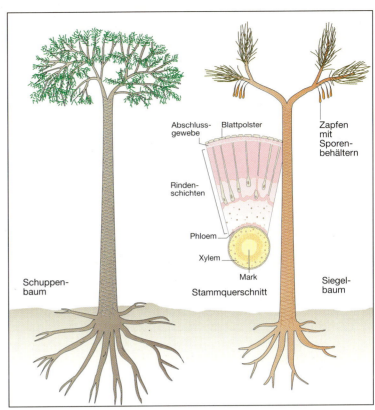

1 Schuppenbaum und Siegelbaum

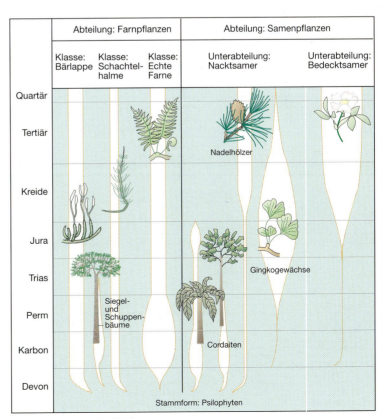

2 Systematik von Gefäßpflanzen

Evolution

Die Entwicklung der Samenpflanzen

Periode der Erdgeschichte	Beginn vor Mio. Jahren
Quartär	2
Tertiär	65
Kreide	135
Jura	180
Trias	225
Perm	270
Karbon	350
Devon	400
Silur	440
Ordovizium	500
Kambrium	600

Von den Polarzonen über die gemäßigten Breiten bis zu Steppengebieten und tropischen Wäldern findet man Pflanzen mit Blüten, in denen Samen entstehen. Von den Farnen gibt es heute etwa 10 000 Arten, dagegen existieren bei den Samenpflanzen mehr als 250 000 Arten. Samenpflanzen leben im Gegensatz zu Farnen in allen Lebensräumen. Jede Klimazone der Erde lässt sich durch ihre Pflanzengesellschaft charakterisieren. Dies führt zur Vermutung, dass die Fortpflanzung durch Samen vorteilhaft ist.

Samenpflanzen sind evolutiv aus Farnpflanzen entstanden. Die Bedeutung der Samenbildung für die Verbreitung dieser Pflanzen wird verständlich, wenn man ihre Fortpflanzung mit der der Farne vergleicht. Am Farnwedel entstehen einzellige Sporen, die als Verbreitungseinheit dienen. Aus einer Spore entwickelt sich auf feuchtem, schattigem Boden, z. B. im Wald, ein etwa fingernagelgroßer Vorkeim, der männliche Organe (Antheridien) und weibliche Organe (Archegonien) bildet. Der Vorkeim heißt *Geschlechtspflanze (Gametophyt)*, weil er die Keimzellen bildet. Nur wenn die Fortpflanzungsorgane beiderlei Geschlechts von Wasser bedeckt sind, können die begeißelten männlichen Keimzellen (Spermatozoiden) aus den Antheridien in die Archegonien schwimmen und hier die Eizellen befruchten. Aus der Zygote entwickelt sich auf dem Vorkeim eine neue Pflanze. Wenn sie zur großen Farnpflanze heranwächst, geht der Vorkeim zugrunde. Die neue Pflanze, die wieder Sporen bilden kann, heißt *Sporenpflanze* oder *Sporophyt*.

Die heutigen Pflanzen der Gattung *Selaginella*, sogenannte *Moosfarne* (Bärlappgewächse), veranschaulichen modellhaft einen möglichen Zwischenzustand bei der Entwicklung der Samenpflanzen aus früheren Farnen. Moosfarne bilden Vorkeime, die nur Organe eines Geschlechts tragen. Es gibt verschiedene Gametophyten, die aus Sporen unterschiedlicher Größe hervorgehen. *Mikrosporen* entstehen in Mikrosporenbehältern. Aus ihnen entstehen männliche Vorkeime mit Antheridien, also die männlichen Gametophyten. In den Megasporenbehältern reifen *Megasporen*. Sie bilden Vorkeime mit Archegonien, weibliche Gametophyten.

Sowohl bei Farnen als auch bei Moosfarnen ist der Entwicklungszyklus bei Wassermangel gestört: Zum einen kann Befruchtung nur stattfinden, wenn freies Wasser auf den Vorkeimen liegt. Dies ist als Überbleibsel von ehemals wasserlebenden Pflanzen zu sehen. Zum anderen ist der Gametophyt als kleiner, selbstständiger Organismus mit geringem Transpirationsschutz empfindlich gegen Trockenheit.

Bei Samenpflanzen sind diese Einschränkungen überwunden. Der Pflanzenkörper mit Wurzeln, Spross und Blättern stellt den Sporophyt mit Fortpflanzungsorganen in der Blüte dar. Einzellige Pollenkörner in den Staubgefäßen, die *Mikrosporen*, entwickeln sich zu mehrzelligen Pollenkörnern. Sie sind stark reduzierte männliche Gametophyten.

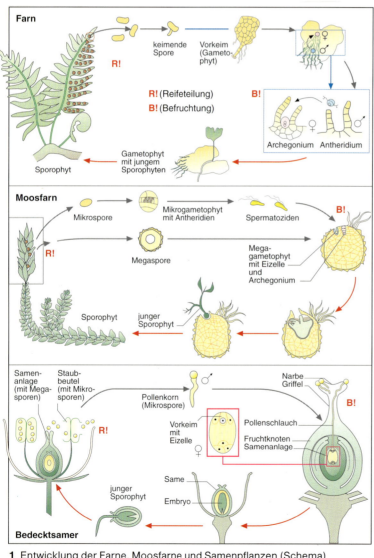

1 Entwicklung der Farne, Moosfarne und Samenpflanzen (Schema)

Generationswechsel
Wechsel zwischen verschiedenen Generationen, die sich nach Eigenentwicklung unterschiedlich fortpflanzen, darunter eine Generation sexuell mit Befruchtung.

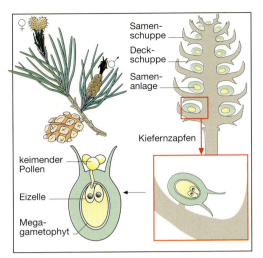

1 Kieferzapfen mit Samenanlage

Ginkgoblatt

Aus einer Zelle des Pollenkorns entsteht der Pollenschlauch, aus einer weiteren männliche Keimzellen.

Bei Bedecktsamern *(Angiospermen)* umhüllen Fruchtblätter die Samenanlage. In ihr liegt die Megaspore. Es ist die Embryosackzelle, aus der sich der weibliche Gametophyt entwickelt. Er besteht aus Embryosack und Eizelle. Gelangt Pollen auf die Narbe einer Pflanze, so wächst der Pollenschlauch aus und dringt bis zur Eizelle vor. Durch den Pollenschlauch wandern Zellkerne männlicher Keimzellen zur Eizelle und es kommt zur Befruchtung. Dieser Vorgang erfordert nicht die Gegenwart von freiem Wasser. Aus der Zygote entwickelt sich der Embryo. Zusammen mit dem umgebenden Nährgewebe bildet er den Samen, der nach seiner Reifung als Verbreitungseinheit dient.

Wesentlich ist, dass bei Samenpflanzen wie bei Selaginella zwei Sporentypen *(Heterosporie)* entstehen, nur verlässt die Megaspore den Sporenbehälter *(Samenanlage)* nicht. Beide Gametophyten sind in ihrer Größe stark reduziert, besonders der männliche *(Pollenkorn)*. Der weibliche Gametophyt entsteht auf der Mutterpflanze und somit auch der neue Sporophyt *(Samen)*. Für ihn sind die Entwicklungsbedingungen günstiger als bei Farnen. Er wächst auf dem Sporophyt der vorhergehenden Generation, der ihn ernährt und schützend umhüllt. Erst in einem gewissen Entwicklungsstadium löst sich der Samen ab. Er enthält, umgeben von einer festen Schale, den Embryo mit Nährgewebe und ist so widerstandsfähiger als die Vorkeime der Farne.

Samenbildung hat sich im Verlauf der Evolution mehrfach entwickelt, etwa bei den fossilen samentragenden Farnen und Bärlappgewächsen. Man kann dies als eine Metamorphose des Generationswechsels ansehen, die Selektionsvorteile gegenüber der Vorkeimbildung bringt.

Die Entwicklung unserer heutigen Samenpflanzen begann mit Nacktsamern *(Gymnospermen)*. Bei ihnen wächst die Samenanlage ohne Umhüllung auf einer Samenschuppe. Die Ursprünge reichen bis ins Devon vor etwa 360 Millionen Jahren zurück. Im Verlauf der Evolution traten baumartige Pflanzen auf, wie die fossil bekannten *Cordaiten* aus dem oberen Karbon. Es waren 20 bis 30 Meter hohe, schlanke Bäume mit langen, bandförmigen Blättern. Seit dem Oberkarbon gibt es Nadelhölzer. Bei ihnen kommt zur Samenbildung ein gut entwickelter Holzkörper als leistungsfähiges Wasserleit- und Festigungssystem.

Im Perm gab es als weitere, formenreiche Nacktsamergruppe die laubblatttragenden Ginkgogewächse. Heute existiert nur noch eine Art, der in Ostasien beheimatete Ginkgobaum *(Ginkgo biloba)*, der bei uns als Zierbaum gepflanzt wird. Er besitzt charakteristische, zweilappige Blätter und unterscheidet sich nur wenig von seinen fossilen Vorfahren. Schon DARWIN bezeichnete ihn als *lebendes Fossil*.

Heute gibt es etwa 800 Arten *Nacktsamer* und etwa 250 000 Arten *Bedecktsamer*. Die Bedecktsamer sind die erfolgreichste Pflanzengruppe; man findet sie in allen Lebensräumen. Charakteristisch für sie ist der Fruchtknoten. Die Bedecktsamer entstanden möglicherweise schon im Jura. Bis jetzt ist die Ausgangsgruppe ihrer Entwicklung nicht bekannt. Aufgrund verschiedener Untersuchungen ist man der Meinung, dass Magnoliengewächse einen ursprünglichen Blütentyp repräsentieren und die Ahnen der Bedecktsamer in ihren Merkmalen den Magnoliengewächsen ähnlich waren.

Aufgaben

1. Beschreiben Sie Unterschiede in der Fortpflanzung bei Farnen und Samenpflanzen.
2. a) In welchen Lebensräumen können Farne auftreten, in welchen nicht? Begründen Sie.
   b) Welche Vorteile bietet Samenverbreitung gegenüber Sporenverbreitung?

Evolution

Die Entstehung der Landwirbeltiere

Die Besiedlung des Festlandes durch Pflanzen und Gliedertiere ging der Entwicklung der Landwirbeltiere voraus. Vermutlich war es die Entfaltung wirbelloser Landtiere, die als neue Ernährungsgrundlage den Wirbeltieren das Vordringen an Land ermöglichte. Aus paläontologischen Befunden schließt man, dass fossile Knochenfische die Ausgangsform der Landwirbeltiere sind. Für den Entwicklungsschritt vom Wasser aufs Land waren verschiedene strukturelle Umgestaltungen der Organismen erforderlich. Wesentliche Elemente sind die Umstellung von der Kiemen- zur Lungenatmung, die Entwicklung von Extremitäten zur Fortbewegung und die Ausbildung eines Verdunstungsschutzes.

Als Ausgangsgruppe für die Evolution der Landwirbeltiere kommen fossile Quastenflosser aus dem Devon in Betracht (s. Seite 33). Sie besaßen am Vorderdarm eine Ausstülpung, die von Blutgefäßen umsponnen war. Dieses Organ, das bei den meisten heutigen Knochenfischen als Schwimmblase dient (s. Abb. Seite 109), arbeitete als Lunge und ermöglichte den Gasaustausch mit der Luft. Wie man sich den allmählichen Übergang zum Landleben vorstellen kann, zeigt die Lebensweise heutiger Lungenfische, die eine derartige Lunge besitzen. Es sind Süßwasserfische, in deren Lebensraum während der Trockenzeiten starker Wassermangel herrscht. Der australische Lungenfisch *(Neoceratodus)* überdauert sie mit der Lungenatmung in kleinen Pfützen. Der afrikanische Lungenfisch baut tiefe, von Schleimkapseln umgebene Schlammhöhlen mit Luftschacht. Lungenatmung ermöglicht hier das Überleben bis zu vier Jahren.

Solche Trockenzeiten sind ebenfalls für das Klima im Devon anzunehmen. Die fossilen Quastenflosser bewegten sich wahrscheinlich, gestützt auf ihre Brustflossen, auf schlammigem Grund von Wasserloch zu Wasserloch. Die stielartig seitlich aus dem Körper ragenden Brustflossen enthielten ein knöchernes Innenskelett. Es konnte den Körper bei verringertem oder fehlendem Wasserauftrieb tragen. Diese knöchernen Flossen werden als ursprüngliche Form der Extremitäten der Landwirbeltiere gedeutet. Ihr Skelett zeigt eine deutliche Achse und bereits die Anlage der Fünfzehigkeit, die ein charakteristisches Merkmal im Grundbauplan vieler Landwirbeltiere ist.

Ein Brückentier mit einer Stellung zwischen den Knochenfischen und den einfachsten Amphibien ist *Ichthyostega*. Dieses aus dem Devon stammende Fossil ist bislang das älteste bekannte Landwirbeltier. Fischmerkmale sind die charakteristische Schädelform und der Schwanz mit seinem Flossensaum. Zu den deutlichen Amphibienmerkmalen gehören die fünfstrahlige Extremität mit Homologien zum Flossenskelett fossiler Quastenflosser sowie die Existenz von Schulter- und Beckengürtel. Die Zwischenstellung wird auch daran deutlich, dass der Schultergürtel noch mit dem Kopf verbunden ist und das Becken noch keine Verbindung mit der Wirbelsäule hat. Vermutlich ist Ichthyostega nicht die Stammform der Amphibien. Verschiedene Merkmale, wie die Lage der äußeren Nasenöffnungen, weisen auf eine bereits spezialisierte Form hin.

Die weitere Entwicklung der Landwirbeltiere ging von fossilen Amphibien aus. Während Amphibien noch heute zur Fortpflanzung das Wasser benötigen, sind Reptilien, Vögel und Säugetiere völlig unabhängig von diesem ursprünglichen Lebensraum geworden.

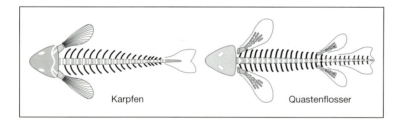
Karpfen — Quastenflosser

Ichthyostega

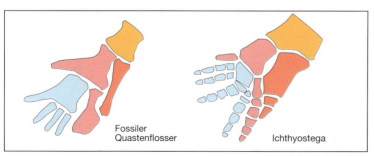
Fossiler Quastenflosser — Ichthyostega

1 Skelettvergleich zwischen Quastenflosser und Ichthyostega

Das Problem des Aussterbens

Verfolgt man die Vielfalt der Organismen anhand von Fossilfunden durch die Zeiträume der Erdgeschichte, so fällt auf, dass zu bestimmten Epochen Arten massenhaft ausgestorben sind. In anderen Zeiten enstanden schnell viele neue Tiergruppen. Diese Ereignisse dienen zur Einteilung der Erdgeschichte in die Erdzeitalter: Erdaltertum *(Paläozoikum)*, Erdmittelalter *(Mesozoikum)* und Erdneuzeit *(Känozoikum)*.

Aus dem Präkambrium gibt es zu wenig Fossilfunde für zuverlässige Angaben über die Artenvielfalt. Zu Beginn des Kambriums vor 600 Millionen Jahren kam es rasch zum Auftreten zahlreicher verschiedener wirbelloser Tiere. Dieses Ereignis kennzeichnet den Beginn des Paläozoikums. Im Kambrium treten alle fossilisierbaren Stämme der Wirbellosen auf. Bereits im Oberkambrium vor 510 Millionen Jahre existierten die ersten Wirbeltiere.

Im Verlauf der Erdgeschichte verschwanden immer wieder ganze Gattungen und Familien. Dieses Hintergrundaussterben hatte eine Rate von etwa fünf Familien mariner Tiere pro 1 Million Jahre. Davon lassen sich Vorgänge mit bis zu viermal so großer Ausserberate abgrenzen. Dieses Massenaussterben ist seit Beginn des Kambriums fünfmal aufgetreten (Abb. 1). Das Massenaussterben am Ende des Perms kennzeichnet den Übergang vom Paläozoikum zum Mesozoikum, das am Ende der Kreide den Übergang vom Mesozoikum zum Känozoikum.

Die unmittelbaren Ursachen des Aussterbens sind bislang nur unzureichend erkannt. Das Hintergrundaussterben lässt sich mit Veränderungen von biotischen und abiotischen Faktoren erklären. Aber die Bedeutung der einzelnen Faktoren ist unbekannt. Möglicherweise sind globale Klimaänderungen die Ursache.

Besonders das Massenaussterben wird kontrovers diskutiert. Oft werden Katastrophen terrestrischen oder extraterrestrischen Ursprungs als Ursachen angeführt. Meist fehlen dafür klare Belege. Aber für das Massenaussterben am Ende der Kreide verdichten sich die Befunde, dass die Ursache der Einschlag eines großen Meteoriten war. Große aufgewirbelte Staubmengen in der Atmosphäre veränderten weltweit und kurzfristig das Klima. Die Temperaturen sanken. An die plötzlich veränderten Bedingungen war eine

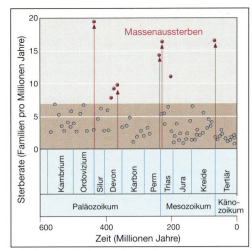

1 Zeitskala mit Aussterbemarken

evolutive Anpassung für viele Arten nicht möglich. Saurier, Ammoniten und andere Gruppen starben aus.

Für die Aufprallhypothese spricht, dass es in den geologischen Schichten am Übergang Kreide — Tertiär eine anomale Anhäufung von Schwermetallen gibt, darunter das seltene Element *Iridium*. Schwermetalle treten in Meteoriten in höherer Konzentration auf als auf der Erde. Leider konnte bislang nicht geklärt werden, ob die anomalen, an verschiedenen Orten nachweisbaren Iridiumablagerungen zu gleicher Zeit entstanden sind, wie es die Hypothese fordert.

Es gibt auch Versuche, das Massenaussterben am Ende der Kreide mit normalen geologischen Vorgängen zu erklären. Danach führten vulkanische Tätigkeit und Gebirgsbildung zu starken Veränderungen der abiotischen Bedingungen an Land. Zugleich sank der Meeresspiegel erheblich ab und die Flachmeere über den Kontinentalsockeln trockneten aus. Als Folge der stark veränderten Lebensbedingungen starben viele Arten aus. Gegen diese Hypothese spricht, dass das Massenaussterben vermutlich viel schneller verlaufen ist als man es bei diesem Modell erwarten dürfte.

Aufgabe

① Vergleichen Sie die Zeitprofile verschiedener mariner Tiergruppen (siehe Randspalte). Bei welchen Gruppen und zu welchen Zeiten ist Massenaussterben aufgetreten, bei welchen starke Artentfaltung?

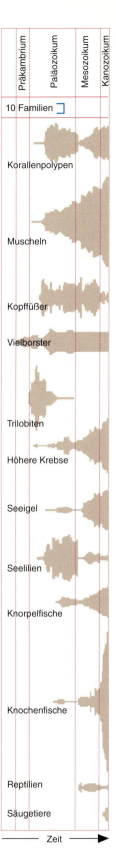

Zeitprofile der Vielfalt mariner Tiergruppen

Evolution

Übersicht über die Entwicklung der Lebewesen

Das **Kambrium** (vor ca. 600–500 Mio. Jahren) ist die älteste Epoche, aus der zahlreiche, gut erhaltene Fossilien bekannt sind. Alle heute bekannten Stämme der wirbellosen Tiere waren bereits mit zum Teil einfachen Formen vertreten. Insekten und Wirbeltiere existierten noch nicht. Das Festland war nicht besiedelt.

Im **Ordovizium** (vor 500–440 Mio. Jahren) lebten die *Panzerfische*, die ersten Wirbeltiere. Ihr Skelett war knorpelig, Kiefer fehlten.

Im **Silur** (vor 440–400 Mio. Jahren) besiedelten die ersten Pflanzen das Festland. Es handelte sich dabei noch um sehr einfach gebaute Nacktfarne, sogenannte *Psilophyten*. Sie entwickelten für das Leben an Land spezielle Anpassungen: Ein Verdunstungsschutz bewahrte die Pflanzen vor rascher Austrocknung. Spezielle Gewebe dienten zur Aufnahme und dem Transport von Wasser. Festigungsgewebe gaben den Pflanzen eine aufrechte Gestalt. Ihre Fortpflanzung erfolgte weitgehend unabhängig vom Wasser. In der gleichen Epoche folgten den Pflanzen mit *Tausendfüßern* und *Skorpionen* die ersten Tiere auf das Festland. Durch das damals vorherrschende warmfeuchte Klima fanden Pflanzen und Tiere auf dem Festland gute Lebensbedingungen vor.

Das **Devon** (vor 400–350 Mio. Jahren) zeigt nicht nur im Wasser, sondern auch auf dem Festland zahlreiche Pflanzen und Tiere: Die Psilophyten wurden durch verschiedene leistungsfähigere Pflanzengruppen, wie z. B. *Bärlappe* und *Farne*, ersetzt. Wirbeltieren war die Eroberung des Festlandes noch nicht gelungen. Allerdings lebte am Ende des Devons *Ichthyostega*, ein Brückentier, das zwischen Fischen und Amphibien steht. Ichthyostega musste einige Probleme meistern: Die Fortbewegung an Land erforderte einen erheblich höheren Kraft- und Energieaufwand, die Körperoberfläche musste einen wirksamen Verdunstungsschutz bilden und für die Atmung waren Lungen erforderlich.

Im **Karbon** (vor 350–270 Mio. Jahren) bilden *Farne, Schachtelhalme* und *Bärlappe* mit baumhohen Arten Wälder, deren Reste wir heute als *Steinkohle* kennen. Wirbeltiere waren auf dem Festland nun mit *Amphibien* vertreten, z. B. den *Dachschädlern*.

Das **Perm** (vor 270–225 Mio. Jahren) war eine Epoche mit starken Veränderungen in der Tier- und Pflanzenwelt: *Reptilien* traten auf (z. B. Seymouria) und verdrängten die Amphibien immer mehr. Sie sind bei der Fortpflanzung im Gegensatz zu Amphibien nicht mehr auf das Wasser angewiesen, da bei ihnen eine innere Besamung stattfindet und die Eier gegen Austrocknung geschützt sind. *Nacktsamer* lösten allmählich Farne, Bärlappe und Schachtelhalme ab. Das Klima war warm und trocken.

In der **Trias** (vor 225–180 Mio. Jahren) waren die Reptilien die dominierende Tiergruppe. Die zu den Reptilien gehörenden *Theriodontier* bildeten Brückenformen (z. B. Cynognathus) zu den späteren Säugetieren.

Der **Jura** (vor 180–135 Mio. Jahren) ist die Epoche der *Dinosaurier*. An Land, im Meer und in der Luft bildeten sie die vorherrschende Tiergruppe. *Archaeopteryx* und einfache Säugetiere lebten bereits.

In der **Kreide** (vor 135–65 Mio. Jahren) erlebten die Saurier ihre letzte Blütezeit. Vor ca. 65 Mio. Jahren starben alle Dinosaurier und zahlreiche andere Tiergruppen, wie z. B. die *Ammoniten*, aus. Man vermutet heute, dass es durch den Einschlag eines riesigen Meteoriten im Gebiet der mexikanischen Küste zu einer weltweiten Verschlechterung der Lebensbedingungen kam. Allerdings werden noch andere mögliche Ursachen des massenhaften Aussterbens vieler Lebewesen diskutiert.

Das **Tertiär** (vor 65–2 Mio. Jahren) ist die Epoche der *Säugetiere* und *Vögel*. Die Radiation der Säugetiere führte dabei relativ rasch zu der Bildung von ca. 30 verschiedenen Ordnungen.

Im **Quartär** (seit 2 Mio. Jahren) kam es immer wieder zu einem Wechsel von Eiszeiten und Warmzeiten. Mit dem *Homo habilis* erschien der erste Vertreter der Gattung Mensch.

Ichthyostega

Seymouria

Cynognathus

Beispiele von Brückentieren

Aufgabe

① Erste einfache Säugetiere lebten bereits zur Zeit der Dinosaurier. Erst nach deren Aussterben kam es zu einer raschen Radiation der Säugetiere. In welchen ökologischen Nischen könnten die Ursäugetiere das Erdmittelalter überdauert haben? Wie ist die Radiation der Säugetiere im Tertiär zu erklären?

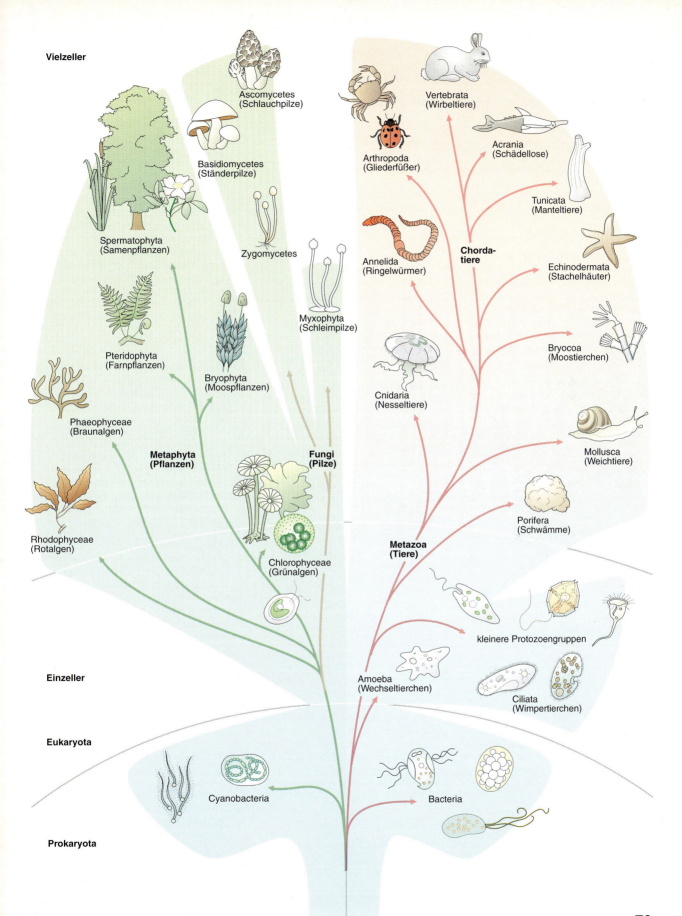

Evolution oder Kreation?

„Am Anfang schuf Gott Himmel und Erde."
„Der Urknall, der unser Universum ins Leben rief, liegt zehn bis zwanzig Jahrmilliarden zurück. Warum es dazu kam, ist für uns das größte Geheimnis."

Der erste Satz der Bibel und die naturwissenschaftliche Formulierung (aus C. SAGAN: Unser Kosmos, Droemer Knaur 1982) unterscheiden sich im Blick auf die Entstehung der Welt grundsätzlich, weil sie von völlig unterschiedlichen Voraussetzungen ausgehen.

Die *biblische Weltsicht* ist geprägt vom Willen des allmächtigen Gottes, der seiner Schöpfung einen Sinn gibt und über allen Naturgesetzen steht. Die *Naturwissenschaft* deutet dagegen in ihrer materialistischen Weltanschauung alle mess- und beobachtbaren Fakten ohne das Wirken einer physikalisch nicht greifbaren Macht, die die Entwicklung lenkt.

1. Grundpositionen

Der aus den USA kommende *Kreationismus* (lat. *creatio* = Schöpfung) bezieht eine grundsätzliche Gegenposition zur *Evolutionstheorie*, weil er in den biblischen Aussagen den Schlüssel zur Interpretation naturwissenschaftlicher Beobachtungen sieht.
Ein *theistischer* Denkansatz (*theos*, gr. = Gott) strebt nach einer Harmonisierung zwischen biblischen Inhalten und der Evolutionstheorie.

„Wissenschaft hat nichts mit Christus zu tun ... " (CHARLES DARWIN)

„Der reine Zufall, nichts als der Zufall, die absolute, blinde Freiheit als Grundlage des wunderbaren Gebäudes der Evolution — diese zentrale Erkenntnis der modernen Biologie ist heute nicht mehr nur eine unter anderen möglichen oder wenigstens denkbaren Hypothesen; sie ist die einzig vorstellbare, da sie allein sich mit den Beobachtungs- und Erfahrungstatsachen deckt."
(J. MONOD, Nobelpreisträger)

„Heute setzt sich nämlich immer mehr die Meinung durch, dass Schöpfung und Evolution Antworten auf jeweils ganz verschiedene Fragen sind und deshalb auf verschiedenen Ebenen liegen. Evolution ist ein rein empirischer Begriff, der auf die Frage nach einem ‚horizontalen' Woher und dem raumzeitlichen Nacheinander der Geschöpfe eingeht. Schöpfung dagegen ist ein theologischer Begriff und fragt nach dem ‚vertikalen' Warum und Wozu der Wirklichkeit. Evolution setzt immer schon ‚etwas' voraus, das sich verändern und entwickeln kann. Um beide Sichtweisen zu verbinden, sagen heute viele Theologen: Gott schafft die Dinge so, dass sie ermächtigt sind, bei ihrer eigenen Entwicklung mitzuwirken." (Katholischer Erwachsenen-Katechismus, 1985)

„Im direkten Gegensatz zu all den Versuchen, den Ursprung der Erde durch natürliche Prozesse zu erklären, sagt die Bibel, dass Gott alle Dinge auf übernatürliche Weise schuf. Mit anderen Worten: Die Welt ist auf eine Art zustande gekommen, die heute im Universum nicht mehr beobachtet werden kann. ... Die Tatsache, dass die Schöpfung übernatürlich war, bedeutet, dass sie vom menschlichen Verstand nur durch spezielle Offenbarung begriffen werden kann. Nur Gott kann uns sagen, wie die Welt entstand, denn kein Mensch war dabei, als sie geschaffen wurde." (J. C. WHITCOMB)

Aufgabe

① Welche der einleitend skizzierten Weltanschauungen finden Sie in den Texten wieder? Begründen Sie Ihre Zuordnung durch Textpassagen!

2. Naturwissenschaft oder Glaube?

„Durch den Glauben erkennen wir, dass die Welt durch Gottes Wort gemacht ist." (Bibel, Hebräerbrief 11,2)

Naturwissenschaftliche Aussagen müssen experimentell überprüfbar und falsifizierbar sein.
(nach KARL POPPER, Wissenschaftsphilosoph)
1. „Wissenschaftliche Hypothesen und Theorien basieren auf empirischen (aus Beobachtungen und Experimenten gewonnenen) Daten und können niemals als ‚absolut wahr' gelten.
2. Auf Ursprungsfragen sind naturwissenschaftliche Erkenntnismethoden nur beschränkt anwendbar. Wesentliche Information liefern hier Indizien, die einer Interpretation bedürfen."
(R. JUNKER, S. SCHERER)

„JUNKER und SCHERER verschweigen jedoch, dass das Axiom, wonach es auf dieser Welt ausschließlich mit natürlichen Dingen zugehe, nicht nur für die Evolution oder die Biologie gilt: Alle Wissenschaften fußen auf diesem Prinzip! Übernatürliche Kräfte oder Wesen kommen in keiner wissenschaftlichen Disziplin vor. ... Das Prinzip des Naturalismus machte und macht Wissenschaft erst möglich!"
(H. HAHNER zu den Thesen JUNKERS und SCHERERS)

„Ich finde Gott in meinen Forschungen, aber nur, weil er mich zuvor schon gefunden hat. Er schenkte mir, dass ich an ihn glaube, und dieser Glaube bestimmt mein ganzes Leben und besonders meine Forschung. Ich habe nie versucht, ihn durch Forschen zu finden."
(Pater G. V. COYNE, Direktor der Sternwarte des Vatikan)

Aufgaben

① Was verstehen JUNKER und SCHERER unter „absolut wahr"? Mit welchem Wahrheitsbegriff arbeitet die Naturwissenschaft?
② Erklären Sie, weshalb K. POPPER den Darwinismus als „nicht überprüfbare wissenschaftliche Theorie" bezeichnet.
③ „Alle Dinge reden von Gott zu denen, die ihn kennen und enthüllen ihn denen, die ihn lieben." Kann diese Aussage von BLAISE PASCAL (1623 — 1662) auch heute noch Lebensmotto für einen Naturwissenschaftler sein?

3. Die Entstehung des Lebens: Zufall oder Schöpfung?

„Und Gott sprach: Die Erde bringe hervor lebendiges Getier."
(Bibel, Genesis 1,24)

„Sie mischten eine ‚Uratmosphäre' aus Methan, Ammoniak, Wasserstoff und Helium, führten dann über Funkentladungen oder Stoßwellen Energie zu und fanden anschließend im Bodensatz der Retorte einst ‚Ursuppe' — neben zahlreichen organischen Verbindungen auch Nucleotide und Aminosäuren. Demnach ist es gerechtfertigt, Nucleotidketten, also Nucleinsäuren, als potentielle Träger der frühen, präbiotischen Evolution zu betrachten."
(M. EIGEN zum Urey-Miller-Versuch)

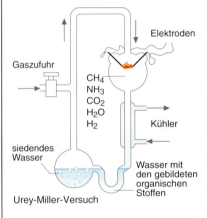

Urey-Miller-Versuch

„In einer brodelnden und dampfenden chemischen ‚Suppe' bildeten sich die ersten lebenden Zellen." (aus „Tiere der Urzeit", Sachbuch für Kinder)

„Zwar wird dieser Ablauf heute bereits in den Schulen gelehrt, doch stellen neuere Befunde ihn wieder ernsthaft in Frage. Es hat sich nämlich gezeigt, dass RNA sich gar nicht so leicht unter den Bedingungen, die man für die Urzeit annehmen muss, synthetisieren lässt. Und ein solches Molekül dazu zu bringen, sich selbst zu vervielfältigen, ist ebenfalls nicht einfach. ...
Viel entscheidender ... wäre aber, wenn die Atmosphäre damals für das Entstehen organischer Verbindungen gar nicht so günstig zusammengesetzt war wie lange angenommen. ... Vielmehr soll die Atmosphäre hauptsächlich aus Kohlenstoffdioxid und Stickstoff vulkanischen Ursprungs bestanden haben. Sie wäre also ziemlich reaktionsträge und wenig geeignet dafür gewesen, dass Aminosäuren oder andere für das Leben nötige Substanzen hätten entstehen können."
(aus „Spektrum der Wissenschaft" 4/91)

„Den Ursprung des Lebens zu ergründen ist doch wesentlich komplizierter, als ich — und nicht nur ich allein — damals dachte." (S. L. MILLER, „Ursuppenexperimentator")

„Was bei unsereren Forschungen herauskam, war, verkürzt gesagt, die Erkenntnis, dass in der Natur alles optimal geregelt ist. Man kann das natürlich auch theologisch erklären und sagen ‚Das ist eben Schöpfung'. Naturwissenschaftler sind ja nicht unbedingt gottlos. Aber wir sagen, wenn Gott das Leben geschaffen hat, dann hat er es nach den Regeln der Naturgesetze getan. Er wird keine Naturgesetze hervorbringen, um sie dann wieder zu umgehen. Also muss sich die Entstehung des Lebens irgendwie erklären lassen. Wir stellen also nicht die Frage, ob Gott es war oder ob es Gott gibt, sondern wir schauen uns an, wie die Lebensprozesse ablaufen."
(M. EIGEN, Nobelpreisträger)

Aufgaben

① Welche offenen Fragen im Blick auf die Entstehung des Lebens sehen Naturwissenschaftler? Begründen Sie, ob diese ungelösten Fragen für M. EIGEN die Theorie der chemischen Evolution grundsätzlich in Frage stellen.
② Wie würde ein vom Schöpfungsmodell überzeugter Forscher diese ungeklärten Fragen interpretieren?
③ Wie gehen populärwissenschaftliche Sachbücher mit diesen Fragen um?

4. Der Mensch — Gottes Ebenbild?

„Und Gott schuf den Menschen zu seinem Bilde, zum Bilde Gottes schuf er ihn." (Bibel, Genesis 1,27)

„In der ersten Ausgabe meiner ‚Entstehung der Arten' ließ ich es bei der Andeutung bewenden, dass durch dieses Werk Licht verbreitet würde auch über den Ursprung des Menschen und seine Geschichte. Darin lag eingeschlossen, dass der Mensch hinsichtlich seines Erscheinens auf der Erde den selben allgemeinen Schlussfolgerungen unterworfen sei wie jedes andere Lebewesen."
(CHARLES DARWIN zu „The Descent of Man", erschienen 1871)

„Der Mensch steht allein im Universum, als einzigartiges Produkt eines langen, unbewussten, unpersönlichen, materiellen Vorganges, mit einzigartigen Fähigkeiten des Verstandes und Möglichkeiten der Entwicklung. Diese verdankt er niemandem außer sich selbst. Er ist daher nur sich selbst verantwortlich. Er ist nicht das Geschöpf unbeherrschbarer und unbestimmter Mächte, sondern sein eigener Herr. Er kann und muss sein eigenes Schicksal entscheiden und lenken."
(G. G. SIMPSON, Paläontologe)

„Unter Gottesebenbildlichkeit ist demnach offenbar nicht gemeint, dass der Mensch eine bestimmte Fähigkeit oder Gestalt hat, die ihn von der übrigen Naturwelt unterscheidet. Sie hat vielmehr den einfachen Sinn: Der ewige Gott zieht dieses kleine Wesen zu sich herauf und macht den Menschen zu seinem Gegenüber, zu seinem ‚alter ego', zu seinem Partner, zu seinem Du, mit dem er sprechen kann, wie ein Mensch mit seinesgleichen spricht. Er zieht ihn in seine persönliche Gemeinschaft hinein. Die überragende Stellung des Menschen über der ganzen Kreatur beruht also gerade nicht auf seiner höheren Geburt, sondern einzig und allein auf dem einzigartigen Verhältnis, in das Gott zu ihm tritt."
(K. HEIM, Theologe)

„Wir sind für seine Schöpfungsgaben verantwortlich; nicht nur, wo es um unser eigenes Leben ... geht, sondern auch um das Leben der Nächsten. Wir sind darüber hinaus verantwortlich für die ganze Fülle der Schöpfung in der Natur, die dem Menschen anvertraut und damit auch preisgegeben ist."
(Brockhaus, Biblisches Wörterbuch, 1982)

Aufgaben

① Analysieren Sie, welches Menschenbild diesen Texten zugrunde liegt.
② Die englische Karikatur aus dem Jahr 1871 zeigt DARWIN als Affe. Welche Faktoren könnten zu ihrer Entstehung geführt haben?

6 Humanevolution

Primaten — von Menschen und Menschenaffen

Systematische Stellung des Menschen

Stamm: Wirbeltiere

Klasse: Säugetiere

Ordnung: Primates („Herrentiere")

Überfamilie: Hominoidea

Familie: Hominidae

Unterfamilie: Homininae

Gattung: Homo

Art: Homo sapiens

Jahrhundertelang galt der Mensch im europäischen Kulturkreis als Krone der Schöpfung. Die Aussage der Evolutionstheorie, dass der Mensch von tierischen Vorfahren abstamme, war daher zunächst umstritten. Untersucht man die stammesgeschichtliche Entwicklung des Menschen, muss man sich mit einigen grundlegenden Problemen befassen:
— Welche Beziehungen bestehen zwischen Menschen und Menschenaffen?
— Welche Faktoren führten zu der Entwicklung des heutigen Menschen?
— Kann man mit den bekannten Fossilfunden einen Stammbaum des Menschen und seiner Vorfahren rekonstruieren?

Als DARWIN seine Arbeiten veröffentlichte, stellte sich die Frage, ob der Mensch von affenähnlichen Vorfahren abstamme. Beantworten lässt sich diese Frage aus biologischer Sicht nur auf der Grundlage naturwissenschaftlicher Erkenntnisse:
— Durch Vergleich des heutigen Menschen mit Menschenaffen kann man feststellen, welche Gemeinsamkeiten und Unterschiede zwischen diesen auf den ersten Blick so ähnlichen Arten tatsächlich existieren. Abstufungen in den Ähnlichkeiten ermöglichen erste Hinweise auf mögliche verwandtschaftliche Beziehungen.
— Stammt der Mensch wirklich von affenähnlichen Vorfahren ab, so müssten Fossilien zu finden sein, die eine Entwicklungslinie von diesen Vorfahren zu uns heutigen Menschen aufzeigen. So suchte der niederländische Militärarzt EUGENE DUBOIS auf Java nach dem „missing link", d. h. dem fehlenden Bindeglied zwischen Menschenaffen und Menschen. Er konnte im Jahr 1891 tatsächlich die Reste eines damals als „Pithecanthropus" (Affenmensch) bezeichneten Lebewesens finden.
— Der Vergleich zwischen unseren mutmaßlichen Vorfahren, den Menschenaffen und uns heutigen Menschen lässt bestimmte Entwicklungstendenzen erkennen. Die Ursachen dieser Entwicklung aufzuzeigen, ist eine weitere Aufgabe der Evolutionsforschung.

Primaten sind bereits im Erdmittelalter vor 70—80 Mio. Jahren entstanden. Urprimaten lebten auf Bäumen. Das Gehirn war noch relativ klein, die Schnauze lang wie bei Insektenfressern. Erstaunlich ist die Vielfalt innerhalb der Primaten hinsichtlich Körpergröße und Verbreitung. Sie besiedeln Amerika, Afrika und Asien. Ihre kleinsten Vertreter wiegen knapp 100 g, der männliche Gorilla dagegen wiegt bis zu 250 kg. Neben Fleisch- und Allesfressern gibt es auch reine Vegetarier. Verschiedenste Lebensräume können so erfolgreich besiedelt werden.

Allen Primaten gemeinsam ist eine hohe Intelligenz und ein differenziertes Sozialverhalten. Das Gehirn ist in Relation zur Körpergröße stets groß. Die Lebenserwartung ist hoch, die Fortpflanzungsrate dagegen gering und die Brutpflege intensiv. Hände und Füße sind als Greifwerkzeuge verwendbar. Finger und Zehen weisen Krallen oder Nägel auf. Die Augen sind meist nach vorne gerichtet, was ein gutes räumliches Sehen ermöglicht. Der Geruchssinn ist nur schwach entwickelt. Dieser Merkmalskomplex wird gedeutet als Angepasstheit an eine bestimmte Lebensweise: Primaten ernährten sich ursprünglich von Insekten und anderen Kleintieren. Die Beute wurde mit den Augen erkannt und mit den Greifhänden gefangen. Ihr Lebensraum waren die kleintierreichen tropischen und subtropischen Wälder.

Die Anwendung cytologischer und molekularbiologischer Methoden ergab weitere Erkenntnisse: Die Auswertung der *Karyogramme* von Menschen und Menschenaffen zeigt, dass Menschen 46 Chromosomen besitzen, Menschenaffen dagegen 48 Chromosomen.

Nach dem cytologischen Vergleich auf der Chromosomenebene liegt es nahe, auf der Ebene der DNA das Genom von Menschen und Menschenaffen zu vergleichen. Dazu bedient man sich der Methode der *DNA-Hybridisierung*: Die DNA der beiden untersuchten Arten wird durch Erwärmen in Einzelstränge gespalten. Die Einzelstränge werden gemischt und allmählich abgekühlt. Wo die Einzelstränge komplementäre DNA-Sequenzen aufweisen, paaren sich die Nukleotide und es entstehen Hybrid-Doppelstränge. Diese werden nun wiederum erwärmt. Sie trennen sich um so früher, je weniger Nukleotide sich paaren konnten. Als Maß für die Ähnlichkeit der DNA ergibt sich der $T_{50}H$-Wert, d. h. die Temperatur, bei der

Pithecanthropus
Überholte Bezeichnung für in Java gefundene Urmenschen, heute als Homo erectus bezeichnet.

82 Evolution

noch 50 % der Hybrid-Doppelstränge undissoziiert vorliegen. Die Tabelle zeigt die sogenannten Delta $T_{50}H$-Werte. Sie geben die Differenz zwischen der Schmelztemperatur der reinen DNA des Menschen und dem $T_{50}H$-Wert der jeweiligen Hybrid-DNA an. Je geringer diese Differenz ist, desto ähnlicher sind sich die entsprechenden DNA-Sorten.

Die beschriebenen und darüber hinaus noch viele andere Forschungsergebnisse geben uns heute eine relativ genaue Vorstellung von der systematischen Stellung des Menschen: Der Mensch gehört zum *Stamm* der Wirbeltiere. Mit vielen anderen Tierarten zusammen bildet er die *Klasse* der Säugetiere. Dazu zählen neben anderen Ordnungen auch die *Primaten*, die derzeit 185 lebende Arten umfassen. Die Überfamilie der *Hominoidea* umfasst zwei Familien, *Hominidae* und *Pongidae*, letztere mit nur einer derzeit lebenden Art, *Pongo pygmaeus* (Orang-Utan). Die Familie Hominidae besteht aus zwei Unterfamilien, *Homininae* und *Gorillinae*, mit derzeit nur zwei Gattungen: Gorilla und Schimpanse. Die afrikanischen Menschenaffen sind mit dem Menschen stammesgeschichtlich also näher verwandt als mit dem Orang.

Trotz dieser zahlreichen Forschungsergebnisse sind die genauen verwandtschaftlichen Beziehungen zwischen Menschen und Menschenaffen noch nicht sicher geklärt. Die Abbildung zeigt die heute gültige Vorstellung von der Stellung des Menschen. Zur Erstellung derartiger *Dendrogramme* setzt man voraus, dass eine bestimmte Mutterart sich in zwei Tochterarten aufspaltet, die ihrerseits Schwesterarten bilden. Ausgehend von lebenden Arten versucht man, ältere Stammarten zu rekonstruieren und deren Beziehungen zueinander in Form von Verzweigungen darzustellen. Diese Methode führt man solange fort, bis man die gemeinsame Stammform der Lebewesen gefunden hat.

Aufgaben

① „Primaten sind weniger durch spezielles Angepasstsein als durch eine große Anpassungsfähigkeit gekennzeichnet." Bestätigen oder widerlegen Sie diese Meinung.

② Der abgebildete Schädel des *Pithecanthropus* zeigt sowohl ursprüngliche als auch weiterentwickelte Merkmale, die denen heutiger Menschen ähneln. Stellen Sie in einer Übersicht derartige Merkmale zusammen.

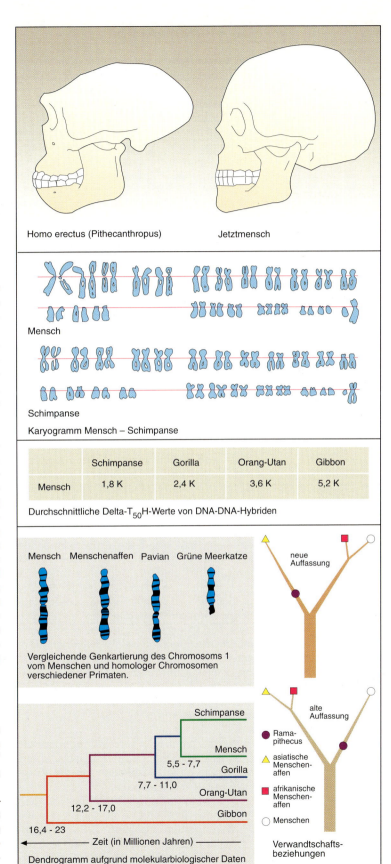

Homo erectus (Pithecanthropus)　　　Jetztmensch

Mensch

Schimpanse

Karyogramm Mensch – Schimpanse

	Schimpanse	Gorilla	Orang-Utan	Gibbon
Mensch	1,8 K	2,4 K	3,6 K	5,2 K

Durchschnittliche Delta-T_{50}H-Werte von DNA-DNA-Hybriden

Mensch　Menschenaffen　Pavian　Grüne Meerkatze

Vergleichende Genkartierung des Chromosoms 1 vom Menschen und homologer Chromosomen verschiedener Primaten.

Dendrogramm aufgrund molekularbiologischer Daten

neue Auffassung

alte Auffassung

● Ramapithecus
▲ asiatische Menschenaffen
■ afrikanische Menschenaffen
○ Menschen

Verwandtschaftsbeziehungen

Die molekulare Uhr

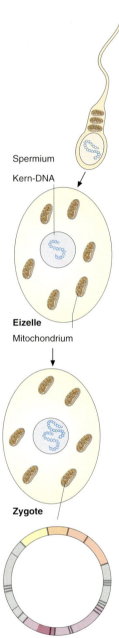

Spermium
Kern-DNA

Eizelle
Mitochondrium

Zygote

Mitochondrien-DNA

Ein wesentliches Hilfsmittel bei dem Versuch, die teilweise noch ungeklärten Verwandtschaftsbeziehungen der Menschen untereinander zu durchschauen, ist die Anwendung molekularbiologischer Methoden: Lebewesen einer bestimmten Art ähneln sich nicht nur in ihren anatomischen Merkmalen, sondern sie weisen auch in der chemischen Struktur ihrer Serumproteine oder ihrer DNA weitestgehende Übereinstimmungen auf. Kommt es zur Aufspaltung dieser Art in mehrere andere Arten, so entwickeln sich diese getrennt weiter. Mutationen, die danach auftreten, können bei den nun getrennten Arten zu verschiedenartigen Strukturen bei den Proteinen und der DNA führen. Je länger die getrennte Entwicklung bereits gedauert hat, desto größer werden die Unterschiede sein. Man nennt dies auch „molekulare Uhr".

So einleuchtend diese Methode auch erscheinen mag, so unterliegt sie doch gewissen Einschränkungen: Mutationen treten nicht bei allen Genen mit derselben Häufigkeit auf. Die Selektion übt einen großen Einfluss darauf aus, wie schnell sich Mutationen anhäufen können. Die „molekulare Uhr" muss also geeicht werden. Die prinzipielle Vorgehensweise sei an einem Beispiel erläutert: Von Altweltaffen weiß man aufgrund von Fossilfunden, dass sie sich seit ca. 30 Mio. Jahren getrennt von anderen Primaten entwickelt haben. Unbekannt war zunächst dagegen, seit wann die Entwicklung von Menschen und afrikanischen Menschenaffen getrennt verläuft. Betrachtet man nun die Unterschiede beispielsweise der Serumproteine von Altweltaffen, afrikanischen Menschenaffen und Menschen, so zeigen sich zwischen Menschen und Altweltaffen sechs mal mehr Unterschiede als zwischen Menschen und afrikanischen Menschenaffen. Die „molekulare Uhr" zeigt als Zeitpunkt der Aufspaltung zwischen Menschen und afrikanischen Menschenaffen also eine Zeit von ca. 5 Mio. Jahren an.

In den letzten Jahren wurde besonders die DNA aus Mitochondrien (mt-DNA) untersucht. Sie bietet, verglichen mit der Kern-DNA (n-DNA), Vorteile:
— Die Mitochondrien der Spermien dringen bei der Befruchtung in die Eizelle ein, werden aber abgebaut (s. Randspalte). In der nächsten Generation sind also nur die mitochondrialen Gene der Eizelle vorhanden. Dies hat zur Folge, dass mt-DNA im Gegensatz zur n-DNA nicht rekombiniert wird. Treten Unterschiede zwischen mt-DNA verschiedener Herkunft auf, so muss dies ausschließlich auf Mutationen beruhen.
— Die mt-DNA enthält nur 37 Gene, ist also relativ leicht zu untersuchen. Im Vergleich dazu enthält die n-DNA ca. 100 000 Gene.
— Die mt-DNA mutiert relativ gleichmäßig. Die meisten Mutationen sind vermutlich selektionsneutral.
— Die mt-DNA mutiert schneller als die n-DNA.

Untersuchungen an der mt-DNA ergaben, dass die Entwicklungslinien von Mensch und Schimpanse seit ca. 5 Mio. Jahren getrennt verlaufen. Dies zeigt, dass Schimpanse und Mensch enger verwandt sind als z.B. der Schimpanse mit anderen Menschenaffen (s. Abb. S. 83 und 92). Die traditionelle Gliederung der Primaten in Menschen und Menschenaffen muss als überholt gelten.

Dieser Wert stand im Widerspruch zu der früher gültigen Überzeugung, die Aufspaltung der Entwicklungslinien von Mensch und Menschenaffen sei bereits vor 15 bis 30 Mio. Jahren erfolgt. Die Ergebnisse der Molekularbiologie wurden deshalb von Paläontologen zunächst nicht akzeptiert. Erst seit noch weitere molekularbiologische Methoden, wie z.B. die Sequenzanalyse von DNA oder die Kartierung bestimmter Gene, zu ähnlichen Zeitangaben führen, setzt sich allmählich die Erkenntnis durch, dass die Aufspaltung von Menschen und Menschenaffen bei weitem nicht so lange zurückliegt, wie man dies noch vor wenigen Jahren annahm. In den letzten Jahren wurden diese Methoden auch eingesetzt, um die genauen Verwandtschaftsverhältnisse der heute lebenden Menschen zu erforschen (s. S. 98).

Aufgaben

① Warum ist es von entscheidender Bedeutung, dass die Altersbestimmung mithilfe molekularbiologischer Experimente nicht nur auf einer bestimmten Methode beruht, sondern dass heute mehrere voneinander unabhängige Methoden eingesetzt werden können?

② Warum ist es wichtig, dass Mutationen der mt-DNA gleichmäßig und nicht schubweise auftreten?

③ Warum sind Mutationen der mt-DNA meist selektionsneutral?

Lexikon

Frühe Hominoiden

Die Auswertung von Fossilfunden zeigt, dass bei der Evolution der Altweltaffen eine Reihe von Entwicklungstendenzen festzustellen sind: Die Gehirne wurden größer und leistungsfähiger als bei den Halbaffen. Die Körpergröße nahm allmählich zu. Die ursprüngliche Lebensweise als Früchte essende Baumbewohner wurde erweitert: Es kam zu einer Anpassung an die Lebensweise auf dem Boden, wobei sowohl pflanzliche als auch tierische Nahrung aufgenommen werden kann. Weiterhin entstand das Schwinghangeln für die rasche Fortbewegung in den Baumkronen.

Die genaue Zuordnung und Interpretation der verschiedenen Fossilfunde ist unter Wissenschaftlern teilweise umstritten, u.a. da die Fossilien oft nur aus kleinen Bruchstücken bestehen. Ungenauigkeiten in der Datierung erschweren die Auswertung. Durch Fortschritte in der Altersbestimmung mussten bekannte Fossilien neu interpretiert werden. Eine Schwierigkeit liegt in der schwer verständlichen Benennung von bestimmten Einzelfunden einerseits und der Benennung systematischer Gruppen andererseits. Dies sei an folgenden Beispielen erläutert: Als „Proconsul" bezeichnet man eine Gattung afrikanischer Hominoiden, zu der drei Arten gehören. Will man eine bestimmte Art angeben, ist der Artname anzufügen, z.B. „Proconsul africanus". Betrachtet man eine Gruppe ähnlicher Fossilfunde als Ganzes, bezeichnet man diese mit der Endung -idae oder -inae, z.B. „Proconsulidae". Soll ein einzelnes Fundstück beschrieben werden, muss eine weitere Kennzeichnung erfolgen (s. Seite 91). Beispielsweise bedeutet die Kennzeichnung „KNM-ER 3733" „Kenya National Museum — East Rudolf", d.h. ein Fund vom Rudolfsee (heute Turkanasee).

Die Funde von Fayum (Ägypten) sind ca. 35 Mio. Jahre alt. Das damals herrschende feuchtwarme Klima führte zu einer völlig anderen Vegetation als heute. Wälder und Flüsse bedeckten damals das Land, wo heute große Trockenheit herrscht. Der größte Fund wird *Aegyptopithecus* genannt. Die Knochen lassen vermuten, dass er auf Bäumen lebte und sich wahrscheinlich von Früchten ernährte. Zwischen Männchen und Weibchen bestand ein deutlicher Geschlechtsdimorphismus. Aegyptopithecus repräsentiert den Typ des noch unspezialisierten ursprünglichen Altweltaffen. Von *Propliopithecus* wurde ein Unterkiefer gefunden.

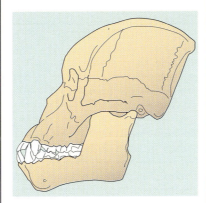

Zwischen den Funden von Fayum und den folgenden jüngeren Funden fehlen leider jegliche fossilen Belege. *Proconsul africanus* (Abb. 1) ist mit einem Alter von ca. 19 Mio. Jahren nur etwa halb so alt wie die Funde von Fayum. Er zeigt ein Merkmalsmosaik von Eigenschaften „niederer" Affen (Arme, Hände, Rumpf) und von Menschenaffen (Schädel, Ellenbogen, Schulter, Zähne). Auch er ernährte sich von Früchten. Geschlechtsdimorphismus wurde ebenfalls festgestellt. Proconsul lebte in den Regenwäldern Afrikas. Seit ca. 16 Mio. Jahren gibt es Proconsul auch in Europa und Asien. Proconsul ist möglicherweise ein Vorfahr der afrikanischen Menschenaffen.

Die *Dryopithecinen* (Abb. 2) kamen in Europa und Asien vor. Die Funde weisen ein Alter von 11 — 13 Mio. Jahren auf. Sie ernährten sich hauptsächlich von Früchten.

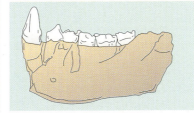

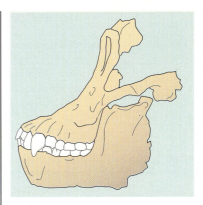

Sivapithecinen (Abb. 3) lebten überwiegend auf Bäumen und waren Allesfresser. Sie kamen ab ca. 17 Mio. Jahren in Afrika, ab ca. 13 Mio. Jahren in Europa und Asien vor. Sie besiedelten Savannen und aßen Samen und Früchte. Die frühere Meinung, Sivapithecinen hätten sich zu Australopithecinen weiterentwickelt (s. Seite 91), gilt heute als widerlegt. Man nimmt vielmehr an, dass die Sivapithecinen zu den Vorfahren der Orang-Utans gehören.

Ramapithecus galt bis vor kurzer Zeit als ältester bekannter Vorfahr der Hominiden (s. Seite 83). Er wird auf ca. 15 Mio. Jahre datiert. Neuere Erkenntnisse der Molekularbiologie zeigen jedoch, dass die Aufspaltung der Entwicklungslinien von Menschen und Menschenaffen weitaus später stattgefunden haben dürfte. Auch sind die viel später lebenden Australopithecinen (s. Seite 89) in vielen Merkmalen noch den Menschenaffen ähnlicher als Ramapithecus. Bestimmte Australopithecinen gelten heute als unsere unmittelbaren Vorfahren. Nach neueren Erkenntnissen handelt es sich bei Ramapithecus möglicherweise um weibliche Individuen der Gattung Sivapithecus.

Ungeklärt bleibt damit die Frage, von wem sich die Hominiden ableiten. Wir können den letzten gemeinsamen Vorfahren von Menschen und den Menschenaffen Schimpanse und Gorilla, (die Vorfahren des Orang-Utan hatten sich bereits früher abgespalten) also nur modellmäßig rekonstruieren:
— Gewicht der Weibchen: ca. 30 kg
— Gewicht der Männchen: ca. 60 kg
— Ernährung: überwiegend Früchte
— Lebensraum: meist in Bäumen, gelegentlich auch am Boden
— Fortbewegungsweise: vierbeinig, vermutlich Knöchelgang
— Gebiss: kräftige Eckzähne, Zahnlücke vorhanden.

Der aufrechte Gang — ein entscheidender Fortschritt

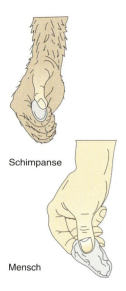

Schimpanse

Mensch

Die Entstehung des *aufrechten Gangs* gehört im Tierreich zu den Ausnahmen. Unter den Primaten ist der Mensch die einzige rezente Art, die zu einem lange andauernden aufrechten Gang befähigt ist. Andere Primaten können nur über kurze Entfernungen und unter beträchtlichem Kraftaufwand aufrecht gehen.

Die Faktoren, die bei unseren Vorfahren zur Entwicklung des aufrechten Gangs führten, werden von Forschern unterschiedlich bewertet: Die aufgerichtete Körperhaltung ermöglichte eine weitaus bessere Übersicht in freiem Gelände. Zweibeiner konnten dadurch Raubtiere, Beute oder Nahrungspflanzen früher entdecken und besaßen somit gegenüber vierbeinigen Lebewesen entscheidende Selektionsvorteile. Die Hände wurden nicht mehr für die Fortbewegung benötigt. Sie waren damit frei für den Gebrauch und die Herstellung von Werkzeugen.

Die Hände konnten auch zum Transport von Nahrungsmitteln über größere Entfernungen eingesetzt werden. Dazu werden derzeit zwei Hypothesen diskutiert: Die Frau könnte als Sammlerin mit ihren Kindern Nahrung über große Entfernungen herangeschafft haben. Der Mann war überwiegend als Jäger unterwegs und beteiligte sich so an der Nahrungsbeschaffung für die Familie. Die andere Hypothese geht davon aus, dass die Frauen mit ihren Kindern weitgehend an einem bestimmten Ort blieben und die Männer die Nahrung für die Familie beschafften. Die Arbeitsteilung zwischen den Geschlechtern ist nur sinnvoll, wenn zwischen den Männern und Frauen eine feste Paarbindung besteht. Den Frauen wäre es so möglich geworden, in relativ kurzer Zeit eine für Primaten hohe Zahl an Nachkommen großzuziehen.

Andere Forscher sehen die Entwicklung des aufrechten Gangs als Anpassung an Klimaänderungen: Das feuchte und warme Klima in Afrika änderte sich allmählich in Richtung eines kühleren und vor allem trockeneren Klimas. Mögliche Nahrungsquellen unserer Vorfahren waren nun über große Gebiete verstreut. Lange Fußmärsche waren also zur Nahrungsbeschaffung unumgänglich. Für diese Hypothese spricht, dass die zweibeinige Fortbewegungsweise bei geringem Tempo energetisch sehr günstig ist. Außerdem ist der Mensch so zu erstaunlichen Ausdauerleistungen fähig.

Mehrere Forscher vertreten heute die Meinung, dass unsere Vorfahren nicht Sammler und Jäger waren, wie man bisher angenommen hat, sondern sich überwiegend von Aas ernährten. Der aufrechte Gang hätte es ihnen ermöglicht, auch über große Entfernungen mit wandernden Tierherden mitzuhalten.

Wie auch immer die verschiedenen Faktoren, die zum aufrechten Gang führten, zu gewichten sind, er erforderte, verglichen mit der vierbeinigen Fortbewegungsweise unserer älteren Vorfahren, eine Reihe von Umgestaltungen im Körperbau: Schädel von Affen weisen eine deutliche Schnauze auf. Die Stirn ist fliehend, die Augen sind durch Überaugenwülste vor Verletzungen geschützt. Beim heutigen Menschen dagegen ist keine ausgeprägte Schnauze mehr erkennbar. Die Stirn ragt fast senkrecht nach oben. Die Augen liegen dadurch geschützt in tiefen Augenhöhlen, Überaugenwülste fehlen. An der Unterseite des Gehirnschädels findet sich eine fast kreisrunde Öffnung, das *Hinterhauptsloch*. Durch sie tritt das Rückenmark in den Gehirnschädel ein. Bei Affen liegt dieses Hinterhauptsloch sehr weit hinten, beim Menschen in der Mitte der Schädels. Dadurch befindet sich der Schädel bei aufrechter Fortbewegungsweise genau in der Körperachse und der Mensch benötigt keine so starke Nackenmuskulatur wie die Affen.

Ein Vergleich der Kiefer und der Zähne zeigt ebenfalls Unterschiede zwischen Affen und Menschen: Kiefer von Affen zeigen eine

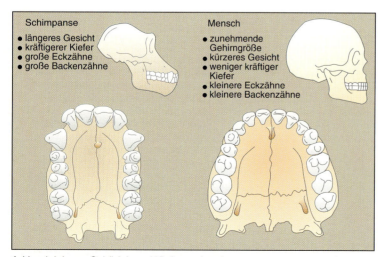

1 Vergleich von Schädel- und Kiefermerkmalen

rechteckige Form, die des Menschen sind parabelförmig. Beim Menschen ist der Eckzahn nicht größer als die anderen Zähne, beim Affen ist er dagegen stark entwickelt mit einer gegenüberliegenden Zahnlücke.

Das Becken des Menschen zeigt einen schüsselförmigen Bau, es ist kurz und breit. Alle Knochen sind sehr dick. Das Becken kann so die Eingeweide stützen. Es trägt alleine die Last des Rumpfes, die beim aufrechten Gang nicht wie bei vierbeiniger Fortbewegungsweise zwischen Schulter- und Beckenknochen verteilt werden kann. Der Fuß des Menschen ist besonders an die zweibeinige Fortbewegungsweise angepasst. Er ist gewölbeförmig und kann so Erschütterungen gut abfangen. Dem aufrechten Gang dient ebenfalls die doppelt s-förmige Krümmung der Wirbelsäule.

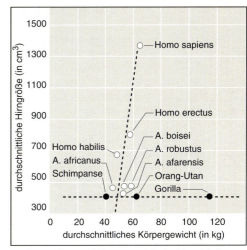

1 Hirngröße und Körpergewicht im Vergleich

Wie ein Vergleich zeigt, weist der Mensch ein relativ großes Gehirn auf. Zwar gibt es Tiere, deren Gehirn absolut größer ist, betrachtet man jedoch die Relation Gehirn zu Körpermasse, so findet man beim Menschen den höchsten Wert. Dies mag ein Hinweis auf die besondere geistige Leistungsfähigkeit des Menschen sein.

Das Großhirn des Menschen weist eine starke Furchung und eine damit verbundene Oberflächenvergrößerung auf. Die hohe Zahl an Neuronen und deren intensive Verschaltung tragen zu der enormen Leistungsfähigkeit des menschlichen Gehirns bei. Charakteristisch sind besondere Strukturen, die mit der Sprache und der Feinmotorik unserer Hände in Zusammenhang stehen.

Schimpanse

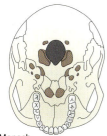

Mensch

Vergleich von Schädelunterseiten

Das *Broca-Zentrum* ist eine bestimmte Struktur der Großhirnrinde im Bereich der linken Schläfe. Es ist das Sprachzentrum unseres Gehirns. Man findet es nur beim Menschen, nicht bei Menschenaffen. Die Untersuchung von Ausgüssen fossiler Schädel lässt vermuten, dass auch frühe Vertreter der Gattung Homo das Brocasche Sprachzentrum aufwiesen, nicht aber Arten der Gattung Australopithecus.

Ebenso ist der Einsatz der Hände zum Gebrauch und zur Herstellung von Werkzeugen nur möglich, da es in unserem Gehirn im Bereich der hintern bzw. vorderen Zentralwindung große sensorische bzw. motorische Felder gibt, die ausschließlich für die Hände zuständig sind.

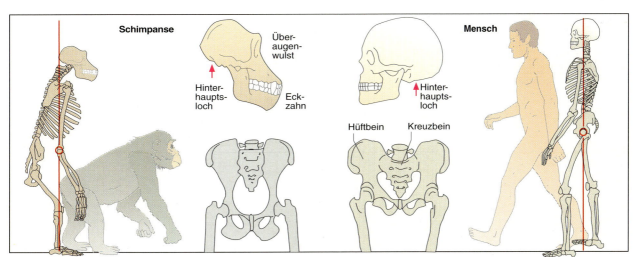

2 Vergleich von Skelettmerkmalen bei Schimpanse und Mensch

Evolution

Klimatische und geologische Einflüsse

An der Wende von der Kreide zum Tertiär vor ca. 65. Mio. Jahren kam es zu tiefgreifenden Veränderungen in der Tier- und Pflanzenwelt. Neben vielen anderen Lebewesen starben auch die Saurier aus, die damals weltweit alle Lebensräume beherrschten. So wurde der Weg frei für die Evolution der Säugetiere und damit letztlich auch des Menschen.

Betrachtet man die Klimaverhältnisse während der letzten 65 Mio. Jahre, also der Zeit, in der die Evolution der Primaten ablief, so zeigen sich bemerkenswerte Veränderungen: Die Durchschnittstemperaturen waren meist relativ hoch. Vor einigen Mio. Jahren setzte eine Abkühlung ein, die jedoch nicht gleichmäßig verlief, sondern deutliche Temperaturschwankungen aufwies. Es fällt auf, dass die Entwicklung der Hominiden in dieser Periode der Klimaverschlechterung stattgefunden hat.

Großräumige Änderungen des Klimas können allgemein als ein Evolutionsfaktor gelten. Arten oder höhere systematische Gruppen, die sich den geänderten Lebensbedingungen nicht rasch genug anpassen konnten, starben aus und die von ihnen beanspruchten Ressourcen wurden von anderen Tier- und Pflanzengruppen genutzt.

Neben klimatischen Änderungen können jedoch auch geologische Ereignisse die Evolution entscheidend beeinflussen. *Breitnasenaffen* z. B. kommen ausschließlich in Amerika vor, man nennt sie deshalb auch *Neuweltaffen*. *Schmalnasenaffen* leben nur in Afrika und Asien, daher ihr Name *Altweltaffen*. Als die Landverbindung zwischen Afrika und Südamerika unterbrochen wurde, gab es bereits Primaten, die sich nun aufgrund der geographischen Isolation getrennt zu den Altwelt- bzw. Neuweltaffen weiterentwickelten. In Australien gab es vor der Zuwanderung des Menschen keine Primaten. Dieser geographischen Verbreitung liegen wahrscheinlich Veränderungen der Erdkruste zugrunde: Australien trennte sich von den anderen Kontinenten, bevor es zur Entwicklung der erfolgreichen Säugetiere mit Plazenta kam. Deshalb leben dort nur Beuteltiere und Fledermäuse.

Geologische Einflüsse bestimmen aber nicht nur die großräumige Verbreitung bestimmter Arten, sie beeinflussen auch das Klima und damit die Vegetation in einem bestimmten Gebiet. So führten geologische Veränderungen, durch die Ostafrika in den Regenschatten von Gebirgen geriet, dazu, dass der Osten Afrikas heute nicht mehr mit einem tropischen Regenwald bedeckt ist, sondern ein sehr vielgestaltiges Landschaftsbild zeigt. Die dadurch entstandenen Savannen scheinen für die Evolution des Menschen besonders wichtig gewesen zu sein.

1 Klimaschwankungen

2 Totenkopfäffchen (Neuweltaffe)

3 Javaneraffe (Altweltaffe)

Aufgaben

① Welche Selektionsfaktoren wirken in einem vielgestaltigen Lebensraum wie den ostafrikanischen Savannen?

② Inwiefern stellt ein rascher Wechsel von Eiszeiten und Warmzeiten einen sehr starken Selektionsdruck dar?

Die Australopithecinen

Zu der Gruppe der *Australopithecinen* gehören die ältesten *Hominiden*, die wir derzeit kennen. Alle ihre Fossilbelege stammen aus Afrika. Der älteste Fund wird auf 4,5 Mio. Jahre geschätzt, der jüngste auf ca. 1 Mio. Jahre. Die Fußspuren von *Laetoli* zeigen, dass Hominiden bereits vor 3,6 bis 3,7 Mio. Jahren aufrecht gingen. Die Spuren konnten über diesen langen Zeitraum so gut erhalten bleiben, weil die Hominiden offensichtlich unmittelbar nach einem Vulkanausbruch durch die feuchte Asche gegangen waren. Durch die hohen Temperaturen in dieser Gegend erhärtete die Asche schnell, weitere Ablagerungen bedeckten die Fußspuren.

Der Körper der Australopithecinen war schon an den aufrechten Gang angepasst, aber ihre Schädel zeigten noch eine Reihe ursprünglicher Merkmale. Typisch war ein ausgeprägter Geschlechtsdimorphismus. Die Weibchen waren knapp über einen Meter groß und nur ca. 30 kg schwer. Die Männchen waren bis zu 1,7 m groß und wogen ca. 65 kg. Das Gehirnvolumen lag bei ca. 400–500 ml. Die Schnauze war noch affenähnlich ausgeprägt. Eine kräftige Nackenmuskulatur hielt den Kopf im Gleichgewicht, das Hinterhauptsloch lag zentral. Neuere Untersuchungen der Extremitätenknochen zeigen, dass Australopithecinen noch gut an das Klettern in Bäumen angepasst waren.

Mehrere Arten werden heute unterschieden. Man fasst sie in zwei Gruppen zusammen:
a) Grazile Australopithecinen mit den beiden Arten *A. afarensis* und *A. africanus*.
b) Robuste Australopithecinen mit den drei Arten *A. robustus*, *A. boisei* und *A. crassidens*.

Ältester bekannter Vertreter der Australopithecinen ist *Australopithecus afarensis*. Er ist vermutlich bereits vor ca. 4 Mio. Jahren entstanden und wahrscheinlich der Vorfahre aller nachfolgenden Hominiden. Der berühmteste Fund eines *A. afarensis* ist „Lucy", das Skelett eines jungen weiblichen Australopithcinen, das ungewöhnlich gut erhalten ist und deshalb sehr genau rekonstruiert werden konnte.

Aufgabe

① Die Abbildung zeigt zwei Hypothesen zur Stellung der Australopithecinen in der Stammesgeschichte der Hominiden. Vergleichen Sie diese Hypothesen.

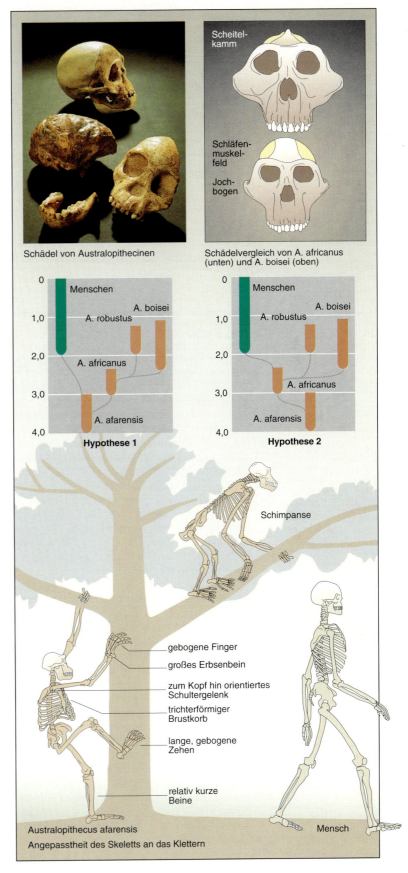

Schädel von Australopithecinen

Schädelvergleich von A. africanus (unten) und A. boisei (oben)

Hypothese 1

Hypothese 2

Australopithecus afarensis

Mensch

Schimpanse

gebogene Finger
großes Erbsenbein
zum Kopf hin orientiertes Schultergelenk
trichterförmiger Brustkorb
lange, gebogene Zehen
relativ kurze Beine

Angepasstheit des Skeletts an das Klettern

Evolution

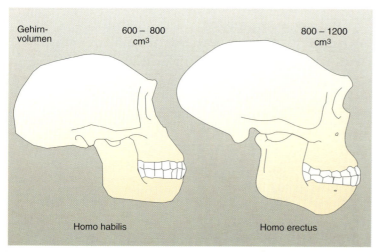

1 Schädelformen von Homo habilis und erectus

Homo — eine Gattung erobert die Erde

Der älteste bekannte Vertreter der Gattung *Homo*, zu der auch wir heutigen Menschen gehören, ist *Homo habilis*. Seinen Artnamen (*habilis* = befähigt) erhielt er, weil ihm die ersten Steinwerkzeuge, die man gefunden hat, zugeschrieben werden. Ungeklärt ist, ob die verschiedenen Arten von Australopithecinen bereits Werkzeuge aus Holz hatten, da dieses Material nicht fossil erhalten geblieben ist. Die Steinwerkzeuge des Homo habilis waren noch sehr einfach, man nennt sie *Olduvan-Industrie*. Die ältesten Reste des Homo habilis werden auf ca. 2,3 Mio. Jahre datiert. Sein Gehirnvolumen war mit 600 bis 800 ml bereits deutlich größer als das der Australopithecinen.

Abgelöst wurde Homo habilis durch *Homo erectus*, der vor ca. 1,8 Mio. Jahren bis vor ca. 130 000 Jahren lebte. Er ist der erste Hominide, der nicht nur in Afrika, sondern auch in Europa und Asien vorkam. Vor mehr als 1 Mio. Jahren wanderten erste Gruppen des Homo erectus aus dem nördlichen Afrika nach Asien und später nach Europa ein. Zu dieser Zeit war es zu einer deutlichen Klimaverschlechterung gekommen.

Verglichen mit Homo habilis zeigte Homo erectus außer seiner weiten Verbreitung noch eine weitere Neuerung: Er nutzte das Feuer. Dies ermöglichte ihm nicht nur die Abwehr von Tieren, er konnte so auch als erster Hominide kalte Klimazonen besiedeln. Manche Indizien sprechen dafür, dass er auch systematisch jagte und Werkzeuge herstellte. Sein Geschlechtsdimorphismus war weniger ausgeprägt als bei Australopithecinen oder bei Homo habilis. Die Männer waren ca. 1,8 m, Frauen ca. 1,55 m groß. Das Gehirnvolumen schwankte zwischen ca. 900 ml bei frühen Funden und ca. 1100 ml bei späteren Funden. Erstmals wurde also ein Gehirnvolumen erreicht, wie es auch Homo sapiens aufweist.

Die Kindheit von Homo erectus scheint wesentlich länger gedauert zu haben als bei den Australopithecinen. Daraus kann man schließen, dass bei ihm die Lernfähigkeit eine viel größere Rolle spielte. Ursprüngliche Merkmale waren die kräftigen Überaugenwülste und die fliehende Stirn. Ob sich Homo erectus bereits mithilfe einer Wortsprache verständigen konnte, ist umstritten (siehe Randspalte). Er lebte in Höhlen oder in einfachen Hütten. Die Jagd war für ihn eine wichtige Nahrungsquelle.

Ungeklärt ist bisher ein merkwürdiges Verhalten des Homo erectus: Bei mehreren Schädelfunden aus Asien und Afrika war das Hinterhauptsloch erweitert. Man kann dies als einen Hinweis auf Kannibalismus deuten. Auch geometrisch angeordnete Ritzungen auf Knochen, wie man sie an Funden aus Bilzingsleben festgestellt hat, sind in ihrer Bedeutung noch nicht geklärt.

Ein wichtiger europäischer Fund eines Homo erectus ist der *Heidelberger*, der in Mauer bei Heidelberg gefunden wurde. Die letzten Vertreter des Homo erectus wurden von den ersten Menschen der Art *Homo sapiens* abgelöst.

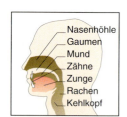

Moderner Mensch

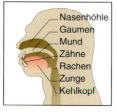

Homo erectus

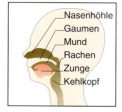

Heutiger Säugling

Entwicklungsstadien des Sprechapparates

2 Fundstelle Bilzingsleben (Thüringen)

Homo erectus — Verbreitung und Lebensweise

Die unten stehende Abbildung zeigt eine Karte mit den Fundstellen von Australopithecus und Homo erectus. Außerdem sind die Fundstellen hervorgehoben, an denen ausreichende Indizien für eine Nutzung des Feuers vorliegen. In der vorliegenden Tabelle ist das geschätzte Alter dieser Funde den Gehirnvolumina dieser Menschen zugeordnet.

Die rechts stehende Abbildung zeigt in der Übersicht die Klimaschwankungen in Asien und Europa während der Zeit von vor ca. 2,3 Mio. Jahren bis heute.

Aufgaben

1. Vergleichen Sie die geografische Verbreitung der Australopithecinen mit der des Homo erectus.
2. Stellen Sie mithilfe der gegebenen Daten fest, wo Homo erectus vermutlich entstanden ist.
3. Rekonstruieren Sie die Verbreitungswege des Homo erectus anhand des gegebenen Zahlenmaterials.
4. Vergleichen Sie Ihre Ergebnisse von Aufgabe 3 mit den Daten aus der Tabelle. Welche Rückschlüsse lässt dieser Vergleich zu?
5. Die in der rechten Abbildung dargestellten Klimaänderungen gelten als entscheidender Faktor für die Verbreitung des Homo erectus. Erläutern Sie diese Vermutung.

Das Gehirnvolumen variiert bei Homo erectus zwischen 850 ml und 1300 ml. Die Tabelle zeigt einige Beispiele von Funden des Homo erectus mit der Altersangabe und dem Wert für das Gehirnvolumen.

Aufgaben

1. Welchen Zusammenhang zwischen dem Alter der Funde und dem Gehirnvolumen erkennen Sie?
2. Welcher Selektionsdruck kann die Änderung der Gehirnvolumina beeinflusst haben?
3. Welchen Zusammenhang zwischen der Änderung der Gehirnvolumina und der Verbreitung des Homo erectus sehen Sie?

Die Funde aus der Höhle von Tautavel bei Perpignan stammen aus einer Zeit von vor 500 000 Jahren bis vor 145 000 Jahren. In der Höhle wurden Knochen von Höhlenlöwen, Bisons, Moschusochsen, Nashörnern und Hirschen gefunden. Nähere Untersuchungen der Knochen und Zähne zeigten, dass die Tiere vor allem im Winter starben. Die Reste von Moschusochsen und Hirschen stammten von relativ jungen Tieren, die Reste von Nashorn und Bison stammten dagegen von älteren Tieren. Neben Überresten von Tieren wurden auch zahlreiche winzige Splitter aus Quarz und Feuerstein sowie Fossilien von Hominiden gefunden.

Aufgaben

1. Rekonstruieren Sie mithilfe der gegebenen Fakten die Umweltbedingungen der Höhlenbewohner.
2. Welche Rückschlüsse auf die Ernährungs- und Lebensweise der Bewohner lassen die Funde zu?

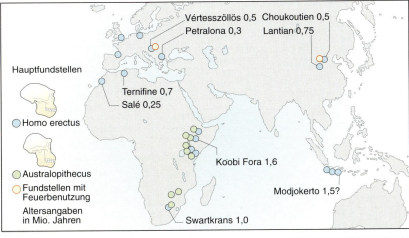

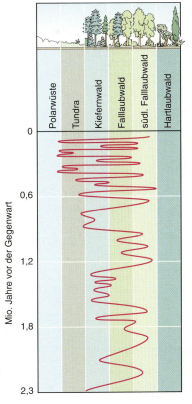

Art (Fundbezeichnung)	geschätztes Alter (Jahre)	Gehirnvolumen (cm³)
Homo erectus (ER 3733, Ostafrika)	ca. 1,7 Mio.	850
Homo erectus (WT 15 000, Ostafrika)	ca. 1,6 Mio.	900 - 1100
Homo erectus (Leakey, Ostafrika)	0,7 - 1 Mio.	1067
Homo erectus (Modjokerto, Java)	0,7 - 1 Mio.	ca. 900
Homo erectus (Choukoutien, China)	ca. 600 000	915 - 1225
Homo erectus (Vértesszöllös, Europa)	400 000 - ca. 350 000	ca. 1300

Homo sapiens

Der *Homo sapiens* zeigt gegenüber dem Homo erectus einige Weiterentwicklungen:
— Das Gehirnvolumen ist deutlich vergrößert auf durchschnittlich 1400 ml.
— Die Herstellung von Steinwerkzeugen wird perfektioniert.
— Begräbnisstätten weisen auf religiöse Vorstellungen hin und erste Kunstwerke entstehen.
— Eine differenzierte Wortsprache ermöglicht eine weitreichende Kommunikation und Arbeitsteilung innerhalb der Gruppe. Sie bildet die Grundlage für die Bildung von umfangreichen Traditionen.

Derzeit werden zwei Hypothesen zur Entstehung des anatomisch modernen Menschen kontrovers diskutiert: Das *Mehr-Regionen-Modell* geht von der Tatsache aus, dass bereits Homo erectus über Afrika, Asien und Europa verbreitet war. Nach diesem Modell entstand der Homo sapiens weltweit in parallel ablaufenden Entwicklungsvorgängen. Dies würde bedeuten, dass die heute lebenden Menschen verschiedener Gebiete sich schon seit sehr langer Zeit getrennt entwickelt hätten.

Das *Afrika-Modell* nimmt dagegen an, dass nur eine bestimmte Population des Homo erectus aus einem eng umgrenzten Gebiet in Afrika sich zu Homo sapiens weiterentwickelt hat. Vermutlich hat eine kleine Gruppe Jetztmenschen Afrika verlassen und ist als *Gründerpopulation* nach Asien eingewandert. Dies könnte vor ca. 100 000 Jahren erfolgt sein. Dieser Homo sapiens verbreitete sich danach weltweit. Wo er auf noch vorhandene Populationen des Homo erectus stieß, verdrängte er sie. Dies würde bedeuten, dass alle heute lebenden Menschen, verglichen mit dem Mehr-Regionen-Modell, eine viel längere gemeinsame Entwicklung durchlaufen hätten, sich also genetisch stärker ähneln müssten. Die Aufspaltung der Art Homo sapiens in die heute noch erkennbaren geografischen Gruppen hätte dann erst vor ca. 100 000 Jahren eingesetzt.

Die Abbildung zeigt in einer schematischen Zusammenfassung die heute gültigen Vorstellungen über die Stammesgeschichte des Menschen. Wegen des raschen Fortschritts der Wissenschaft auf dem Gebiet der Humanevolution kann diese Abbildung keinen gesicherten Stammbaum des Menschen zeigen, sondern sie gibt den derzeitigen Stand der wissenschaftlichen Diskussion wieder.

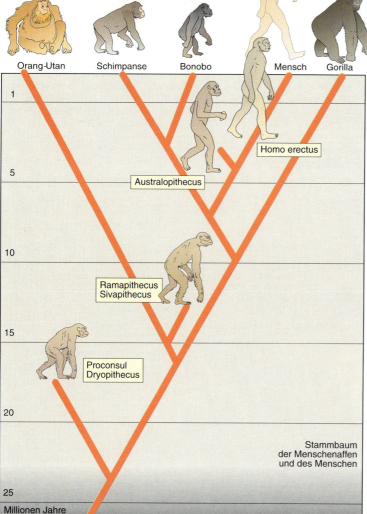

Stammbaum der Menschenaffen und des Menschen

Neandertaler — Bruder, Urahn oder Vetter?

Der *Neandertaler* ist der erste fossile Mensch, von dem Skeletteile gefunden wurden. Seine Reste wurden bereits 1856 im Neandertal bei Düsseldorf entdeckt. Der Neandertaler und der heutige Mensch, den man in der Evolutionsbiologie auch als „anatomisch modernen Menschen" bezeichnet, zeigen Unterschiede in ihrem Körperbau. Neandertaler hatten eine flache Stirn, Überaugenwülste schützten die Augenhöhlen, die Kiefer standen etwas weiter vor, das Gehirnvolumen war durchschnittlich größer, ihre Knochen waren deutlich kräftiger. Sie waren durchschnittlich 1,65 m groß, unsere damals lebenden Vorfahren dagegen maßen etwa 1,75 m. Die großen Muskelansatzstellen lassen eine stark entwickelte Muskulatur vermuten. Ihre Extremitäten waren relativ kurz und strahlten so wenig Wärme ab.

Die Abbildung zeigt eine Karte mit dem Verbreitungsgebiet der Neandertaler. Diese lebten vor ca. 150 000 bis ca. 35 000 Jahren. Neandertaler benutzten Faustkeile und Schaber aus Feuerstein. Sie gingen perfekt aufrecht, betreuten kranke oder alte Gruppenangehörige und bestatteten ihre Toten.

Früher war man der Meinung, der anatomisch moderne Mensch habe bei seiner Ausbreitung nach Europa den Neandertaler rasch verdrängt, möglicherweise sogar ausgerottet. Neuere Untersuchungsergebnisse aus dem Karmel-Gebirge in Israel zeigen nun, dass diese Vorstellung eventuell doch noch einmal revidiert werden muss: In bestimmten Höhlen des Karmel-Gebirges wurden Überreste gefunden, die eindeutig Neandertalern zugeschrieben werden konnten, Funde in anderen Höhlen stammten sicher von anatomisch modernen Menschen. Ältere, relativ unsichere Methoden der Altersbestimmung legten die Vermutung nahe, die Neandertaler seien vor ca. 45 000 Jahren ausgestorben und von modernen Menschen abgelöst worden. Neue, zuverlässige Methoden der Altersbestimmung zeigen aber, dass in diesem Gebiet bereits vor 100 000 Jahren Neandertaler und anatomisch moderne Menschen gemeinsam lebten.

Sah man früher im Neandertaler einen primitiven Urmenschen, so hat sich heute unsere Vorstellung über ihn gewandelt. Dabei spielte sein Totenkult eine wichtige Rolle, weil nur ein Lebewesen, das an ein Weiterleben nach dem Tod glaubt, tote Artgenossen bestattet und ihnen Grabbeigaben mitgibt. Hat der Neandertaler seine Toten wirklich bestattet, müssen wir ihn also in seinen geistigen und seelischen Eigenschaften auf eine Stufe mit uns Jetztmenschen stellen. Für unser Bild vom Neandertaler ist somit von entscheidender Bedeutung, wie man seine Totenbestattungen sicher erkennen kann.

Bestattungen erkennt man an mehreren Kriterien: Die Leichen sind in einer bestimmten Körperhaltung bestattet, die zum Zeitpunkt des Todes nicht möglich war. Grabbeigaben sind vorhanden, die nicht ohne Mitwirken des Menschen zu dem Toten gelangen konnten. Bestimmte Farben wurden zum Schmücken der Leiche oder des Grabes verwendet. Der Tote wurde in ein speziell hergerichtetes Grab gelegt.

Aufgaben

① In einer Höhle im Irak wurden die Reste eines Neandertalers gefunden. Eine genauere Untersuchung der Fundstätte ergab, dass sich unter, auf und neben seinem Körper zahlreiche Blütenpollen befanden. Da der Bau der Blütenpollen artspezifisch ist und die harte Wand der Pollen sich sehr gut erhält, konnte man sogar noch die Pflanzenarten, von denen die Pollen stammen, ermitteln. Dabei zeigte sich, dass diese Arten dort auch heute noch vorkommen. Handelt es sich bei dieser Fundstelle um eine Grablegung? Begründen Sie Ihre Meinung.

② Eine neuere Hypothese zum Verschwinden der Neandertaler geht davon aus, dass diese nicht ausgestorben sind, sondern sich mit anatomisch modernen Menschen vermischt haben.
Welche Faktoren sprechen für, welche gegen diese Hypothese? Über welche weiteren Forschungsergebnisse müsste man verfügen, um diese Hypothesen bestätigen bzw. falsifizieren zu können.

③ Aus welchen Tatsachen könnte man schließen, dass Neandertaler und moderne Menschen friedlich nebeneinander lebten?

④ Verbreitungsgebiet und Körperbau des Neandertalers legen die Vermutung nahe, dass er an spezielle klimatische Gegebenheiten angepasst war.
Welche Klimabedingungen waren dies? Inwiefern könnte diese spezielle Anpassung zu seinem Aussterben beigetragen haben?

⑤ Welche Schlussfolgerungen hinsichtlich der geistigen und seelischen Eigenschaften des Neandertalers kann man aus den beschriebenen Fakten schließen?

⑥ Kann man anhand der heute bekannten Fakten klären, ob der Neandertaler unser Bruder, Urahn oder Vetter ist?

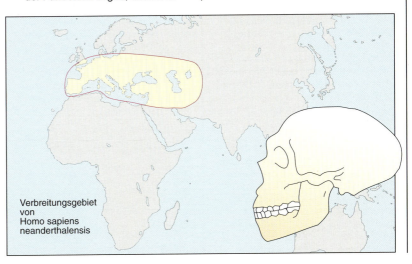

Verbreitungsgebiet von Homo sapiens neanderthalensis

Evolution

Fossilfunde in Deutschland

Steinheim liegt ca. 20 km nördlich von Stuttgart an der Murr. An der unteren Murr wurden seit vielen Jahren Sand und Kies abgebaut, die schon vor ca. 250 000 Jahren dort abgelagert worden waren. Immer wieder wurden dabei Fossilien gefunden. Am 24. Juli 1933 meldete Karl Sigrist, der Sohn des Kiesgrubenbesitzers, dem Hauptkonservator der Württembergischen Naturaliensammlung in Stuttgart, Fritz Berckhemer, einen Aufsehen erregenden Fund. Schon am nächsten Tag wurde der erstaunlich gut erhaltene Schädel von Berckhemer und von dem Oberpräparator Max Böck geborgen. Es gab eine Vereinbarung zwischen Sigrist und Berckhemer, Fossilienfunde zu melden. Bei dieser Entdeckung handelte es sich also nicht um einen der glücklichen Zufallstreffer, wie es sie in der Wissenschaft gelegentlich gibt, sondern um das Ergebnis einer jahrelangen intensiven Zusammenarbeit.

Der Schädel wurde in den sogenannten *Antiquus-Schottern* gefunden. Sie sind benannt nach dem ebenfalls dort gefundenen Waldelefanten (*Palaeoloxodon antiquus*). Daneben wurden auch Fossilien von Löwen, Wasserbüffeln und Nashörnern geborgen. In den unmittelbar darüber liegenden Schichten fand man Fossilien von Wollnashorn, Mammut, Steppenbison und Steppenelefant.

Der *Steinheimer Schädel* ist ca. 250 000 Jahre alt und gehört damit in eine Zwischeneiszeit. Das Gehirnvolumen beträgt ca. 1160 ml. Der Schädel wurde nach dem Tod dieses Menschen an der linken Seite stark beschädigt. Auch die Schädelbasis wurde aufgebrochen. Ähnliche Beobachtungen liegen an den Schädeln von Java und Choukoutien vor. Der Steinheimer ist vermutlich eine Steinheimerin, die im Alter von ca. 25 Jahren gestorben ist.

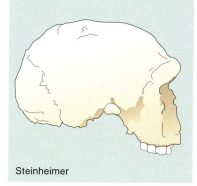

Steinheimer

Aufgaben

1. Welche Rückschlüsse kann man aus diesen Funden auf die Umwelt und ggf. auch auf die Lebensweise des Steinheimer Menschen ziehen?
2. Welche Rückschlüsse auf die Stellung des Steinheimers in der Stammesgeschichte der Hominiden lassen die beschriebenen Funde zu?

Der Steinheimer Schädel ist nicht der erste Fund eines fossilen Menschen in Süddeutschland. Bereits am 21. Oktober 1907 wurde von dem Sandgräber Daniel Hartmann in der Sandgrube Rösch bei Mauer in der Nähe Heidelbergs ein Unterkiefer entdeckt. Der Dozent an der Universität Heidelberg Otto Schoetensack nahm die wissenschaftliche Auswertung dieses *Homo heidelbergensis* vor. Der Heidelberger Fund besteht nur aus einem Unterkiefer mit gut erhaltenen Zähnen (Abb. 2). Aus der Abnutzung der Zähne kann man schließen, dass der Heidelberger 18 bis 25 Jahre alt wurde. Die Altersbestimmung ergibt einen Wert von 783 000 bis 520 000 Jahren. Damals lag an dieser Stelle eine Flussschleife des Neckars. Das Klima war feucht und warm. Als der Lauf des Neckars sich änderte, trocknete das Flussbett aus und es entstand die heutige Sandgrube.

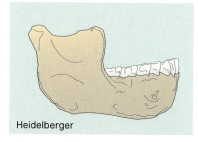

Heidelberger

Aufgaben

1. Vergleichen Sie den Unterkiefer des Heidelbergers mit dem eines modernen Menschen und eines Schimpansen. Welche Gemeinsamkeiten und Unterschiede kann man feststellen?
2. Welche Schlussfolgerungen kann man daraus ziehen?

In Bilzingsleben (Thüringen) wurden seit 1969 Überreste von Hominiden gefunden. Es handelt sich dabei um 12 kleine Knochenstücke des Schädels bzw. um 7 Zähne. Weiterhin wurden zerschlagene Tierknochen, Werkzeuge aus Feuerstein und Quarzit geborgen. An Überresten von Tieren fand man u. a. Waldelefant, Bison, Ur, Löwe und Makake. Die Pflanzen waren mit Eichen, Hasel, Buchsbaum, Feuerdorn, Köröser Flieder, Fingerstrauch und Zürgelbaum vertreten. Alle diese Funde stammen aus einem flachen See und seiner Umgebung. Beim Anstieg seines Wasserspiegels wurden die Funde rasch konserviert. Ihr Alter wird mit ca. 300 000 Jahren angegeben.

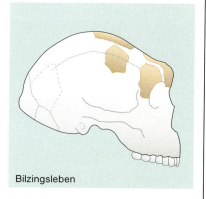

Bilzingsleben

Der Schädel des Bilzingslebeners (Abb. 3) wies einen nicht unterbrochenen Überaugenwulst auf. Die Schädelreste des Bilzingslebeners gleichen denen, die von H. erectus in Ostafrika (Olduvai), Ostasien (Pekingmensch) und auf Java gefunden wurden.

Aufgaben

1. Die Abb. 95.1 zeigt eine Karte mit der Umwelt des Menschen von Bilzingsleben. Beschreiben Sie mithilfe dieser Abbildung die Umweltbedingungen dieses Menschen.
2. Was machte gerade eine derartige Umgebung für ihn als Lebensraum interessant?
3. Vergleichen Sie mit den Angaben zu den Lebensräumen anderer Hominiden. Erörtern Sie Unterschiede und Gemeinsamkeiten.

Die Bedeutung der Funde von Bilzingsleben liegt weniger in spektakulären Funden menschlicher Überreste, sondern eher in den zahlreichen Geräten, den Feuerstellen, den Spuren einfacher Behausungen, von „Werkstätten" und Speiseabfällen. Für die Rekonstruktion der Lebensbedingungen eines Menschen ist es wichtig, eine genaue Vorstellung von den damals herrschenden Klimabedingungen, der Pflanzenwelt, vom Vorkommen von Raubtieren und von jagdbaren Tieren zu bekommen. Am Beispiel des Fundes von Bilzingsleben kann dies exemplarisch gezeigt werden: Der dortige Travertin enthält Abdrücke zahlreicher Pflanzenreste, Reste von Weichtieren und Muschelkrebsen. Travertin ist ein porenreicher Kalksinter, der durch Erwärmung kalkhaltigen Wassers entsteht. Travertinbildung beobachtet man heute unter den Umweltbedingungen der Karstgebiete des Balkans und in Kleinasien.

Die Karte (Abb. 3) zeigt das Vorkommen einer bestimmten Art von Landlungenschnecke *(Helicigona banatica)* die als Lebensraum Laubmischwälder bevorzugt. Die Punkte zeigen Fundstellen fossiler Schnecken, die gelbe Fläche das heutige Verbreitungsgebiet. Helicigona toleriert Änderungen von Umweltfaktoren nur in engen Grenzen. Ihr Vorkommen ist daher ein Indiz für ganz bestimmte Umweltbedingungen.

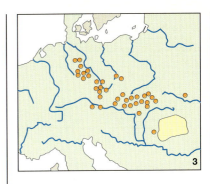

Aufgabe

① Rekonstruieren Sie aus den Angaben der Karte und den Angaben im Text die Umwelt- und Lebensbedingungen des Bilzingslebeners.

Bei der Auswertung derartiger Funde stellt sich stets das Problem, wie aussagekräftig sie sind:
— Beim *„working-back"-Verfahren* (Abb. 2) werden alle gefundenen Überreste sorgfältig analysiert, nicht nur der Hominidenfund selbst, sondern auch Begleitfauna, Begleitflora und Indikatoren für bestimmte Umweltbedingungen.
— Beim *Analogverfahren* werden aus der vergleichenden Untersuchung heute noch lebender Naturvölker Rückschlüsse auf die Deutung von Fossilfunden gezogen.

Aufgaben

① Nehmen Sie zur Aussagefähigkeit beider Methoden Stellung.
② Bei manchen Fundstellen sind die Forscher dazu übergegangen, nur einen Teil der Fundstelle auszugraben, einen anderen Teil unverändert zu belassen. Sie verzichten damit bewusst auf mögliche Funde. Welche Gründe könnten für diese Vorgehensweise sprechen?

Die Funde von Ehringsdorf (bei Weimar) sind ca. 220000 Jahre alt. Dabei handelt es sich um Reste von vermutlich neun Individuen. Ein Überaugenwulst ist vorhanden. Das Gehirnvolumen betrug ca. 1300 ml. Sicher nachgewiesen sind Spuren von Lagerfeuern und Steinwerkzeuge. An einem Schädelknochen ist eine verheilte Bissverletzung zu erkennen.

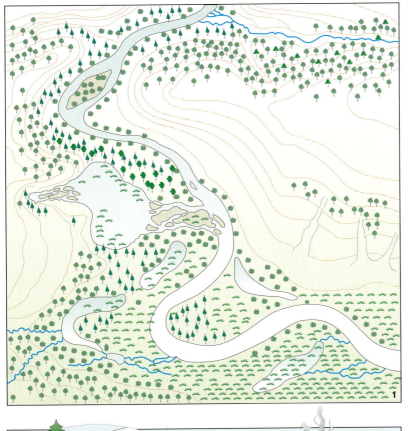

Aufgabe

① Zu welcher Gruppe von Hominiden kann man diesen Fund stellen?

bei Menschen beobachtet	Werkzeugherstellung durch Spezialisten ↑
bei Menschen beobachtet und vom Zwergschimpansen im Experiment gelernt	gezielte Werkzeugherstellung mit anderen Werkzeugen ↑
bei Menschenaffen beobachtet	gezielte Werkzeugherstellung und -bevorratung sowie Werkzeugtransport ↑ Werkzeugherstellung zum sofortigen Gebrauch ↑ gezielter Werkzeuggebrauch ↑ zufälliger Werkzeuggebrauch

1 Entwicklung der Werkzeugherstellung und -benutzung

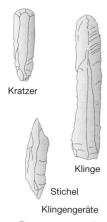
Kratzer
Klinge
Stichel
Klingengeräte

später Faustkeil

früher Faustkeil

Geröllgerät

Werkzeugentwicklung

Lange Zeit glaubte man, dass die Werkzeugherstellung und der Werkzeuggebrauch eine typisch menschliche Fertigkeit ist und dass unsere frühen Vorfahren die Schwelle zum Menschsein überschritten, als sie die ersten Werkzeuge herstellten. Als die Primatologin JANE GOODALL jedoch entdeckte, dass Schimpansen sich Zweige zurechtbrachen und anspitzten, um in Termitenbauten zu stochern, war diese Vorstellung nicht mehr haltbar. Als sie zusätzlich berichtete, dass diese Schimpansen sich vor dem Termitenangeln mehrere Zweige zurechtbrachen, diese neben dem Futterplatz deponierten und nacheinander einsetzten, wenn ein Stöckchen abbrach, erwies sich auch der Gedanke als falsch, dass der Mensch als einziges Lebewesen Vorratshaltung von Werkzeugen betreibt. Heute glaubt man, dass nur der Mensch Werkzeuge mit Werkzeugen herstellt.

In Westafrika benutzen Schimpansen Steinhämmer um Nüsse zu knacken. Ein gezieltes Zerschlagen von Steinen mit anderen Steinen ist im Freiland noch nicht beobachtet worden, wurde jedoch von einem Zwergschimpansen im Experiment erlernt. Die Fähigkeit, Werkzeuge herzustellen, muss also schon sehr früh vorhanden gewesen sein. Da die ältesten Werkzeuge wahrscheinlich aus den vergleichsweise leicht zu bearbeitenden aber vergänglichen Rohstoffen, wie Holz, Horn oder Knochen bestanden, muss der Anfang menschlicher Werkzeugherstellung teilweise im Dunkeln verborgen bleiben.

Die Anfänge der Steinbearbeitung liegen möglicherweise in der Beobachtung, dass von Klopfsteinen abgespaltene Splitter scharfe Kanten haben, die sich zum Schneiden eignen. Die ältesten bekannten Steinwerkzeuge sind die 2,5 bis 1,5 Millionen Jahre alten, aus Geröllen hergestellten *pebble tools* aus Afrika. Ihre zickzack-förmige umlaufende scharfe Kante entstand dadurch, dass aus wechselnden Richtungen Teile abgeschlagen wurden. So entstehen gleichzeitig *Abschläge* und *Kernesteine*. Beide eignen sich als Werkzeug.

Die Herstellung dieser frühesten Geräte erfordert schon eine hervorragende räumliche Vorstellung, gutes motorisches Vermögen sowie die Beachtung bestimmter Schlagwinkel, d. h. Leistungen, die von freilebenden rezenten Affen nicht bekannt sind. Gebrauchsspurenanalysen weisen auf das Schneiden von Fleisch und Pflanzen sowie Holzbearbeitung hin. Erst die Fähigkeit, Haut zu durchschneiden, eröffnete die Möglichkeit der Fleischnutzung. Diese Werkzeuge treten zeitgleich mit dem späten Australopithecus und Homo habilis auf. Eine direkte Zuordnung zu einer der beiden Gattungen ist nicht möglich. Da die Werkzeugtradition ungebrochen weitergeführt wurde, als Australopithecus ausstarb, ist sicher, dass zumindest Homo habilis Werkzeuge herstellte.

Vor 1,7 bis 1,5 Millionen Jahren entwickelte der Homo erectus eine Steingerätekultur (Kernsteingeräte) mit Faustkeilen und Picken *(Acheuleen-Kultur)*. Mit der Erfindung einer neuen Schlagtechnik, dem sogenannten „weichen Schlag" mit Hilfe von Geweihenden und der speziellen Vorbereitung der Kernkante für den Schlag *(Kantenpräparation)*, ließen sich Faustkeile immer symmetrischer und auch dünner herstellen. Diese schönen Formen könnten auch auf ästhetische Vorstellungen der Hersteller hindeuten.

Vor rund 200 000 bis 100 000 Jahren, zur Zeit des archaischen Homo sapiens, werden die großen Kerngeräte seltener und Geräte aus Abschlägen häufiger. Durch eine neue Bearbeitungsmethode stellte man Abschläge mit parallelen Kanten her, die mindestens doppelt so lang wie breit waren *(Klingen)*. Durch *Retuschieren* formte man aus Klingen Spezialwerkzeuge, wie Stichel, Kratzer, Spitzen oder sägeähnliche Geräte. Der Fortschritt der Klingentechnik bestand darin, dass bei der Geräteherstellung viel weniger Abfall entstand, d. h. das wertvolle Rohmaterial besser genutzt wurde.

Experimentelle Archäologie

Die sogenannte *experimentelle Archäologie* ist ein in Deutschland junger Wissenschaftszweig, der versucht, bei der Deutung gefundener Gegenstände von reiner Spekulation zu sachlich fundierten Grundlagen zu kommen. Die Frage, wie man bestimmte Werkzeuge hergestellt haben könnte, lässt sich am besten beantworten, wenn man versucht, sie nachzubauen. Auch auf Fragen nach Zeitaufwand für Produktion und Einsatz lassen sich Antworten finden.

Achtung: Während des Schlagens immer eine Schutzbrille und wenn nötig, Handschuhe tragen!

Was man braucht

Zunächst benötigt man als Rohmaterial für die Werkzeugherstellung Gesteinsarten, die *spröde* sind, d.h. leicht und nach vorhersagbaren Gesetzmäßigkeiten zersplittern. Dies sind z.B. Feuersteine und Quarzite, die man am leichtesten in Flussgeröllen und Kiesgruben aufsammeln kann. Eiszeitlich transportierter Feuerstein, wie er in Norddeutschland häufig zu finden ist, besitzt viele Risse, zersplittert daher unvorhersehbar und eignet sich so nur selten für eine Bearbeitung.

Um von diesen Rohmaterialien Teile abzuschlagen, benötigt man Schlagsteine oder Basalenden von Geweihen (ca. 25 cm lang). Als Schlagsteine eignen sich längliche Gerölle aus *zähem*, d.h. nicht splitterndem Gestein, wie z.B. Kalkstein. Die Schlagsteine sollten gut in der Hand liegen und ein vorstehendes, abgerundetes Schlagende besitzen.

Bevor man versucht, einige Abschläge herzustellen, ist es wichtig, ein wenig Theorie kennenzulernen. Um ein Stück Gestein abzutrennen, muss die Schlagenergie so stark sein, dass die das Gestein durchlaufenden Energiewellen groß genug sind, um die Kristalle des Gesteins voneinander zu trennen. Vom Auftreffpunkt des Schlagsteines läuft die Energie kegelförmig in den getroffenen Stein und wird mit zunehmender Entfernung vom Schlagpunkt immer geringer. Will man einen flachen Abschlag herstellen, muss man den Auftreffwinkel (rund 70°) des Schlagsteines so berechnen, dass die Energiewelle möglichst parallel zur Oberfläche des Kernsteines verläuft (s. Abb.).

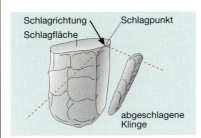

Merkmale eines Abschlages

Die folgenden Abbildungen fassen die typischen Erkennungsmerkmale der Unter- und Oberseite eines Abschlages zusammen. Sie verraten, dass ein Fundstück gezielt bearbeitet wurde.

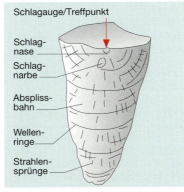

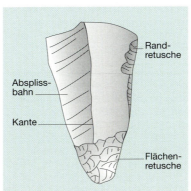

Schlag mit dem Stein (harter Schlag)

Schlägt man mit einem Stein, darf man *nicht* auf die Kante treffen, da die Schlagenergie die Kante zerstört. Der Auftreffpunkt des Schlagsteines muss einige Millimeter neben der Kante liegen. Hat man durch Abtrennen eines

Abschlages am Kernstein ein Negativ mit begrenzenden Graten erzielt, sollte man den folgenden Schlagpunkt über den Grat setzen, um so einen längeren Abschlag zu erzielen. Den Schwung des Schlagsteines erreicht man durch entsprechende Bewegung im Ellenbogen- und Handgelenk.

Weicher Schlag mit dem Geweih

Im Gegensatz zum harten Schlag kann man mit einem Geweih unter Beachtung der Schlagwinkel direkt auf die Kante schlagen. Diese dringt dabei ein wenig in das weichere Geweih ein. Dabei wird durch die Bewegungsenergie des Schlegels ein Stück des spröden Steines abgerissen. Vor dem Schlag auf die Kante *muss* diese durch leichte Schläge von zu stark vorstehenden „Nasen" befreit und mit einem rauhen Stein verrundet werden.

Aufgabe

① Versuchen Sie, einfache Abschläge und Klingen herzustellen und zu retuschieren.

Kleinere Rohmaterialstücke lassen sich stehend bearbeiten, während man den zu bearbeitenden Stein mit der einen und den Schlagstein bzw. das Geweih mit der anderen Hand hält. Größere Stücke lassen sich leichter im Sitzen bearbeiten. Dabei lagert man das Rohstück auf einem Oberschenkel, wo es auf einer Unterlage (Kissen oder Decke) fest angedrückt und so gehalten wird, dass die Schlagkante in einem günstigen Winkel für den Schlagstein oder das Geweih liegt. Vor jedem Schlag sollte man auf der Unterlage liegende Gesteinssplitter entfernen. Fehlt eine Unterstützung im Bereich des Abschlages, kann das Rohstück oder der Abschlag zerbrechen.

Verwandtschaft der Menschen

Gibt es Menschenrassen?

Alle heute lebenden Menschen gehören zur selben Art. Systematisch werden sie sogar in eine Unterart als *Homo sapiens sapiens* klassifiziert. Dennoch erscheinen uns Menschen aus verschiedenen geografischen Regionen sehr unterschiedlich. Daher hat man versucht, die Menschen nach auffälligen Merkmalen in sogenannte *Rassen* einzuordnen. Zunächst verwendete man sichtbare Merkmale wie Hautfarbe, Haarform und Merkmale des Gesichts. Später versuchte man die Einteilung nach Blutgruppenmerkmalen. Auf diese Weise gliederten einige Wissenschaftler die Menschheit in eine große Anzahl von Rassen; andere hielten aber nur die Einteilung in drei Großrassen *(Europide, Mongolide, Negride)* für angebracht. Bei vielen Untersuchungen stellte sich jedoch heraus, dass selbst diese Unterscheidung im Einzelfall schwierig ist. Es gibt kaum ein Merkmal, dessen Vorkommen auf eine einzige Bevölkerung beschränkt ist. Ein Beispiel: In Afrika, südlich der Sahara, haben fast alle ursprünglich dort lebenden Menschen krause Haare. Kraushaar kommt aber gelegentlich auch bei Nordeuropäern vor und ist nicht auf Afrikaner beschränkt. Die Populationen unterscheiden sich nicht absolut in Merkmalen, sondern nur in der Häufigkeit, mit der bestimmte Merkmale vorkommen. Am wichtigsten erscheint, dass die durchschnittlichen Unterschiede zwischen einzelnen Populationen und selbst zwischen den Großrassen geringer sind als die individuellen Unterschiede innerhalb der Population.

Neuere Untersuchungsmethoden

Die genetische Verschiedenheit der Populationen lässt sich über die Verteilung monogener Merkmale abschätzen. Dabei stellt sich heraus, dass 85% der Merkmale, in denen sich Menschen überhaupt unterscheiden können, innerhalb der Population variieren, weitere 8% sind Unterschiede, die zwischen benachbarten Populationen auftreten (z.B. zwischen zwei afrikanischen Stämmen) und nur die restlichen 7% beruhen auf der Herkunft aus verschiedenen geografischen Regionen. Sie beziehen sich fast ausschließlich auf Gene der Hautfarbe sowie der Haar- und Gesichtsform, also auf das, was als „Rasse" bezeichnet wird.

Für die genetischen Eigenschaften eines Menschen ist also die geographische Herkunft von geringer Bedeutung. Die Vielfalt der Menschen lässt sich mit dem Rassenkonzept nicht erfassen. Unabhängig davon interessiert den Biologen die Populationsgeschichte der Erde. Zur Erforschung ist man auf den Vergleich der geringen genetischen Unterschiede zwischen den Populationen angewiesen.

Der Rhesusfaktor tritt in verschiedenen Populationen mit unterschiedlicher Frequenz auf. In Europa sind mit 16–25% mehr Menschen rhesusnegativ als in Mittel- und Südafrika. Die Häufigkeit nimmt von Nord nach Süd und von West nach Ost ab. In Ostasien sowie bei den Ureinwohnern Australiens und Amerikas liegt die Häufigkeit weit unter 1%. Geht man davon aus, dass der Rhesusfaktor selektionsneutral ist, dann darf man annehmen, dass die Allelhäufigkeiten sich nach der Trennung einer ursprünglichen Population in Teilpopulationen durch Zufallswirkung *(Gendrift)* verändert haben. Die Frequenzunterschiede eines Allels in verschiedenen Populationen sind demnach auch ein Maß für die *genetische Distanz* zweier Populationen. Modellhaft nimmt man an, dass diese Distanz proportional zu der Zeit wächst, die seit der Trennung verstrichen ist. Derartige Distanzberechnungen sind für Populationen mit einer großen Anzahl von Genen gemacht worden. So erhält man Rohmaterial zur Erstellung von *Dendrogrammen*.

Eine zweite Methode beruht auf dem Vergleich der mt-DNA der Mitochondrien (s. Seite 84). Diese Methode ist von der zuvor beschriebenen unabhängig. Weil Mitochondrien nur von der Mutter und nicht vom Vater vererbt werden, entfällt die genetische Rekombination. Nachweisbare mt-DNA-Unterschiede in verschiedenen Populationen sind auf Mutationen zurückzuführen. Auch hier nimmt man an, dass die genetische Distanz, ausgedrückt in Basenpaarunterschieden, proportional zur Zeit seit der Trennung der Populationen ist. Die Mutationsrate der mt-DNA ist etwa 5–10 mal höher als die der Kern-DNA. Deshalb sammeln sich in ihr im gleichen Zeitraum mehr Mutationen an. Vorgänge, die in vergleichsweise kleinen Zeiträumen abgelaufen sind, lassen sich damit genauer untersuchen. Die mt-DNA wirkt wie ein Vergrößerungsglas für die Zeit. Das ist wichtig, denn die Unterschiede sind recht gering. Während die Nichtübereinstimmung der mt-DNA von Mensch und Schimpanse 42% beträgt, ist der größte Unterschied zwischen Menschen nur etwa 2%.

Dendrogramm

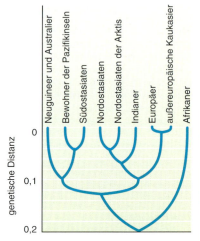

Mit diesen Methoden lässt sich das dargestellte Dendrogramm erstellen. Als wesentlichstes Merkmal zeigt es, dass die Urheimat des modernen Menschen sehr wahrscheinlich in Afrika liegt. Die genetische Distanz zwischen Afrikanern und den übrigen Menschen ist die größte. Auffällig ist, dass die Nordost- und Südostasiaten unterschiedlichen Zweigen zugeordnet sind. Die Nordostasiaten sind mit den Indianern und den Europäern näher verwandt als mit den Südostasiaten. Dadurch ist auch die noch weit verbreitete Einteilung der Menschen in die drei Großrassen hinfällig. Hinsichtlich des zeitlichen Ablaufs liefert das Dendrogamm folgende Aussagen in Übereinstimmung mit bekannten paläontologischen Befunden: Afrikaner und Asiaten trennten sich vor etwa 100000 Jahren, Asiaten und Australier vor 50000 Jahren und vor etwa 40000 Jahren spaltete sich die Entwicklung zwischen Asiaten und Europäern.

Laktoseverdauung beim Menschen

Milch ist ein Nahrungsmittel, das die meisten Europäer ohne Probleme verdauen können. Anders ergeht es den Angehörigen vieler Völker in Afrika, Asien oder den australischen Aborigenies. Trinken sie ein gut gefülltes Glas Milch, so bekommen viele von ihnen erhebliche Verdauungsbeschwerden. Im Dickdarm sammelt sich viel Wasser an und er schwillt auf. Einsetzende Gärungsvorgänge verursachen Blähungen und Schmerzen.

Ursache dafür ist der genetisch bedingte Mangel an *Laktase*, dem Enzym zur Milchzuckerverwertung. Diese Form des Laktasemangels findet man bei etwa 90 % der Schwarzafrikaner, jedoch nur bei 5 % — 15 % der Europäer und weißen Amerikaner.

Laktase wird von den Bürstensaumzellen in der Dünndarmschleimhaut gebildet. Dieses Enzym verdaut Milchzucker *(Laktose)*, einen Zweifachzucker (Dissacharid). Der Laktosegehalt in der Kuhmilch beträgt ca. 5 %. Das Enzym Laktase spaltet das Disaccharid in die Monosaccharide Glukose und Galaktose auf. Ohne die Verdauung durch Laktase lässt sich Milchzucker im menschlichen Körper nicht verwerten. Die Resorption von Kohlenhydraten ist nur im Dünndarm in Form von Monosacchariden möglich.

Durch große Mengen zugesetzter Verdauungssäfte im Verdauungstrakt ist der Nahrungsbrei sehr dünnflüssig. Bei geregelter Verdauung gelangt der Nahrungsbrei vom Dünndarm zum Dickdarm. Hier wird ihm viel Wasser entzogen, etwa 8 Liter täglich.

Als Säuglinge besitzen alle Menschen notwendigerweise die Fähigkeit zur Laktoseverdauung. Jedoch nimmt bei genetisch bedingtem Laktasemangel die Laktaseaktivität in den ersten Lebensjahren nach der Entwöhnung von der Muttermilch ab. Wenn dadurch auch die Möglichkeit zur Ernährung mit reiner Milch entfällt, so bleibt dennoch der Genuss einiger Milchprodukte, wie etwa Käse oder Quark, verträglich.

Die Fähigkeit zur Laktoseverdauung ist vor allem bei den Völkern zu finden, deren Vorfahren Viehzüchter waren und bei ihrer Ernährung Frischmilch einsetzten. Man geht davon aus, dass vor etwa 10000 Jahren der Mensch begonnen hat, die Vorfahren der heutigen Rinder zu zähmen und in seine Obhut zu nehmen. Die Tiere dienten vermutlich zuerst der Fleischversorgung. Es ist anzunehmen, dass die Tierhalter in Hungerzeiten begannen Milch zu trinken, die sie dem Euter der weiblichen Tiere entnahmen.

Auffällig ist, dass der genetisch bedingte Laktasemangel von Norden nach Süden zunimmt. Bereits bei Mittelmeervölkern wird Milch nicht so gut vertragen wie bei uns. Möglicherweise hatte dabei die Sonneneinstrahlung eine wesentliche Bedeutung für den Evolutionsvorgang.

Je näher man dem Äquator kommt, desto intensiver wird die UV-Strahlung an der Erdoberfläche. Trotz der Hautpigmentierung der ursprünglichen Bevölkerung in niederen geographischen Breiten ist der Anteil des UV-Lichts, der nicht in den Pigmentzellen, sondern im tiefer liegenden Gewebe der Haut absorbiert wird, größer als in Mitteleuropa oder in nordischen Ländern. Die UV-Absorption ist lebensnotwendig. Durch die Strahlung entsteht in der Haut durch eine fotochemische Reaktion aus einer Vorstufe Vitamin D. Dieses Vitamin ist erforderlich, damit im Dünndarm aus dem Nahrungsbrei Calciumionen resorbiert werden können.

Calciumionen sind für viele Stoffwechselvorgänge notwendig. Außerdem werden große Mengen im Skelett eingelagert. Hier ist *Calcium* ein wichtiger Bestandteil der Knochensubstanz und wird im Skelett eingelagert.

Bei Vitamin-D-Mangel kann der Körper nicht genügend Calcium resorbieren, auch wenn der Tagesbedarf von 0,8 bis 1,2 g mit der Nahrung dem Körper zugeführt wird. Dies führt zu Störungen des Knochenwachstums und zum Calciumentzug aus dem Skelett. Die Stabilität der Knochen nimmt ab. Calciummangel bei Kindern führt zu *Rachitis*. Dabei werden die Knochen weich und im Laufe der Zeit durch das Körpergewicht verformt. Bei Schwangeren ist der Calciumbedarf deutlich erhöht. Daher kann bei Vitamin-D-Mangel während der Schwangerschaft Knochenerweichung auftreten.

Milch hat als regelmäßig vorkommender Bestandteil bei der Ernährung Auswirkungen auf den Calciumhaushalt des Körpers. Der Calciumgehalt der Milch ist vergleichsweise hoch. 100 g enthalten etwa 120 mg Calcium. Weiterhin fördert die Anwesenheit von Laktose die Calciumresorption im Dünndarm.

Aufgaben

① a) Ein Mensch mit Laktasemangel nimmt eine kleine Menge Milch zu sich. Welche Stationen im Verdauungstrakt erreicht die mit der Milch aufgenommene Laktose?
   b) Weshalb sind Milchprodukte, wie z. B. Käse, bei Laktasemangel verträglich?

② Geben Sie eine physiologische Erklärung für die Symptome
   — Durchfall
   — angeschwollener Dickdarm
   — Blähungen
   nach Aufnahme größerer Mengen Milch bei Laktasemangel.

③ Geben Sie eine evolutive Erklärung dafür, weshalb man die Fähigkeit zur Laktoseverdauung häufiger bei den Völkern findet, deren Vorfahren bereits vor vielen tausend Jahren Rinder gehalten haben.

④ a) Diskutieren Sie, ob der beschriebene genetisch bedingte Laktasemangel ein ursprüngliches oder im Laufe der Evolution neu entstandenes, also abgeleitetes Merkmal sein könnte.
   b) In medizinischen Lehrbüchern wird die Laktoseunverträglichkeit häufig als Krankheit dargestellt. Nehmen Sie dazu Stellung.

⑤ Erklären Sie, weshalb das Nahrungsmittel Milch eine verminderte UV-Strahlendosis ausgleichen kann. Entwickeln Sie mit dieser Aussage eine Hypothese, die erklärt, wie die Fähigkeit zur Laktoseverdauung bei Menschen, die in höheren geographischen Breiten leben, evolutiv entstanden sein könnte.

Praktikum

Verhalten von Affen

Die folgenden Beobachtungen lassen sich in jedem größeren Zoo, der verschiedene Affen und Menschenaffen hält, durchführen. Man braucht dazu nicht viel mehr als ein Protokollpapier, Geduld bei der Beobachtung und, wenn möglich, die Hilfe eines Zoopädagogen. Vor den Beobachtungen im Zoo sollte man sich über die vorhandenen Affenarten informieren. Um eine möglichst große Datenfülle zu erhalten, arbeitet man sinnvollerweise gruppenteilig entweder mit der gleichen Beobachtungsaufgabe an verschiedenen Arten bzw. verschiedenen Individuen einer Art oder mit verschiedenen Aufgabenstellungen an einer Art. Protokolliert wird mit einfachen Beschreibungen und Strichlisten.

Körperpflegeverhalten

Bei der folgenden Beobachtung des Körperpflegeverhaltens betrachtet man vereinfachend die heute lebenden Affen als veranschaulichendes Modell für Entwicklungsstufen des Verhaltens unserer ausgestorbenen Vorfahren. Die Beobachtung sollte hauptsächlich zeigen, welche Bedeutung der Gebrauch der Hand bei verschiedenen Affenarten hat.

Um die Körperoberfläche zu pflegen, können sich Säugetiere scheuern, schütteln, ablecken, das Fell beknabbern, mit dem Fuß kratzen, mit der ganzen Hand bzw. mit vier, drei, zwei oder einem Finger kratzen. Manche können auch mit Daumen und Zeigefinger greifen oder mit der Hand wischen.

Erfassen Sie arbeitsteilig in Strichlisten, wie häufig Krallenaffen, Meerkatzen, Paviane und verschiedene Menschenaffen diese Verhaltensweisen zeigen.
Beobachtungszeit: 1 Stunde

Aufgaben

1. Geben Sie an, wieviel Prozent aller erfassten Ereignisse des Körperpflegeverhaltens bei Ihrer Affenart auf die jeweiligen Verhaltensweisen entfallen.
2. Welche Tendenz lässt sich im Vergleich von einfachem Säuger, Tieraffe und Menschenaffe feststellen. Was wird häufiger, was seltener?
3. Welche Bedeutung kann diese Entwicklung für die Entwicklung der Werkzeugbenutzung gehabt haben?

Verhalten von Weibchen und Jungtieren

Beobachten Sie gruppenteilig in Zweiergruppen verschiedene Weibchen einer Affenart mit unterschiedlich alten Jungtieren. Schätzen Sie den Abstand zwischen Mutter und Kind einmal pro Minute und tragen Sie alle Werte in eine Strichliste ein. Notieren Sie zusätzlich alle aufgetretenen Körperkontakte. Sitzen zwei Tiere eng nebeneinander, sodass sie sich berühren können, sind sie im *Kontaktabstand*.

Erfassen Sie in einer Strichliste, welches Tier den Kontaktabstand verlässt und welches ihn aufsucht.
Beobachtungszeit: mind. 1 Stunde.

Aufgaben

1. Berechnen Sie für jede Mutter-Kind-Beziehung den Mittelwert aller geschätzten Abstände *(mittlerer Sozialabstand)*.
2. Beschreiben Sie mit einer grafischen Darstellung, wie sich der mittlere Sozialabstand und die Trennungshäufigkeit mit zunehmendem Alter des Jungtieres verändert.
3. Wer sucht die Nähe des anderen?

Verhalten von Männchen und Jungtieren

Erfassen Sie zeitgleich zu den Untersuchungen des Verhaltens zwischen Mutter und Kind das Verhältnis der Männchen zu den Jungen. Männchen können zu einem Jungtier im Kontaktabstand sitzen, es tragen, mit ihm Futter teilen, es putzen oder mit ihm spielen.

Erfassen Sie mit Hilfe einer Strichliste, wie häufig die genannten Verhaltensweisen zwischen einem Männchen und verschieden alten Jungtieren der Gruppe auftritt und wer den Kontaktabstand aufsucht bzw. verlässt.

Vergleichen Sie, wenn möglich, das Verhalten der Väter verschiedener Menschenaffenarten.
Beobachtungszeit: mind. 1 Stunde.

Aufgaben

1. Berechnen Sie, wie häufig das beobachtete Männchen Kontakt zu Jungtieren hatte.
2. Zu welcher Altersgruppe hatte das Männchen am häufigsten Kontakt?
3. Wer sucht den Kontakt? Männchen oder Jungtier?
4. Wieviele Männchen kommen in natürlichen Gruppen der betrachteten Affenart vor?
5. Wie groß ist die Wahrscheinlichkeit, dass das beobachtete Männchen der Vater des betrachteten Jungtieres ist?
6. Vergleichen Sie die Kontakthäufigkeiten von Weibchen und Männchen zu den Jungtieren.
7. Überlegen Sie, welche Bedeutung das Paarungssystem der verschiedenen Affenarten für die Evolution des unterschiedlichen väterlichen Verhaltens gehabt haben kann.

Entstehung von Paarungssystemen

Die Entstehung von Paarungssystemen rezenter Primaten wird von Forschern auf wenige Selektionsfaktoren zurückgeführt, die sich alle auf den Fortpflanzungserfolg auswirken: Konkurrenz um Nahrung, Feinddruck und Konkurrenz um Fortpflanzungspartner. Dabei ergeben sich für Männchen und Weibchen aus dem Zusammenleben mit gleichgeschlechtlichen und andersgeschlechtlichen Artgenossen prinzipiell unterschiedliche Selektionsvorteile oder -nachteile.

Weibchen können nicht dadurch zusätzliche Junge produzieren, dass sie sich mit mehreren Männchen paaren, sie konkurrieren nicht um Männchen. Für Weibchen ist Zugang zu ausreichendem, guten Futter wichtiger. Daraus folgt, dass zwischen Weibchen Nahrungskonkurrenz herrscht — ein Selektionsdruck, der dazu führen müsste, dass die Weibchen als Einzelgänger leben. Leben sie trotzdem in Gruppen, muss es einen Selektionsvorteil geben, der diesen Nachteil ausgleicht. Dies ist die Sicherheit vor Feinden, die mit Zunahme der Gruppengröße steigt.

Die Verteilung der Weibchen im Raum

Die Verteilung der Weibchen im Raum hängt primär von drei Faktoren ab: ihren Nahrungsansprüchen, der Verteilung der Nahrung im Raum und der Bedrohung durch Fressfeinde. Dabei gilt: Je kleiner das Tier ist, desto qualitätvoller muss seine Nahrung sein (Obst, Früchte, Blüten, junge Blätter, Knospen). Diese ist seltener und räumlich sowie zeitlich unregelmäßiger im Wald verteilt als rohfaserreiche, schlechter zu verdauende Nahrung (alte Blätter), die in großen Mengen fast überall vorkommt. Die Nahrungskonkurrenz sollte also Tiere mit hohen Nahrungsansprüchen auf Einzelgänger selektieren. Entgegen wirkt der Selektionsdruck durch Fressfeinde. Aus beiden Kräften ergibt sich eine optimale Gruppengröße für Weibchen. Da beide Selektionsfaktoren jahreszeitlich und von Habitat zu Habitat wechseln können, können sich — selbst innerhalb einer Art — verschiedene Verteilungsmuster der Weibchen ergeben: Gorillaweibchen bleiben in Gruppen zusammen und verteidigen keinen Raum; Schimpansenweibchen kommen zusammen und trennen sich wieder; Siamangweibchen verteidigen ein Territorium und leben zeitlebens allein.

Das Verhalten der Männchen und die Paarungssysteme

Da Männchen mit mehreren Weibchen mehr Junge zeugen können, sind Männchen, die sich mit mehreren Weibchen paaren, selektionsbevorteilt. Die Konkurrenz der Männchen um Zugang zu fortpflanzungsbereiten Weibchen führt evolutiv entweder dazu, dass die Männchen sich eine Weibchengruppe alleine sichern *(Polygynie)* oder dass mehrere Männchen in einer Gruppe bleiben *(Polygynandrie)*. Da für die Befruchtung vieler Weibchen wenige Männchen ausreichen, sind bei vielen Tierarten ein Teil der Männchen überflüssig.

Die Verteilung der Männchen im Raum hängt von derjenigen der Weibchen ab, d. h. Männchen suchen nach den Weibchen und nicht umgekehrt. Bleiben Weibchen aus ökologischen Gründen zusammen, haben kampfkräftige Männchen, die Konkurrenten vertreiben können, einen Selektionsvorteil. Es entstehen polygyne Systeme aus einem Männchen und mehreren Weibchen, wie z. B. das der Gorillas. Je stärker sich die Kampfkraft auf den Paarungserfolg auswirkt, desto größer wird der Sexualdimorphismus. Da unter den tagaktiven Affen dieses Paarungssystem am häufigsten ist, ist es wahrscheinlich das ursprünglichste und solitäres Leben sowie Monogamie wahrscheinlich abgeleitete Sozialformen.

Trennen sich die Weibchen zeitweise (Schimpansen) oder dauerhaft (Orang-Utans) voneinander, besitzen Einzelmännchen oder kooperierende Männchen, die in der Lage sind, ein Gebiet mit mehreren Weibchen zu kontrollieren, einen Selektionsvorteil. In Schimpansengruppen jedoch, in denen sich mehrere um die Weibchen konkurrierende Männchen befinden, förderte die Selektion einerseits Rangordnungsverhalten, wodurch ranghohe Tiere Paarungsvorteile erlangen.

Die Paarungssysteme der Primaten sind selbst innerhalb der Art viel variabler als bisher angenommen. Man betrachtet sie daher nicht mehr als artspezifisches Merkmal, sondern als das Ergebnis unterschiedlicher Fortpflanzungstaktiken der Geschlechter. So leben Hanuman-Languren in den Halbwüsten Nord-West-Indiens in Gruppen von einem Männchen und rund 38 Weibchen sowie in Junggesellenverbänden. Im Laubwald Nepals dagegen gibt es nur Gruppen bis zu 19 Tieren, die aus mehreren Männchen und Weibchen bestehen. Eine Überwachung fortpflanzungsbereiter Weibchen ist in den Halbwüsten möglich, nicht jedoch in Nepal, da hier das Gelände zu unübersichtlich ist und viele Weibchen gleichzeitig fortpflanzungsbereit werden.

Wenn sich mehrere Männchen mit einem Weibchen paaren, findet die Konkurrenz um die Eizelle auf der Ebene der Spermien statt. Spermienkonkurrenz tritt auf, wenn der Abstand zwischen zwei oder mehreren Kopulationen vor dem Eisprung kürzer ist als die Lebensdauer der Spermien im Weibchen (beim Menschen rund 5 Tage). Da dasjenige Männchen am wahrscheinlichsten Fortpflanzungserfolg hat, das sich am häufigsten mit einem Weibchen paart und am meisten Spermien abgibt, wird in Gruppen mit konkurrierenden Männchen auf intensives Sexualverhalten und große Hoden selektiert (s. Tabelle).

Die Tabelle enthält Angaben zu Orang-Utan, Gorilla, Schimpanse und Mensch. Die Werte deuten darauf hin, dass in der Humanevolution Spermienkonkurrenz ein bedeutender Selektionsfaktor gewesen sein muss, d. h. dass sowohl Sexualverhalten als auch Geschlechtsorgane unter Selektionsbedingungen entstanden sein müssen, bei denen unsere weiblichen Vorfahren für Spermienkonkurrenz sorgten, indem sie innerhalb einer Fortpflanzungsperiode zu mehreren Männchen Sexualkontakt aufnahmen.

	Orang	Gorilla	Schimpanse	Mensch
Hodengewicht in % Körpergewicht	0,063	0,031	0,300	0,079
Penislänge (cm)	4	3	8	13
Ejakulatvolumen (ml)	1,2	0,4	1,1	2,5

Ursprünge menschlichen Verhaltens

Evolutive Ursprünge menschlichen Verhaltens finden sich — wie Fossilien belegen — bei baumbewohnenden Primaten. Aus Vergleichen mit ähnlichen heutigen Arten können wir vermuten, dass sie für Fluchten in den Baumkronen über gutes und räumliches Sehen verfügten und meist Kleingruppen mit einem komplizierten sozialen Geflecht ausbildeten. Grundbaustein war die Mutter-Kind-Einheit. Da Jungtiere getragen wurden, war es nur möglich, 1 bis 2 Junge gleichzeitig zu bekommen.

In den Anforderungen, im artenreichen Regenwald Nahrung zu finden, vermuten einige Forscher den Ursprung der *Intelligenz*. Dafür spricht, dass Affen, die die allgegenwärtigen Blätter fressen, in Tests geringere Intelligenzleistungen erbringen als Affenarten, die ein räumlich und zeitlich wechselndes Angebot von Blüten oder Früchten nutzen. Andere Wissenschaftler sehen in den Problemen, in einem komplizierten Sozialsystem zu leben, den Selektionsdruck, der *soziale Intelligenz* herausbildete.

Verwandtschaft innerhalb der Gruppe konnte einerseits über Verwandtenselektion die Ausbildung altruistischer Verhaltensweisen fördern, andererseits ermöglichte die Gedächtnisleistung zusammen mit individuellem Kennen ausgeprägtes Helfen auf Gegenseitigkeit. Dabei kann die Gegenleistung aus einem anderen Verhaltensbereich stammen. Sie kann für Futterteilen z. B. in ausgeprägter sozialer Fellpflege bestehen. Hier liegen Ursprünge für *Tausch* und *Handel*.

Verhaltensforscher beobachteten während ihrer Studien, dass Schimpansenmännchen vor Auseinandersetzungen mit Ranghöheren durch freundliches Verhalten versuchten, möglichst viele Gruppenmitglieder „auf ihre Seite zu bringen". Sie benutzten die Gruppe als *soziales Werkzeug* zum Erreichen ihrer Ziele.

Zunehmende soziale Intelligenz ermöglichte einsichtiges Verhalten und die Entwicklung *technologischer Fähigkeiten*. Bei verschiedenen Schimpansengruppen entdeckte man unterschiedliche Formen von Werkzeugbenutzung und -herstellung. Diese werden durch Vorbild, Beobachtung und Nachahmung von Jungtieren übernommen, d.h. *tradiert*. Derartige Traditionen erlernter Informationen und Fähigkeiten stellen einfache tierische Kulturen dar und sind möglicherweise die Ursprünge menschlicher *Kulturgeschichte*.

Bei Schimpansen liegt ein Ansatz von *Arbeitsteilung* der Geschlechter vor. Die Männchen jagen häufiger Beutetiere, wie z. B. kleine Wildschweine oder Colobusaffen, und teilen mit den Weibchen, die sich stärker durch Sammeln von Früchten ernähren.

Vorläufer der Australopithecinen standen im östlichen Afrika vor 5 bis 8 Millionen Jahren vor dem Problem, dass Trockenperioden zu einem langsamen Waldverlust führten. Sie wurden an Steppenbedingungen angepasst. Abnutzungsspuren der Zähne zeigten, dass sie hauptsächlich Früchte, Blätter und härtere Pflanzenteile fraßen. Die komplizierte Suche nach unterirdischen Knollen, Früchten und tierischer Nahrung förderte die Ausbildung der Intelligenz. Da besonders die Weibchen auf gute Nahrung angewiesen sind, hatten sie wahrscheinlich an der Intelligenzentwicklung des Menschen den größeren Anteil.

Für die Suche nach unterirdischen Pflanzenteilen diente der Grabstock. Tragwerkzeuge, wie Beutel oder Netze, wurden umso bedeutsamer, je stärker die Arbeitsteilung von Jägern und Sammlern voranschritt. Da auch heute noch bei tropischen Naturvölkern der Nahrungsgrundbedarf durch Pflanzen gedeckt wird, wird wohl auch in der Vergangenheit die Jagd nur eine untergeordnete Rolle gespielt haben. Erst der Homo erectus dürfte die Fähigkeit zur Großwildjagd erreicht haben.

1 Lebensbild von Australopithecinen (Modellvorstellung)

Druck mit beweglichen Lettern, Johannes Gutenberg (um 1440)

Optische Telegrafen, (um 1800)

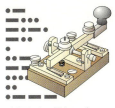
elektrischer Telegraf, Samuel Morse (1837)

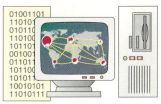
„Global Village", Internet (seit ca. 1990)

Römische Capitalis (ca. 100 v. Chr.)

Griechisches Alphabet (900 v. Chr.)

Phönikisches Alphabet (1300 v. Chr.)

Ägyptische Bilderschrift (ab 3000 v. Chr.)

Höhlenmalerei, Gravuren (ab ca. 20 000 v. Chr.)

Kulturelle Entwicklung

Kultur entsteht in der Auseinandersetzung des Menschen mit seiner Umwelt. Zu den Kulturgütern gehören Sprache, Religion, Ethik, Kunst, Recht, Staat, Geistes- und Naturwissenschaften sowie die Umsetzung von Erkenntnissen aus der Erforschung der Natur in der Technik. Die Entwicklung und Weitergabe von Kulturgütern ist ein Artmerkmal des Menschen, das man bei allen Völkern antrifft.

Die *kulturelle Entwicklung* vollzog sich im Vergleich zur biologischen Evolution des Homo sapiens sapiens in atemberaubendem Tempo. Innerhalb von etwa 10 000 Jahren entwickelten sich aus umherziehenden Gruppen von Jägern und Sammlerinnen Industriegesellschaften. Als Ursache hierfür kommen insbesondere drei biologische Merkmale des Menschen in Betracht:
— Ein stark entwickeltes *Großhirn*, das es ermöglicht, lebenslang zu lernen und kreativ zu sein.
— Die Fähigkeit des *Kehlkopfs*, differenzierte Laute zu bilden als Voraussetzung zur sprachlichen Kommunikation.
— Die *Greifhand* mit dem opponierbaren Daumen, die es erlaubt, Werkzeuge herzustellen und zu gebrauchen.

Der Geschwindigkeitsunterschied zwischen biologischer und kultureller Entwicklung ist gewaltig. Dies zeigt, dass unterschiedliche Mechanismen wirksam sind. Während die Evolution mit einem ungeheuren Aufwand an Material und Zeit vergleichsweise mühsam über Mutation und Selektion zufällig hin und wieder neue, für ihren Träger geeignetere Eigenschaften hervorbringt, können Menschen zielgerichtet für Erweiterung und Weitergabe ihres Wissens sorgen. Jede Generation schöpft aus dem Vorrat an Erfahrungen und Kenntnissen ihrer Vorfahren. Durch Übernahme von Wertvorstellungen sowie Verhaltensweisen und Techniken zur Beherrschung der Umweltbedingungen entstehen Traditionen. Dieser Informationsfluss wird durch die vergleichsweise lange Jugendzeit und die engen Beziehungen zwischen mehreren Generationen begünstigt. Je besser die Möglichkeiten zur Informationsspeicherung und -verbreitung wurden, um so schneller haben sich die Kenntnisse vermehrt und verbreitet. Als besonders einschneidende Ereignisse auf diesem Weg sind die Erfindung des Buchdrucks im 15. Jahrhundert und die Entwicklung der Mikroelektronik in neuester Zeit zu bewerten. Mithilfe solcher Medien werden Kenntnisse, die der Einzelne im Laufe seines Lebens erwirbt, unter Umgehung des genetischen Systems in nachfolgende Generationen eingebracht. So betrachtet, verläuft die kulturelle Entwicklung teilweise nach lamarckistischen Gesetzen. Die Folge ist, dass ein einschneidender kultureller Wandel innerhalb einer einzigen Generation auftreten kann.

Als Merkmale unterliegen auch Kulturgüter der Selektion. Im Gegensatz zur biologischen Evolution werden die Merkmale selbst und nicht ihre Träger, die Individuen, selektiert. Der Computer z. B. ersetzt heute in vielen Fällen die Schreibmaschine. Das liegt an den Vorteilen des Geräts, jedoch nicht daran, dass Computerbenutzer mehr Nachkommen hätten. Auf veränderte Selektionsbedingungen kann infolge der lebenslangen Lernfähigkeit des Menschen bereits innerhalb einer Generation reagiert werden.

Durch Technik und Medizin macht sich der Mensch teilweise von den natürlichen Selektionsbedingungen unabhängig. Oft werden ursprüngliche Verhältnisse ins Gegenteil verkehrt. Nicht die Umwelt bewirkt die Anpassung des Menschen, sondern mithilfe der Technik wird die Umwelt in kürzester Frist den Bedürfnissen des Menschen entsprechend verändert. Dies ist nicht immer zum Nutzen der Umwelt und hat, wenn auch oft zeitlich stark verzögert, negative Folgen für den Menschen selbst. In jedem Fall beeinflusst der Mensch mit Veränderungen seiner Lebensbedingungen die weitere Evolution seiner Art und die des Lebens auf der Erde.

7 Das natürliche System der Lebewesen

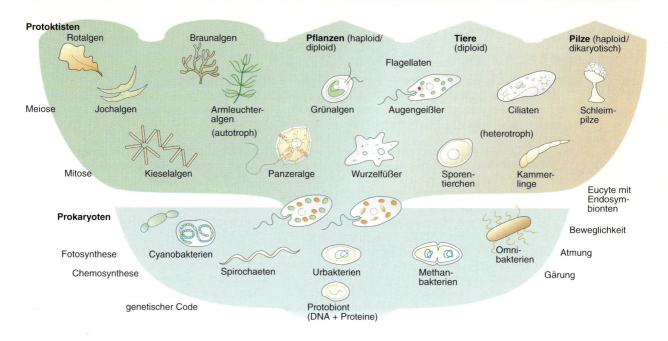

Die fünf Reiche der Lebewesen

Zellen kommen in zwei Organisationsformen vor, als kernlose Protocyte oder als Eucyte. Alle Lebewesen, die Zellen vom Typ der Protocyte besitzen, werden als *Prokaryoten* bezeichnet und als eigenes Reich von den *Eukaryoten* abgesetzt.

Bei den vielzelligen Eukaryoten haben drei Gruppen große Bedeutung erlangt, die man in den Reichen der *Pflanzen, Tiere* und *Pilze* zusammenfasst. Bezüglich ihrer Nahrungsaufnahme vertreten diese drei Reiche die ökologischen Prinzipien der *Produzenten* (pflanzliche Primärproduktion), der *Konsumenten* (tierische Partikelfresser) und der *Reduzenten* (Stoffabsorption der Pilze).

Protoktisten
griech. *protos* = frühester

griech. *ktistes* = Gründer

Zwischen den Prokaryoten und den drei anderen Reichen steht das Reich der *Protoktisten*. Hierzu gehören Eukaryoten, die weder Tiere noch Pflanzen oder Pilze sind, also alle kernhaltigen Einzeller und solche Vielzeller, die sich von ihnen ableiten lassen. Offenbar haben sich im Laufe der Evolution mehrfach vielzellige Organismen aus einzelligen Vorläufern entwickelt. Bei Schleimpilzen, Rot- und Grünalgen gibt es innerhalb eines Stammes einzellige und mehrzellige Vertreter. Die Bezeichnung „Einzeller" ist also ebenso wie der Begriff „Pflanze" ungeeignet, die natürliche Verwandtschaft zu beschreiben.

Das Reich der Prokaryoten

Die Prokaryoten sind alle einzellig und in der Regel kleiner als 10 µm. Nur selten bilden sie Kolonien, wenn Zellen nach der Spaltung in einer gemeinsamen Gallerthülle zusammenbleiben. Die Stoffwechselleistungen der Prokaryoten sind erstaunlich. Je nach Art sind sie z. B. in der Lage, ihre Energie durch Gärung, Atmung, Fotosynthese oder auch Chemosynthese zu gewinnen.

Den ältesten prokaryotischen Mikrofossilien wird ein Alter von 3,2 bis 3,8 Milliarden Jahren zugeschrieben. Im Vergleich dazu sind die Funde von Eucyten mit einem Alter von 1,4 Milliarden Jahren recht jung.

Stämme: *Urbakterien* (Archaebacteria) sind an Lebensbedingungen angepasst, wie sie vermutlich in der Urzeit der Erdentwicklung geherrscht haben. Methanbakterien leben anaerob im Faulschlamm. Säure- bzw. hitzebeständige Arten kommen in Gewässern mit hoher Salzkonzentration oder in heißen Quellen vor. Die *Cyanobakterien* (Blaualgen) betreiben Fotosynthese. Sie besitzen neben Chlorophyll a und Carotinoiden noch blaue und rote Farbstoffe. Die *echten Bakterien* (Omnibacteria) sind der umfang- und formenreichste Stamm.

Das Reich der Protoktisten

Protoktisten leben im Wasser oder in Körperflüssigkeiten. Ihre Stoffwechselleistungen sind nicht so groß wie die der Prokaryoten, aber auch unter ihnen gibt es heterotrophe und autotrophe, anaerob oder aerob lebende sowie parasitische Formen. Die Protoktisten sind möglicherweise eine polyphyletische Gruppe, da es denkbar ist, dass sich Eucyten ohne bzw. mit Chloroplasten unabhängig voneinander entwickelt haben.

Stämme: *Grünalgen* bilden die Hauptmasse der Phytoplanktonorganismen im Süßwasser. Sie sind sehr vielgestaltig und es ist kaum umstritten, dass in diesem Stamm die Vorläufer der Landpflanzen zu suchen sind. *Panzeralgen* stellen die Mehrzahl des marinen Phytoplanktons. Der Riesentang ist mit 50 m Länge eine der größten *Braunalgen*. Die zu den *Zooflagellaten* gehörenden Kragengeißler zeigen zahlreiche Gemeinsamkeiten zu den Kragengeißelzellen der Schwämme. Man vermutet in dieser Gruppe den Übergang zum Tierreich. Der Ursprung der Pilze dürfte bei den *Schleimpilzen* zu suchen sein. Es gibt etwa 20 weitere Stämme der Protoktisten.

Das Reich der Pilze

Ein Pilz besteht in der Regel aus einem Fadengeflecht *(Myzel)*, das sich zu einem Sporen tragenden Fruchtkörper verdichten kann. Die Zellwände enthalten meistens Chitin. Geißeltragende Fortpflanzungszellen fehlen. Die Kerne der einzelnen Zellfäden *(Hyphen)* sind haploid. Wenn zwei verschiedene Pilzfäden verschmelzen, ohne dass es zur Vereinigung der Zellkerne kommt, entstehen dikaryotische Hyphen. Die bekanntesten **Stämme**, die *Schlauch-* und die *Ständerpilze*, unterscheiden sich in der Sporenbildung.

Die ältesten Pilzfossilien stammen aus dem Devon. Sie wurden in enger Beziehung zu Pflanzenresten gefunden. Es ist denkbar, dass der Übergang der Pflanzen zum Landleben durch eine Pilz-Pflanzen-Symbiose ermöglicht wurde, so ähnlich, wie sie in Gestalt der Mykorrhiza heute noch vorliegt.

Flechten sind „Doppellebewesen", bei denen ein Pilz mit seinen Hyphen einzellige Grünalgen oder Cyanobakterien umschließt und von deren Fotosyntheseprodukten lebt. Etwa 25 000 verschiedene Pilzarten haben sich in dieser Form ernährungsphysiologisch spezialisiert. Flechten werden im System nach dem jeweiligen Pilzpartner eingeordnet.

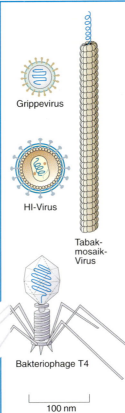

Grippevirus

HI-Virus

Tabakmosaik-Virus

Bakteriophage T4

100 nm

Viren

Alle Lebewesen der fünf Organismenreiche sind entweder einzellig oder aus vielen Zellen aufgebaut. Nicht so die *Viren*. Sie sind mit einer Größe zwischen 20 und 300 nm kleiner als Bakterien und bestehen nur aus einer Nukleinsäure, die von einer Proteinhülle umschlossen wird. Viren fehlt eine begrenzende Membran, sie besitzen keinen eigenen Stoffwechsel und sind in ihrer Vermehrung von einer Wirtszelle abhängig. Viren befallen Zellen aller Organismen bis hin zu den Bakterien *(Bakteriophagen)*. Beim Menschen treten sie häufig als Krankheitserreger auf und können Kinderlähmung, Masern, Grippe oder AIDS verursachen. Auch Pflanzenkrankheiten können von Viren hervorgerufen werden, z. B. vom *Tabakmosaikvirus*.

Viren lassen sich nach Baumerkmalen oder nach der Art ihrer Kernsäuren klassifizieren (DNA- bzw. RNA-Viren). Eine Einordnung in die Organismenreiche wird nicht vorgenommen. Wahrscheinlich sind die Beziehungen dieser Partikel zu ihren Wirtszellen enger als die Verwandtschaft zwischen den einzelnen Viren. Sie sind möglicherweise Plasmide, die sich verselbstständigt haben. Das würde bedeuten, dass Tabakmosaikvirus und Tabakpflanze oder aber Bakteriophage und Bakterium genetisch ähnlicher sind als diese beiden Viren untereinander.

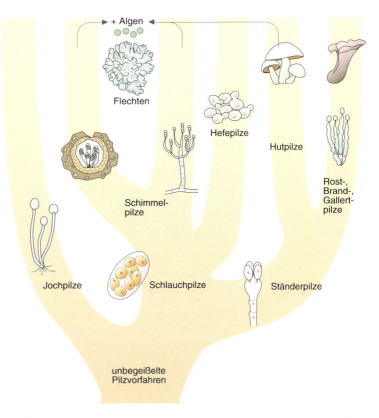

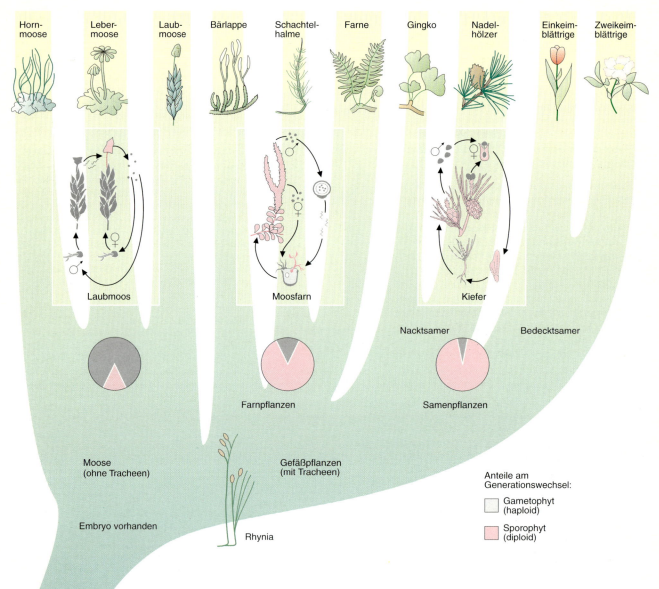

Das Reich der Pflanzen

Die Pflanzen stammen mit großer Sicherheit von grünalgenähnlichen Vorfahren ab. Ihr gemeinsames Merkmal ist der Besitz eines Embryos und — damit im Zusammenhang stehend — ein Generationswechsel zwischen einem haploiden Gametophyten und einem diploiden Sporophyten. Die einzelnen Strukturen tragen zwar unterschiedliche Bezeichnungen (Pollen, Embryosack, Spore, Vorkeim, usw.), sind aber weitgehend homolog. Sichere fossile Belege für Gefäßpflanzen (Tracheophyten) sind aus den Kieselschiefern des Devon bekannt. Es sind Pflanzen vom *Rhynia*-Typ. Die gefäßlosen Moose stellen wahrscheinlich eine ältere Seitenlinie dar, in der sie eine eigene Entwicklung durchlaufen haben.

Abteilung: Moose *(Bryophyta)*
Echte Wurzeln und Leitbündel fehlen. Das Moospflänzchen ist der Gametophyt, auf dem der Sporophyt als Sporenkapsel sitzt.

Abteilung: Farnpflanzen *(Pteridophyta)*
Leitbündel mit Tracheen sind vorhanden. Der Gametophyt ist klein, die eigentliche Pflanze wird vom Sporophyt gebildet.

Abteilung: Samenpflanzen *(Spermatophyta)*
Sie stellen die überwiegende Zahl der heute lebenden Pflanzen. Ihr Generationswechsel ist nicht sofort erkennbar, denn der Gametophyt ist extrem reduziert (Pollenschlauch bzw. Embryosack mit Eizelle). Die Verbreitung erfolgt durch Samen.

Rhynia
Gattung einfach gebauter Pflanzen, die zu den ältesten Besiedlern des Festlandes gehören

Das Reich der Tiere

In einer Systematik, die nach dem Fünf-Reiche-Konzept aufgebaut ist, versteht man unter „Tieren" vielzellige, heterotrophe, diploide Organismen, die aus der Verschmelzung einer Eizelle mit einer kleineren, männlichen Keimzelle hervorgehen. Die entstehende Zygote teilt sich mitotisch und entwickelt zunächst einen kompakten Zellkomplex *(Morula)*, aus dem dann eine Hohlkugel *(Blastula)* entsteht. Dieses Blastulastadium ist das Kennzeichen aller Tiere. Die Einzelheiten der weiteren Keimesentwicklung unterscheiden sich von Stamm zu Stamm recht deutlich. Innerhalb eines Tierstammes liegt aber eine einheitliche Embryonalentwicklung vor. Deshalb lassen sich Tiere eines Stammes durch ihre *Baupläne*, also durch Angabe von übereinstimmenden Baumerkmalen, charakterisieren (siehe folgende Doppelseite). Mehr als 30 Stämme werden unterschieden. Einige sind in der folgenden Auswahl zusammengestellt.

Stamm: Schwämme
Sie sind wasserlebende, festsitzende Tiere. Schwämme sind von einem wassergefüllten Kanalsystem mit Geißelkammern durchzogen. Diese Tiere besitzen nur wenige Gewebetypen, die noch keinen Zusammenschluss zu Organen zeigen. Außerdem ist die Körperform nicht festgelegt.

Stamm: Nesseltiere
Ihr Körper ist radiärsymmetrisch gebaut. Der innere Hohlraum besitzt nur eine Körperöffnung. Zwei Zellschichten, das Ektoderm und das Entoderm, sind durch eine Stützschicht getrennt. Muskel-, Drüsen- und Nervenzellen sind vorhanden. Einige Arten können sich durch Knospung vermehren, andere besitzen einen Wechsel von geschlechtlicher und ungeschlechtlicher Generation.

Alle Organismen der folgenden Stämme sind zweiseitig-symmetrisch *(Bilateraltiere)*.

Stamm: Plattwürmer
Diese Tiere besitzen drei Keimblätter, entwickeln aber keine echte Leibeshöhle *(Coelom)*. Ihr Kopf hat eine Mundöffnung, ein weiterer Darmausgang *(After)* fehlt. Es gibt sowohl parasitische Formen *(Bandwürmer)* als auch frei lebende Arten *(Strudelwürmer)*.

Stamm: Schlauchwürmer
Sie besitzen eine Leibeshöhle, die aber kein echtes Coelom ist, da sie nicht vom Mesoderm gebildet wird. Ein durchgehender Darm und ein einfaches Nervensystem aus zwei Strängen sind vorhanden. Die Fortbewegung erfolgt schlängelnd, denn Fadenwürmer besitzen nur Längsmuskeln. Die meisten Arten sind getrenntgeschlechtlich; viele sind Parasiten *(Spulwurm, Trichine)*.

Alle folgenden Stämme besitzen ein *Coelom*. Weichtiere, Ringelwürmer und Gliederfüßer sind *Urmünder*, Stachelhäuter und Chordatiere dagegen *Neumünder* (s. Randspalte).

Stamm: Weichtiere
Der weiche, gliedmaßenlose Körper ist in Kopf, Fuß, Eingeweidesack und Mantel gegliedert. Der Mantel ist eine Hautfalte, die den Körper umschließt und bei den meisten Arten eine harte, kalkhaltige Schale ausbildet. Der Blutkreislauf ist offen. (Klassen: *Schnecken*, *Muscheln* und *Kopffüßer*.)

Stamm: Ringelwürmer
Tiere mit äußerer und innerer Segmentierung, mit gegliedertem Bauchmark (Strickleiternervensystem) und geschlossenem Blutkreislauf. Der Hautmuskelschlauch besitzt Längs- und Ringmuskeln.

Stamm: Gliederfüßer
Der Körper und die Extremitäten sind deutlich gegliedert, das Außenskelett besteht aus Chitin. Der Blutkreislauf ist offen und das Bauchmark ist ein Strickleiternervensystem. *Krebse*, *Spinnentiere*, *Tausendfüßer* und *Insekten* gehören zu diesem Stamm.

Stamm: Stachelhäuter
Sie sind rein marine Tiere, deren Larven *bilateralsymmetrisch* sind. Ausgewachsene Tiere sind meist fünfstrahlig-radiär gebaut. Ihr Hautskelett besteht aus Kalk. Eine Besonderheit ist das Wassergefäßsystem, das der Fortbewegung dient. (Klassen: *Seeigel*, *Seesterne*, *Schlangensterne*, *Seewalzen* und festsitzende *Seelilien*.)

Stamm: Chordatiere
Alle Tiere dieses Stammes besitzen ein *Axialskelett* aus einem knorpeligen, dorsal gelegenen Stab, dessen Abschnitte zur Wirbelsäule verknöchern können. Weitere Merkmale sind das Rückenmark und Kiemenspalten, die zumindest während der Embryonalentwicklung vorhanden sind. Die *Manteltiere* und die *Schädellosen*, zu denen auch das Lanzettfischchen gehört, gelten als Vorläufer der *Wirbeltiere*, die die weitaus bekanntesten Klassen dieses Stammes stellen.

Aufgabe

① Beschreiben Sie die Unterschiede zwischen Ur- und Neumündern und geben Sie an, wie sich das auf den Bauplan auswirkt.

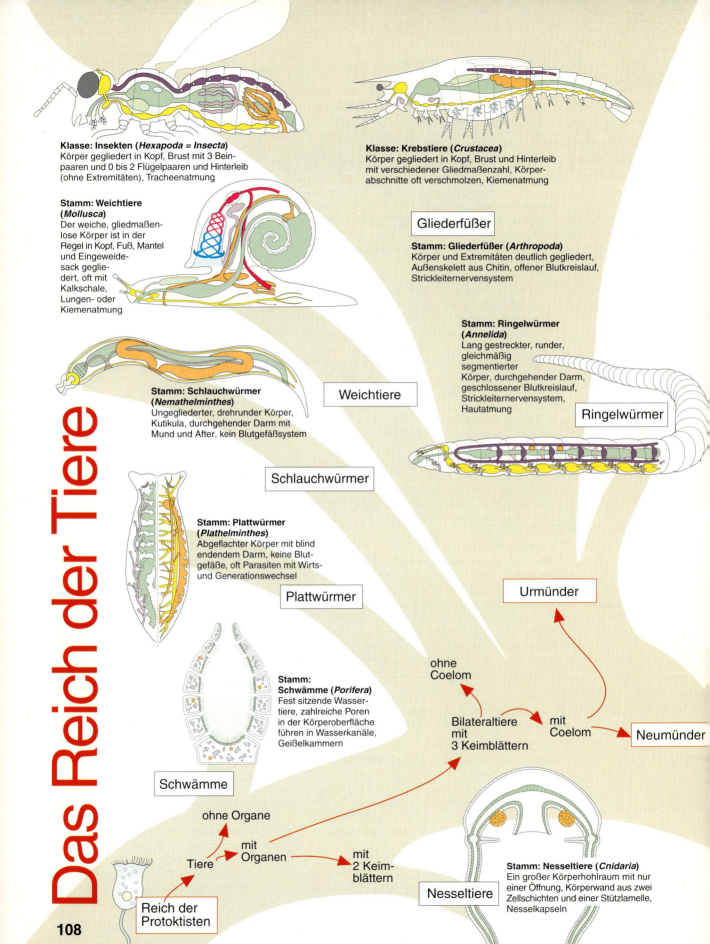

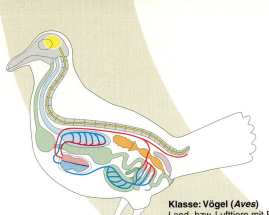

Klasse: Vögel (Aves)
Land- bzw. Lufttiere mit Federkleid, vorderes Gliedmaßenpaar zu Flügeln umgebildet, Hornschnabel, Lungenatmung

Klasse: Säugetiere (Mammalia)
Landtiere mit Haarkleid, Weibchen mit Milchdrüsen, Lungenatmung

Erläuterungen zu den Bauplänen

hellblau	Atmungssystem
gelb	Nervensystem
hellgrün	Verdauungssystem
lila	Ausscheidungssystem
orange	Geschlechtssystem
dunkelblau	sauerstoffarmes
violett	gemischtes } Blut
rot	sauerstoffreiches

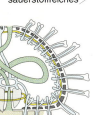

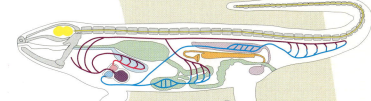

Stamm: Stachelhäuter (Echinodermata)
Radiärsymmetrische (oft fünfstrahlige) Meerestiere, Hautskelett aus Kalk, oft mit Stacheln, Wassergefäßsystem

Stachelhäuter

Klasse: Kriechtiere (Reptilia)
Landtiere mit trockener, schuppiger Haut, Lungenatmung

Klasse: Lurche (Amphibia)
Süßwasser- und Landtiere mit nackter, schlüpfriger, drüsenreicher Haut, Hautatmung, bei erwachsenen Tieren Lungenatmung, bei Larven Kiemenatmung

Chordatiere

Chordatiere (Chordata)
Körper mit einem zelligen Stützstab (Chorda dorsalis)

Unterstamm Wirbeltiere

Unterstamm: Wirbeltiere (Vertebrata)
Körper gegliedert in Kopf, Rumpf und Schwanz, 2 Paar Extremitäten am Rumpf, knöcherne Wirbelsäule, Zentralnervensystem mit Gehirn und Rückenmark, Blutkreislauf geschlossen

Unterstamm Schädellose

Unterstamm: Schädellose (Acrania)
Kleine, fischähnliche Wassertiere, körperlange Chorda und Neuralrohr, Gehirn und Schädel fehlen, mit Kiemendarm

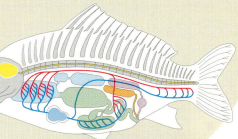

Klasse: Knochenfische (Osteichthyes)
Kiemenatmende Wassertiere mit schuppiger, schleimiger Haut, knöchernes Skelett

Register

Abschlag 96, 97
Abteilung 14
Acheuleen-Kultur 96
Aegyptopithecus 85
Afrika-Modell 92
After 107
Akazia 61
Aktualitätsprinzip 7, 9
Alkaloid 61
Allel, multiples 37
Allelfrequenz 48
Allopolyploidie 54
Altersbestimmung, absolute 29
Altersbestimmung, relative 29
Altweltaffe 88
Ammonit 78
Amphibium 78
Analogie 18
Analogverfahren 95
Anatomie 19
Angiospermen 58, 75
Angraecum sesquipedale 60
Antennapedia 22
Antheridium 74
Anti-Human-Serum 20
Antigen 20, 62
Antigen-Antikörper-Reaktion 20
Antikörper 20
Aorta 17
Apokarpie 46
Arbeitsteilung 102
Archaebakterium 70, 104
Archaeopteryx 31, 78
Archaeoteryx lithographica 32
Archäologie, experimentelle 97
Archegonium 74
ARISTOTELES 64
Art 6, 14, 15, 25
Artbegriff, biologischer 15
Artbegriff, morphologischer 15
Artbegriff, populationsbiologischer 36
Artbildung, allopatrische 54
Artbildung, sympatrische 54
Artkonstanz 6, 10
Artveränderung 6, 9
Asclepiadaceae 24
Asteroxylon 72
Atavismen 26
Australopithecus 89
Autopolyploidie 54
Axialskelett 107
Axiom 7

BAER, KARL ERNST VON 27
Bakteriophage 105
Bakterium, Blaugrünes 70
Bandwurm 107
Bärlapp 78

Bauplan 107
Bedecktsamer 75
Beleg, genotypischer 20
Beleg, phänotypischer 20
BERCKHEMER, FRITZ 94
Beuteltier 58
Bibel 7, 80
Bienen-Ragwurz 61
bilateralsymmetrisch 107
Bilateraltier 107
Biochemie 20
Birkenspanner 38
Blasenauge 66
Blastula 107
Blutkreislauf 17
BÖCK, MAX 94
Branderpel 26
Braunalge 105
Breitnasenaffe 88
Broca-Zentrum 87
Brückentier 32, 78
Bruthelfer 44
Brutparasitismus, interspezifischer 64
Brutparasitismus, intraspezifischer 64
Bryophyta 106
BUFFON, GEORGES DE 9
Burgess-Fauna 71
Buschblauhäher 44

Cactaceae 24
Calanoiden 19
Calcium 99
Callima 62
Cardiolipin 23
Chihuahuahund 46
Cholesterin 23
Cholesterol 23
Chorda 27
Chordatier 79, 107, 109
Chorion-Somatotropin 22
Cichlidae 59
Coelom 107
Compsognathus 31
Cooksonia caledonica 72
Cordaiten 75
COURTENAY-LATIMER 33
Crossingover 37
CUVIER, GEORGES 10, 11
Cyanobakterium 70, 104
Cynognathus 78
Cytochrom c 34
Cytologie 23

Dachschädler 78
DARWIN, CHARLES 5, 8—12, 25, 44, 56, 60, 66, 75, 80—82
Darwinfink 56, 59
Dendrogramm 34, 83, 98
Devon 78
Didiereaceae 24
Digitalis grandiflora 55
Digitalis purpurea 55
Dinosaurier 78

Distanz, genetische 98
DNA-Hybridisierung 82
Domestikation 47
Drosophila 37
Drosophila tetraptera 26
Dryopithecus 85
DUBOIS, EUGENE 82

Ediacara-Fauna 71
Ei-Mimikry 65
EIGEN, M. 81
Einnischung 53, 56
Einzeller 79
Embryologie, vergleichende 27
endemisch 6
Endemit 56
Endosymbiose 71
Endosymbionten-Hypothese 70
Endoxidation 34
Entenmuschel 27
Entwicklung, konvergente 18
Eohippus 35
Equus 35
Eubakterium 70
Eukaryoten 79, 104
Euphorbiaceae 24
Europide 98
Eurotamandua joresi 30
Eusthenopteron 33
Evolution, biologische 70, 71
Evolution, chemische 69
Evolutionsforschung 6, 7
Evolutionsgedanke 6, 7, 10
Evolutionshypothese 7
Evolutionsprozess 52
Evolutionstheorie 7—10, 26, 27, 80, 81
Evolutionstheorie, synthetische 66, 67

Familie 14
Farn 78, 106
Felsentaube 9
Fetzenfisch 62
Fingerhut 55
Fitness 39
Fitness, direkte 45
Fitness, indirekte 45
Flaschenhalseffekt 51
Flechte 105
Fliegen-Ragwurz 61
Fossil 28
Fossil, lebendes 33, 75
Fossilfunde 94, 95
Fossilisation 28

Galaktose 99
Galapagosfink 56
Gametophyt 74
Gang, aufrechter 86, 87
Gashülle, reduzierende 69
Gattung 14
Gefäß 72

Gendrift 51, 98
Genduplikation 37
Generationswechsel 75
Genfamilie 22
Genkartierung 83
Genotypenfrequenz 48, 49
Genpool 37
Gesamtfitness 44, 45
Geschlechtspflanze 74
Ginkgo biloba 75
gleichwarm 32
Gliederfüßer 107, 108
Glukose 99
Gondwana 25
GOODALL, JANE 96
Gorillinae 83
Gradualismus 67
Grasfrosch 55
Grauspecht 53
Greifhand 103
Griffelbein 26
Griphosaurus 31
Großhirn 103
Grube Messel 30, 35
Grubenauge 66
Grünalge 105
Gründerpopulation 51, 59, 92
Grundfink 6, 59
Grundregel, Biogenetische 10, 12, 27
Grünspecht 53
Gymnospermen 75

HAECKEL, ERNST 10, 12, 27
HAHNER, H. 80
Halbwertszeit 29
HAMILTON 44
HARDY, GEORGE 48
Hardy-Weinberg-Gleichgewicht 49
Hardy-Weinberg-Regel 49
HARTMANN, DANIEL 94
Häufigkeit, relative 48
Heidelberger 90
Heideschnecke 36
HEIM, K. 81
Heliconius 61
Heterosporie 75
Heterozygotenvorteil 40
Hinterhauptsloch 86
Hipparion 35
Hippidion 35
Hohltaube 55
Holunder 55
Hominiden 83, 85, 89
Homo erectus 90, 91
Homo habilis 78, 90
Homo heidelbergensis 90, 94
Homo sapiens 90, 92
Homo sapiens sapiens 98
homodont 32
Homologie 16
Homologiekriterium 17
Homöobox 22

Hornisse 62
Hornissenschwärmer 62
HUMBOLDT, ALEXANDER VON 24, 25
Hummel-Ragwurz 61
HUXLEY, THOMAS 12
Hyphen 105
Hypophysenhinterlappen-Hormon 21
Hyracotherium 35

Iberomesornis romeralis 32
Ichthyostega 76, 78
Idealpopulation 48
Industriemelanismus 39
Insekt 107, 108
Insektenfresser 32
Insulin 20
Intelligenz, soziale 102
Iridium 77
Isolation, genetische 53
Isolation, geographische 53
Isolation, ökologische 55
Isolation, postzygotische 55
Isolation, präzygotische 55
Isolation, tageszeitliche 55
Isolationsmechanismus 55

Jakobinertaube 9
Jarowisation 13
Javaneraffe 88
Jungfer im Grünen 14
JUNKER, R. 80
Jura 78

Kaktus 18
Kaktus-Grundfink 6
Kalium-Argon-Methode 29
Kambrium 78
Känguru 11
Känozoikum 77
Kantenpräparation 96
Karbon 78
Karyogramm 82
Katastrophentheorie 10
Kategorie 14
Kea 11
Kehlkopf 103
Kernestein 96
Klasse 14, 83
Kleefalter 55
Knäkerpel 26
Knochenfisch 109
Koazervat 69
Koevolution 60, 61
Konkurrenz, innerartliche 56
Konkurrenz, zwischenartliche 56
Konsument 104
Kontaktabstand 100
Kopffüßer 107
Kreationismus 80, 81
Krebs 107, 108
Kreide 78
Kriechtier 109
Kriterium der spezifischen Qualität 17

Kriterium der Stetigkeit 17
Kropftaube 9
Kuckuck 65
Kultur 102, 103

Laetoli 89
Laktase 99
Laktose 99
LAMARCK, JEAN BAPTISTE DE 10, 11, 66
Landwirbeltier 76
Latimeria chalumnae 33
Laurasia 25
LEIBNIZ 28
Leopardfrosch 55
Leuchtkäfer 55
LINNÉ, CARL VON 10, 11, 14, 15
Lithosphäre 68
Lizenz, ökologische 59, 60
Lucy 89
Lungenfisch 17, 76
Lurch 109
LYELL, CHARLES 9, 66
LYSSENKO, TROFIM D. 13

Madagaskar-Sternorchidee 60
Makroevolution 67
Malaria 40
MALTHUS, THOMAS ROBERT 9
Mammalia 10
Mandarinerpel 26
Manteltier 107
Maulesel 55
Maultier 55
Maulwurf 18
Maulwurfsgrille 18
Megahippus 35
Megaspore 74
Mehr-Regionen-Modell 92
Melanismus 38
Menschenrassen 98
Merkmal, abgeleitetes 15
Merkmal, ethologisches 26
Merychippus 35
Mesohippus 35
Mesozoikum 77
Metaphyta 79
Metazoa 79
Mikroevolution 67
Mikrosphäre 69
Mikrospore 74
Mikrotubulus-Duplette 23
MILLER, STANLEY 69, 81
Mimese 62
Mimikry 62, 63
missing link 82
Molekularbiologie 20
Mongolide 98
MONOD, J. 80
Moos 106
Morula 107
Mukoviszidose 52
Muschel 27, 107
Mutation 37
Myzel 105

Nacktsamer 75, 78
natural selection 8
Naupliuslarve 27
Neandertaler 93
Negride 98
Nektarien, extraflorale 61
Neoceratodus 76
Nesseltier 107, 108
Nestaussaatverfahren 13
Neumünder 107, 108
Neuweltaffe 88
Nomenklatur, binäre 10, 14

Olduvan-Industrie 90
Omnibacteria 104
Ontogenese 27
Ordnung 14
Ordovizium 78
Organ, analoges 18
Organ, homologes 16, 17
Organ, rudimentäres 26
OWEN, RICHARD 31

Paarungsisolation, ethologische 55
Paarungsisolation, jahreszeitliche 55
Paarungssystem 101
Paläontologie 28
Paläotherien 35
Paläozoikum 77
Pangäa 25
Panmixie 48
Panzeralge 105
Panzerfisch 78
Parasit 27
PASCAL, BLAISE 80
Passionsblume 61
pebbletool 96
Penicillinresistenz 41
PENZIAS, ARNO 68
Perm 78
Pfauentaube 9
Pferd 26, 35
Pflanzengeographie 24
Pflanzenreich 106
Phloem 72
Phyllopteryx 62
Phylogenese 27
Pilze 104, 105
Pithecanthropus 82, 83
Plasmodium 40
Plattwurm 107, 108
Plazenta 58
Pliohippus 35
Pollenkorn 75
Polygynandrie 101
Polygynie 101
Polyploidisierung 54
Pongidae 83
Pongo pygmaeus 83
POPPER, KARL 80
Population 36
Populationsgenetik 48, 49
Prädisposition 11, 41
Präzipitintest 20
Primaten 10, 32, 82, 83

Proconsul africanus 85
Produzent 104
Prokaryoten 79, 104
Propliopithecus 85
Protobiont 69
Protoktisten 104, 105, 108
Pseudomonas aeruginosa 37
Psilophyten 72, 78
Pteranodon 31
Pteridophyta 106
Punktmutation 37
Punktualismus 67
Purine 69
Pygostyl 32
Pyrimidine 69

Quastenflosser 4, 33, 76

Rachitis 99
Radiation, adaptive 56–59
Radiokarbonmethode 29
Radiolarien 12
Ragwurz 61
Ramapithecus 85
Rasse 98
Rasse, geographische 53
Rauchschwalbe 42, 43
Reduzent 104
Reich 14
Rekombination 36
Reptil 32, 78, 109
Resistenz 41
Retuschieren 96
Rhynia 72, 106
Ringeltaube 9, 55
Ringelwurm 107, 108
Rosskastanie 55
Rothirsch 42
Rudiment 26

Saatweizen 54
Samen 75
Samenanlage 75
Samenpflanze 74, 75, 106
Säugetier 78, 109
Säugetier, plazentales 58
Schachtelhalm 78
Schädellose 107, 109
Scheinwarntracht 62, 63
SCHERER, S. 80
Schlangenstern 107
Schlauchpilz 105
Schlauchwurm 107, 108
SCHLEIDEN, MATTHIAS 23
Schleimpilz 105
Schlüsselmerkmal, adaptives 59
Schmalnasenaffe 88
Schnabeltier 14, 15, 32
Schnecke 107
SCHOETENSACK, OTTO 94
Schuppenbaum 73
Schwamm 107, 108
SCHWANN, THEODOR 23
Schwärmer 60
Schwertschnabel 61

Seeigel 107
Seelilie 107
Seepocke 19
Seescheide 27
Seestern 107
Seewalze 107
Selaginella 74
Selektion 38—47, 50
Selektion, intersexuelle 42
Selektion, intrasexuelle 42
Selektion, künstliche 9, 46, 47
Selektion, sexuelle 42, 43
Selektion, stabilisierende 39
Selektion, transformierende 39
Selektionsdruck 39
Selektionsexperiment 41
Selektionsfaktor 39—41, 43
Selektionsfaktor, abiotischer 40
Selektionsfaktor, biotischer 40
Selektionstheorie 8, 10
Selektionsvorteil 41
Sequenzanalyse 84
Serumalbumin 21
Sexualdimorphismus 42
Seymouria 78
Sichelzellanämie 37, 40
Siegelbaum 73
SIGRIST, KARL 94
Silberschwert 57
Silur 78
SIMPSON, G. G. 81

Sinornis santensis 32
Sivapithecus 85
Skorpion 78
Sozialabstand, mittlerer 100
Sozialdarwinismus 9
Spechtfink 5
SPENCER, HERBERT 9
Spermatophyta 106
Spermatozoid 74
Spermienkonkurrenz 101
Sphingidae 60
Spinnentier 107
Spitzhörnchen 32
Sporangien 72
Sporenpflanze 74
Sporophyt 74
Sprossachse, dichotome 72
Spulwurm 107
Stachelhäuter 107, 109
Stamm 14, 83
Stammbaum 34, 35
Stammsukkulenz 18
Ständerpilz 105
Steinheimer 94
Stellenäquivalenz 18, 25
Sternholz 72
Stockerpel 26
Strandschnecke, Spitze 41
Strickleiternervensystem 107
Stromatolithen 70
Strudelwurm 107
struggle for life 8, 9
Sukkulenz 18
survival of the fittest 8, 9
System, natürliches 15

Systema naturae 10
Systematik 14

Tabakmosaikvirus 105
Taktik 45
Tarnung 62
Tausendfüßer 78, 107
Teilpopulation 53
Telome 72
Temperaturskala, absolute 68
Teppichsteine 70
Tertiär 78
Theismus 80
Therapsiden 58
Theriodontier 78
Throchophora-Larve 27
Tiergeographie 24
Tierreich 107
Totenkopfäffchen 88
Tracheophyten 106
Trias 78
Trichine 107
Trilobiten 57
Trochophoralarve 27
Trypanosoma 62

Überproduktion 8
Uhr, molekulare 84
Urbakterium 104
Urey-Miller-Versuch 69
Urknalltheorie 68
Urmünder 107, 108
Urpferd 35
Ursuppe 69

Variation 36
Varietät 8
Verwandtenselektion 44
Verwandtschaft 44, 45
Verwandtschaftsgrad 44
Vielzeller 79
Virus 105
Vogel 32, 78, 109

WAGNER, ANDREAS 31
Waldfrosch 55
WALLACE, ALFRED RUSSEL 10, 24, 25
Warntracht 62
Warnung 62
Wasserfrosch 55
wechselwarm 32
WEGENER, ALFRED 25
Weichtier 107, 108
WEINBERG, WILHELM 48
Weltbild, geozentrisches 6
Weltbild, heliozentrisches 6
Werkzeugentwicklung 96, 102
WHITCOMB, J. C. 80
Wildeinkorn 54
Wildemmer 54
WILSON, ROBERT 68
Wirbeltier 107, 109
Wolfsmilch 18
working-back-Verfahren 95

Xylem 72

Zooflagellat 105
Zuchtwahl, künstliche 47

Bildnachweis

Fotos: 5.1 Toni Angermayer (Günter Ziesler), Holzkirchen — 5.2 Bildarchiv Preussischer Kulturbesitz, Berlin — 5.3 Okapia (Root), Frankfurt — 6.1 Bruce Coleman (Hirsch), Uxbridge — 6.2 Bruce Coleman (Lanting) — 8.K Archiv für Kunst und Geschichte, Berlin — 10.1, 2, 4, 5 Deutsches Museum, München — 10.3 dpa, Frankfurt — 11.1, 2 Hans Reinhard, Heiligkreuzsteinach — 13.1 Ullstein Bilderdienst, Berlin — 14.1 Okapia (Ernst Schacke, Naturbild), 14.2. Hans Reinhard — 18.1, 2 Eckart Pott, Stuttgart — 18.3 Hans Reinhard — 18.4 Toni Angermayer (H. Pfletschinger) — 18.Rd. Roland Frank, Stuttgart — 19.3 Okapia (M. J. Walker, Science Source) — 19.4 Georg Quedens, Norddorf/Amrum — 23.1 K. Hausmann, Universität Berlin — 24.1a Deutsches Museum — 24.1b dpa — 27.1 Okapia (M. Varin) — 27.2 Okapia (Helmut Göthel) — 27.3 Okapia (F.S. Westmorland, Global Pic) — 28.Rd. Eckart Pott — 31.3 Alan Feduccia, University of North Carolina, USA — 36.1 Toni Angermayer (H. Pfletschinger) — 38.2 Ulrich Kattmann, Bad Zwischenahn — 40.2a Norbert Cibis, Lippstadt — 40.2b H. Schubothe — 43.Rd. Hans Reinhard — 44.1 Toni Angermayer (Günter Ziesler) — 46.Rd.a Hans Reinhard — 51.1 Silvestris (Frank Lane), Kastl — 53.1, 2 Toni Angermayer (Rudolf Schmidt) — 55.1 a/b Hans Reinhard — 57.K Silvestris (Thomas Hagen), Kastl — 60.Rd.a Silvestris (Konrad Wothe) — 61.1 Toni Angermayer (Fritz Pölking) — 61.2 Eckart Pott — 61.3 Toni Angermayer (Günter Ziesler) — 62.1 Silvestris (Volkmar Brockhaus) — 62.2 Okapia (NAS, P. A. Zahl) — 62.Rd.a Roland Frank — 62.Rd.b Save-Bild (Cramm), Augsburg — 63.1 Toni Angermayer (H. Pfletschinger) — 65.1 Hans Reinhard — 65.2 Silvestris — 69.Rd.b aus „Neil A. Campbell, Biology", S. 515 (Abb. 24.6), Benjamin/Cummings Publishing Company, Redwood City — 70.Rd. aus „Spektrum der Wissenschaft", Heft 12/1981, S. 43 (Bild 3: David I. Groves) — 71.Rd. Joachim Wygasch, Paderborn — 75.Rd. Hans Reinhard — 80.1 aus „Carl Sagan, Unser Kosmos", Droemer Knaur Verlag, München — 81.2 Ardea, London — 88.2, 3 Toni Angermayer (Günter Ziesler) — 89.1a Focus (Science Photo Library, John Reader), Hamburg — 90.2 Dietrich Mania, Jena — 92.1a Okapia (Ulrich Zillmann) — 100.1 Okapia (NAS/ T. McHugh) — 102.1 aus „Die Geheimnisse der Urzeit: Säugetiere und Urmenschen", Fackelverlag, Stuttgart

Grafiken: Prof. Jürgen Wirth, Fachhochschule Darmstadt, Fachbereich Gestaltung (Mitarbeit: Matthias Balonier) außer 50.1 Hartmut Klotzbücher, Fellbach